全国科学技术名词审定委员会

公　　布

科学技术名词·工程技术卷（全藏版）

34

农　学　名　词

CHINESE TERMS IN AGRONOMY

农学名词审定委员会

国家自然科学基金资助项目

科 学 出 版 社

北　京

内 容 简 介

　　本书是全国科学技术名词审定委员会审定公布的农学基本名词。全文分总论，食用作物，经济作物，园艺作物，农产品加工，作物形态与生理，作物遗传育种与种子，农业试验设计与分析，土地、土壤与肥料，耕作栽培与田间管理，植物保护，农业环境保护，农业气象学，农业工程，核技术与农业遥感等十五部分，共 3 077 条。这些名词是科研、教学、生产、经营、新闻出版等部门使用的农学规范名词。

图书在版编目(CIP)数据

科学技术名词. 工程技术卷：全藏版 / 全国科学技术名词审定委员会审定.
—北京：科学出版社，2016.01
ISBN 978-7-03-046873-4

I. ①科…　II. ①全…　III. ①科学技术–名词术语 ②工程技术–名词术语
IV. ①N-61 ②TB-61

中国版本图书馆 CIP 数据核字(2015)第 307218 号

责任编辑：高素婷 / 责任校对：陈玉凤
责任印制：张　伟 / 封面设计：铭轩堂

科 学 出 版 社 出版
北京东黄城根北街 16 号
邮政编码：100717
http://www.sciencep.com
北京厚诚则铭印刷科技有限公司印刷
科学出版社发行　各地新华书店经销
*
2016 年 1 月第 一 版　　开本：787×1092 1/16
2016 年 1 月第一次印刷　印张：13 1/2
字数：336 000
定价：7800.00 元（全 44 册）
（如有印装质量问题，我社负责调换）

全国自然科学名词审定委员会
第二届委员会委员名单

主　任：　卢嘉锡
副主任：　章　综　　林　泉　　王冀生　　林振申　　胡兆森
　　　　　鲁绍曾　　刘　杲　　苏世生　　黄昭厚
委　员　（以下按姓氏笔画为序）：

马大猷	马少梅	王大珩	王子平	王平宇
王民生	王伏雄	王树岐	石元春	叶式辉
叶连俊	叶笃正	叶蜚声	田方增	朱弘复
朱照宣	任新民	庄孝僡	李　竞	李正理
李茂深	杨　凯	杨泰俊	吴　青	吴大任
吴中伦	吴凤鸣	吴本玠	吴传钧	吴阶平
吴钟灵	吴鸿适	宋大祥	张　伟	张光斗
张青莲	张钦楠	张致一	阿不力孜·牙克夫	
陈鉴远	范维唐	林盛然	李文美	周明镇
周定国	郑作新	赵凯华	侯祥麟	姚贤良
钱伟长	钱临照	徐士珩	徐乾清	翁心植
席泽宗	谈家桢	梅镇彤	黄成就	黄胜年
曹先擢	康文德	章基嘉	梁晓天	程开甲
程光胜	程裕淇	傅承义	曾呈奎	蓝　天
豪斯巴雅尔		潘际銮	魏佑海	

农学名词审定委员会委员名单

主　任：卢良恕

副主任：石元春　李怀志　李怀尧

委　员（按姓氏笔画为序）：

卜慕华　方中达　过益先　庄巧生　刘后利

刘　红　刘　晨　江爱良　许运天　严泰来

李君凯　李曙轩　沈　隽　张乃凤　张诚彬

陈子元　陈　仁　陈有民　陈华癸　周明牂

徐冠仁　高亮之　陶鼎来　黄宗道　曹仁林

蔡同一　蔡盛林

秘　书：李玉兰　刘　晨（兼）

序

　　科技名词术语是科学概念的语言符号。人类在推动科学技术向前发展的历史长河中,同时产生和发展了各种科技名词术语,作为思想和认识交流的工具,进而推动科学技术的发展。

　　我国是一个历史悠久的文明古国,在科技史上谱写过光辉篇章。中国科技名词术语,以汉语为主导,经过了几千年的演化和发展,在语言形式和结构上体现了我国语言文字的特点和规律,简明扼要,蓄意深切。我国古代的科学著作,如已被译为英、德、法、俄、日等文字的《本草纲目》、《天工开物》等,包含大量科技名词术语。从元、明以后,开始翻译西方科技著作,创译了大批科技名词术语,为传播科学知识,发展我国的科学技术起到了积极作用。

　　统一科技名词术语是一个国家发展科学技术所必须具备的基础条件之一。世界经济发达国家都十分关心和重视科技名词术语的统一。我国早在1909年就成立了科技名词编订馆,后又于1919年中国科学社成立了科学名词审定委员会,1928年大学院成立了译名统一委员会。1932年成立了国立编译馆,在当时教育部主持下先后拟订和审查了各学科的名词草案。

　　新中国成立后,国家决定在政务院文化教育委员会下,设立学术名词统一工作委员会,郭沫若任主任委员。委员会分设自然科学、社会科学、医药卫生、艺术科学和时事名词五大组,聘任了各专业著名科学家、专家,审定和出版了一批科学名词,为新中国成立后的科学技术的交流和发展起到了重要作用。后来,由于历史的原因,这一重要工作陷于停顿。

　　当今,世界科学技术迅速发展,新学科、新概念、新理论、新方法不断涌现,相应地出现了大批新的科技名词术语。统一科技名词术语,对科学知识的传播,新学科的开拓,新理论的建立,国内外科技交流,学科和行业之间的沟通,科技成果的推广、应用和生产技术的发展,科技图书文献的编纂、出版和检索,科技情报的传递等方面,都是不可缺少的。特别是计算机技术的推广使用,对统一科技名词术语提出了更紧迫的要求。

　　为适应这种新形势的需要,经国务院批准,1985年4月正式成立了全国自然科学名词审定委员会。委员会的任务是确定工作方针,拟定科技名词术语审定工作计划、实施方案和步骤,组织审定自然科学各学科名词术语,并予以公布。根据国务院授权,委员会审定公布的名词术语,科研、教学、生产、经营以及新闻出版等各部门,均应遵照使用。

全国自然科学名词审定委员会由中国科学院、国家科学技术委员会、国家教育委员会、中国科学技术协会、国家技术监督局、国家新闻出版署、国家自然科学基金委员会分别委派了正、副主任担任领导工作。在中国科协各专业学会密切配合下,逐步建立各专业审定分委员会,并已建立起一支由各学科著名专家、学者组成的近千人的审定队伍,负责审定本学科的名词术语。我国的名词审定工作进入了一个新的阶段。

这次名词术语审定工作是对科学概念进行汉语订名,同时附以相应的英文名称,既有我国语言特色,又方便国内外科技交流。通过实践,初步摸索了具有我国特色的科技名词术语审定的原则与方法,以及名词术语的学科分类、相关概念等问题,并开始探讨当代术语学的理论和方法,以期逐步建立起符合我国语言规律的自然科学名词术语体系。

统一我国的科技名词术语,是一项繁重的任务,它既是一项专业性很强的学术性工作,又涉及到亿万人使用习惯的问题。审定工作中我们要认真处理好科学性、系统性和通俗性之间的关系;主科与副科间的关系;学科间交叉名词术语的协调一致;专家集中审定与广泛听取意见等问题。

汉语是世界五分之一人口使用的语言,也是联合国的工作语言之一。除我国外,世界上还有一些国家和地区使用汉语,或使用与汉语关系密切的语言。做好我国的科技名词术语统一工作,为今后对外科技交流创造了更好的条件,使我炎黄子孙,在世界科技进步中发挥更大的作用,作出重要的贡献。

统一我国科技名词术语需要较长的时间和过程,随着科学技术的不断发展,科技名词术语的审定工作,需要不断地发展、补充和完善。我们将本着实事求是的原则,严谨的科学态度作好审定工作,成熟一批公布一批,提供各界使用。我们特别希望得到科技界、教育界、经济界、文化界、新闻出版界等各方面同志的关心、支持和帮助,共同为早日实现我国科技名词术语的统一和规范化而努力。

全国自然科学名词审定委员会主任

钱 三 强

1990 年 2 月

前　言

农学是一门综合性学科。特别是近 40 年来，农业科技得到广泛而深入的发展，学科领域不断扩展，专业划分越来越细，与其它相关学科的交叉与渗透也日益加深，新兴学科与新的名词不断涌现，加之过去对农学名词从未作过审定，农学名词存在着不同程度的混乱现象，迫切需要审定和统一。这对农业科研、教育的发展，新科技的推广应用，以及国内外的学术交流，均有重要意义。

1985 年 8 月，中国农学会受全国自然科学名词审定委员会（以下简称全国委员会）的委托，组建了农学名词审定委员会，开始了农学名词的审定工作。为集思广益，农学名词审定委员会曾将初稿和二审稿分别函送全国有关单位和专家，广泛征求意见。经过三次农学名词审定委员会审定会议和多次专业小型会议，反复审议修改，并与土壤学、大气科学、遗传学等有关学科进行协调，于 1992 年 2 月完成农学名词的审定稿，上报全国委员会。裴维蕃、刘更另、韩湘玲、周山涛、吴景锋五位先生受全国委员会委托，对报批名词进行了复审，提出了宝贵意见。农学名词审定委员会对他们的意见进行了认真讨论，再次作了修改。现经全国委员会批准，予以公布。

这次审定的是农学名词中的基本词。全文分十五部分，共收词 3 077 条。每条词都给出了国外文献中常用的相应的英文名。汉文名词按学科分类和相关概念排列。类别的划分主要是为了从学科概念体系进行审定，并非严谨的学科分类。同一词条可能与多个分支学科相关，但作为公布的规范词编排时只出现一次，不重复列出。

在审定中，根据全国委员会名词审定工作条例的要求，对某些名词作了更动，原习惯用名作为异名列出，如"农学"曾用名"农艺学"，"耕作制"又称"农作制"，"联合收割机"又称"康拜因"等。

在整个审定过程中，得到农学界有关学科专家教授的热情支持，提出了许多宝贵意见和建议；在各专业组的审定工作中，我们还邀请了下列专家参加审定工作（按姓氏笔画为序）：王在德、王福钧、王前忠、戈福元、冯鼎复、过兴先、吕世简、刘瑞征、许成文、杨景尧、何礼元、余树勋、闵久康、汪琢成、沈再春、张伟、陈俊瑜、宗振赓等先生，谨此一并致谢。希望各界使用者继续提出意见，以便今后讨论修订。

农学名词审定委员会

1993 年 5 月

目　录

编　排　说　明

一、本书公布的是农学的基本名词。

二、本书正文按主要分支学科分为总论，食用作物，经济作物，园艺作物，农产品加工，作物形态与生理，作物遗传育种与种子，农业试验设计与分析，土地、土壤与肥料，耕作栽培与田间管理，植物保护，农业环境保护，农业气象学，农业工程，核技术与农业遥感等十五大类。

三、正文中汉文名词按相关概念排列，并附有与该词概念相对应的英文名。

四、一个汉文名对应几个英文名时，一般将最常用的放在前面，并用"，"分开。

五、英文名的首字母大、小写均可时，一律小写。英文名除必须用复数者，一般用单数。斜体为拉丁文名。

六、汉文名的重要异名列在注释栏内，其中"又称"为不推荐用名；"曾用名"为不再使用的旧名。

七、名词中[　]内的字使用时可以省略。

八、书末所附的英汉索引，按英文字母顺序排列；汉英索引按汉语拼音顺序排列。所示号码为该词在正文中的序码。索引中带"＊"者为注释栏内的异名。

01. 总 论

序 码	汉 文 名	英 文 名	注 释
01.001	农业科学	agricultural science	
01.002	农学	agronomy	曾用名"农艺学"。
01.003	园艺学	horticulture	
01.004	农业生物学	agricultural biology, agrobiology	
01.005	农业植物学	agricultural botany, agrobotany	
01.006	农业昆虫学	agricultural entomology	
01.007	植物病理学	plant pathology	
01.008	农业物理学	agricultural physics	
01.009	农业化学	agricultural chemistry, agrochemistry	
01.010	农业生态学	agricultural ecology, agroecology	
01.011	农业气象学	agricultural meteorology, agrometeorology	
01.012	农业地理学	agricultural geography, agrogeography	
01.013	农业土壤学	edaphology	
01.014	农业经济学	agricultural economics	
01.015	农业统计学	agricultural statistics	
01.016	农业资源	agricultural resources	
01.017	农业区	agricultural region	
01.018	农业规划	agricultural planning	
01.019	农业区划	agricultural regionalization	
01.020	农业现代化	agricultural modernization	
01.021	农业工程	agricultural engineering	
01.022	农业技术措施	agrotechnical measures, agricultural practice	
01.023	农业技术推广	agricultural [technology] extension	
01.024	农业技术革新	agricultural [technology] innovation	
01.025	原始农业	primitive farming	
01.026	传统农业	traditional farming	

序　码	汉 文 名	英 文 名	注　释
01.027	生态农业	ecological agriculture	
01.028	持续农业	sustainable agriculture	
01.029	有机农业	organic agriculture	
01.030	立体农业	multi-storied agriculture	
01.031	梯田农业	terrace farming, contour farming	
01.032	粗放农业	extensive agriculture, extensive farming	
01.033	集约农业	intensive agriculture, intensive farming	
01.034	灌溉农业	irrigation farming	
01.035	旱地农业	dryland farming	
01.036	雨养农业	rainfed farming	
01.037	山区农业	mountain region farming	
01.038	草地农业	grassland farming	
01.039	作物[科]学	crop science	
01.040	作物遗传[学]	plant genetics	
01.041	作物育种[学]	plant breeding	
01.042	作物形态[学]	plant morphology	
01.043	作物生理[学]	plant physiology	
01.044	作物	crop	
01.045	大田作物	field crop	
01.046	一年生作物	annual crop	
01.047	二年生作物	biennial crop	
01.048	多年生作物	perennial crop	
01.049	春[播]作物	spring sown crop	
01.050	夏播作物	summer sown crop	
01.051	秋播作物	autumn sown crop	
01.052	夏收作物	summer harvesting crop	
01.053	秋收作物	autumn harvesting crop	
01.054	越冬作物	overwintering crop	
01.055	短日[照]作物	short day crop	
01.056	长日[照]作物	long day crop	
01.057	救荒作物	emergency crop	
01.058	中耕作物	intertillage crop	
01.059	热带作物	tropical crop	
01.060	亚热带作物	subtropical crop	
01.061	耐旱作物	drought tolerant crop	

序 码	汉 文 名	英 文 名	注 释
01.062	耐涝作物	waterlogging tolerant crop	
01.063	耐盐作物	salt tolerant crop	
01.064	先锋作物	pioneer crop	
01.065	养地作物	soil improving crop	
01.066	覆盖作物	cover crop	
01.067	食用作物	food crop	
01.068	谷类作物	cereal, grain crop	
01.069	豆科作物	legume	
01.070	工业原料作物	industrial crop	
01.071	经济作物	economic crop	
01.072	纤维作物	fiber crop, textile crop	
01.073	麻类作物	bast fiber crop	
01.074	糖料作物	sugar [yielding] crop	
01.075	油料作物	oil-bearing crop	
01.076	香料作物	aromatic crop	又称"芳香作物"。
01.077	调料作物	spice crop	
01.078	染料作物	dye crop	
01.079	橡胶作物	rubber crop	
01.080	药用作物	medicinal crop	
01.081	块根作物	root crop	
01.082	块茎作物	tuber crop	
01.083	园艺作物	horticultural crop	
01.084	蔬菜作物	vegetable crop	
01.085	绿肥作物	green manure crop	
01.086	饲料作物	forage crop	

02. 食 用 作 物

序 码	汉 文 名	英 文 名	注 释
02.001	[水]稻	rice, *Oryza sativa* L.	
02.002	野生稻	wild rice	
02.003	深水稻	deep water rice	
02.004	陆稻	upland rice	又称"旱稻"。
02.005	早稻	early rice	
02.006	中稻	mid-season rice	
02.007	晚稻	late rice	

序　码	汉　文　名	英　文　名	注　释
02.008	单季稻	single cropping rice	
02.009	双季稻	double cropping rice	
02.010	再生稻	ratoon rice	
02.011	籼稻	hsien rice, indica rice, *Oryza sativa* L. ssp. *hsien* Ting	
02.012	粳稻	keng rice, japonica rice, *Oryza sativa* L. ssp. *keng* Ting	
02.013	糯稻	glutinous rice, *Oryza glutinosa* Lour.	
02.014	杂交[水]稻	hybrid rice	
02.015	小麦	wheat, *Triticum aestivum* L.	
02.016	硬粒小麦	durum wheat, *Triticum durum* Desf.	
02.017	提莫菲维小麦	timopheevi wheat, *Triticum timopheevi*[*i*] Zhuk.	
02.018	春[小]麦	spring wheat	
02.019	冬[小]麦	winter wheat	
02.020	软质小麦	soft wheat	
02.021	硬质小麦	hard wheat	
02.022	[皮]大麦	barley, *Hordeum vulgare* L.	
02.023	二棱大麦	two-rowed barley, *Hordeum vulgare* L. ssp. *distichon* (L.) Koern.	
02.024	多棱大麦	multi-rowed barley, *Hordeum vulgare* L. ssp. *vulgare* (L.) Orlov.	
02.025	中间型大麦	intermedium barley, *Hordeum vulgare* L. ssp. *intermedium* (L.) Koern.	
02.026	裸大麦	naked barley, *Hordeum vulgare* L. var. *nudum* Hook. f.	又称"元麦","青稞"。
02.027	啤酒大麦	malting barley	
02.028	荞麦	buckwheat, *Fagopyrum esculentum* Moench	
02.029	苦荞[麦]	tartarian buckwheat, *Fagopyrum tataricum* (L.) Gaertn.	
02.030	黑麦	rye, *Secale cereale* L.	

序　码	汉　文　名	英　文　名	注　释
02.031	小黑麦	triticale, wheat-rye hybrid	
02.032	燕麦	oats, *Avena sativa* L.	
02.033	裸燕麦	naked oats, *Avena nuda* L.	又称"莜麦"。
02.034	玉米	corn, maize, *Zea mays* L.	
02.035	硬粒玉米	flint corn, *Zea mays* L. var. *indurata* Sturt.	
02.036	马齿[型]玉米	dent corn, *Zea mays* L. var. *indentata* Sturt.	
02.037	爆粒玉米	pop corn, *Zea mays* L. var. *everta* Sturt.	
02.038	糯玉米	waxy corn, *Zea mays* L. var. *ceratina* Kulesh.	
02.039	甜玉米	sweet corn, *Zea mays* L. var. *saccharata* (Sturt.) Bailey	
02.040	春玉米	spring corn	
02.041	夏玉米	summer corn	
02.042	杂交玉米	hybrid corn	
02.043	高粱	sorghum, *Sorghum vulgare* Pers.	
02.044	糯高粱	glutinous sorghum	
02.045	杂交高粱	hybrid sorghum	
02.046	甜高粱	sweet sorghum, sorgo, *Sorghum bicolor* (L.) Moench	又称"糖高粱"，"芦粟"。
02.047	粟	foxtail millet, *Setaria italica* (L.) Beauv.	
02.048	黍	broomcorn millet, proso millet, *Panicum miliaceum* L.	
02.049	穇[子]	finger millet, *Eleusine coracana* (L.) Gaertn.	又称"龙爪稷"。
02.050	珍珠粟	pearl millet, *Pennisetum typhoideum* Rich.	
02.051	甘薯	sweet potato, *Ipomoea batatas* Lam.	
02.052	木薯	cassava, *Manihot esculenta* Crantz	
02.053	蚕豆	broad bean, faba bean, horse bean, *Vicia faba* L.	
02.054	豌豆	pea, *Pisum sativum* L.	

序　码	汉　文　名	英　文　名	注　释
02.055	紫花豌豆	field pea, *Pisum sativum* L. var. *arvense* Poir.	
02.056	绿豆	mung bean, *Phaseolus radiatus* L.	
02.057	[红]小豆	red bean, adsuki bean, *Phaseolus angularis* Wight	又称"赤豆"。
02.058	饭豆	rice bean, *Phaseolus calcaratus* Roxb.	
02.059	小扁豆	lentil, *Lens culinaris* Medic.	又称"兵豆"。
02.060	鹰嘴豆	chickpea, *Cicer arietinum* L.	

03.　经　济　作　物

序　码	汉　文　名	英　文　名	注　释
03.001	大豆	soybean, *Glycine max* (L.) Merr.	又称"黄豆"。
03.002	野生大豆	wild soybean, *Glycine soja* Sieb. et Zucc.	
03.003	春大豆	spring soybean	
03.004	夏大豆	summer soybean	
03.005	[落]花生	peanut, *Arachis hypogaea* L.	
03.006	直立型花生	erect type peanut	
03.007	丛生型花生	bunch type peanut	
03.008	匍匐型花生	spreading type peanut	
03.009	普通型花生	Virginia type peanut	
03.010	多粒型花生	Valencia type peanut	
03.011	油菜	rape, *Brassica campestris* L.	又称"芸薹"。
03.012	白菜型油菜	turnip type rape, *Brassica campestris* L.	
03.013	芥菜型油菜	mustard type rape, *Brassica juncea* (L.) Czern. et Coss.	
03.014	甘蓝型油菜	cabbage type rape, swede type rape, *Brassica napus* L.	
03.015	春油菜	spring rape	
03.016	冬油菜	winter rape	
03.017	芝麻	sesame, *Sesamum indicum* L.	

序　码	汉　文　名	英　文　名	注　　释
03.018	向日葵	sunflower, *Helianthus annuus* L.	
03.019	蓖麻	castor bean, *Ricinus communis* L.	
03.020	香茅	citronella grass, *Cymbopogon citratus* (DC.) Stapf.	
03.021	红花	safflower, *Carthamus tinctorius* L.	
03.022	薄荷	[pepper] mint, *Mentha haplocalyx* Briq. var. *piperascens* (Malinv.) Wu et Li	
03.023	罂粟	opium poppy, *Papaver somniferum* L.	
03.024	油渣果	largefruit hodgsonia, *Hodgsonia macrocarpa* (Bl.) Cogn.	
03.025	油茶	oil tea, *Camellia oleifera* Abel.	
03.026	油棕	oil palm, *Elaeis quineensis* Jacq.	
03.027	油橄榄	[common] olive, *Olea europaea* L.	
03.028	文冠果	yellow horn, *Xanthoceras sorbifolia* Bge.	
03.029	椰子	coconut, *Cocos nucifera* L.	
03.030	乌桕	tallow tree, *Sapium sebiferum* (L.) Roxb.	
03.031	油桐	tung oil tree, *Vernicia fordii* (Hemsl.) Airy-Shaw	
03.032	棉[花]	cotton	
03.033	陆地棉	upland cotton, *Gossypium hirsutum* L.	
03.034	海岛棉	sea-island cotton, *Gossypium barbadense* L.	
03.035	亚洲棉	Asian cotton, Asiatic cotton, *Gossypium arboreum* L.	
03.036	草棉	levant cotton, African cotton, *Gossypium herbaceum* L.	又称"非洲棉"。
03.037	多年生海岛棉	perennial sea-island cotton	又称"离核木棉"，"联核木棉"。
03.038	低酚棉	low gossypol cotton	

序　码	汉　文　名	英　文　名	注　释
03.039	黄麻	roundpod jute, *Corchorus capsularis* L.	
03.040	红麻	kenaf, *Hibiscus cannabinus* L.	
03.041	苎麻	ramie, *Boehmeria nivea* (L.) Gaud.	
03.042	亚麻	flax, *Linum usitatissimum* L.	
03.043	大麻	hemp, *Cannabis sativa* L.	
03.044	剑麻	sisal hemp, *Agave sisalana* Perrine	
03.045	龙舌兰	agave, *Agave americana* L.	
03.046	苘麻	Chinese jute, *Abutilon theophrasti* Medic.	
03.047	罗布麻	dogbane, *Apocynum venetum* L.	
03.048	芦苇	reed, *Phragmites communis* (L.) Trin.	
03.049	乌拉草	ura sedge, *Carex meyeriana* Kunth.	
03.050	席草	mat grass	
03.051	灯心草	common rush, *Juncus effusus* L.	
03.052	烟草	tobacco, *Nicotiana tobacum* L.	
03.053	黄花烟草	Aztec tobacco, rustica tobacco, *Nicotiana rustica* L.	
03.054	甘蔗	sugar cane, *Saccharum officinarum* L.	
03.055	竹蔗	Chinese sugar cane, *Saccharum sinensis* Roxb.	
03.056	宿根蔗	stubble cane	
03.057	桄榔	sugar palm, *Arenga pinnata* (Wurmb.) Merr.	又称"糖棕"。
03.058	甜菜	[common] beet, *Beta vulgaris* L.	
03.059	糖用甜菜	sugar beet, *Beta vulgaris* L. var. *saccharifera* Aelf.	
03.060	菜用甜菜	garden beet, *Beta vulgaris* L. var. *esculenta* Gürke	
03.061	饲用甜菜	fodder beet, *Beta vulgaris* L. var. *lutea* DC.	
03.062	甜[叶]菊	stevia, *Stevia rebaudiana* Bertoni	

序　码	汉　文　名	英　文　名	注　释
03.063	茶	tea, *Camellia sinensis* (L.) Kuntze	
03.064	咖啡	coffee, *Coffea arabica* L.	
03.065	可可	cocoa, *Theobroma cacao* L.	
03.066	桑	mulberry, *Morus alba* L.	
03.067	[巴西]橡胶树	Para rubber tree, *Hevea brasiliensis* (H. B. K.) Muell.-Arg.	又称"三叶橡胶树"。
03.068	杜仲	eucommia, *Eucommia ulmoides* Oliv.	
03.069	银胶菊	guayule, *Parthenium argentatum* Gray	

04. 园 艺 作 物

序　码	汉　文　名	英　文　名	注　释
04.001	果树学	pomology, fruit science	
04.002	落叶果树	deciduous fruit tree	
04.003	常绿果树	evergreen fruit tree	
04.004	无病毒果树	virus-free fruit tree	
04.005	果树苗木	fruit nursery stock	
04.006	白梨	Chinese white pear, *Pyrus bretschneideri* Rehd.	
04.007	沙梨	sand pear, *Pyrus pyrifolia* (Burm. f.) Nakai	
04.008	[西]洋梨	European pear, common pear, *Pyrus communis* L.	
04.009	秋子梨	Ussurian pear, *Pyrus ussuriensis* Maxim.	
04.010	豆梨	callery pear, *Pyrus calleryana* Dcne.	又称"山梨"。
04.011	杜梨	birch-leaf pear, *Pyrus betulaefolia* Bge.	又称"棠梨"。
04.012	苹果	apple, *Malus domestica* Borkh.	
04.013	沙果	crab-apple, *Malus asiatica* Nakai	又称"花红"。
04.014	楸子	pearleaf crabapple, *Malus prunifolia* (Willd.) Borkh.	又称"海棠果"。

序 码	汉 文 名	英 文 名	注 释
04.015	山荆子	Siberian crabapple, *Malus baccata* (L.) Borkh.	又称"山定子"。
04.016	山楂	hawthorn, *Crataegus pinnatifida* Bge.	
04.017	山里红	hawthorn, *Crataegus pinnatifida* Bge. var. *major* N. E. Brown.	
04.018	枇杷	loquat, *Eriobotrya japonica* Lindl.	
04.019	木瓜	Chinese quince, *Chaenomeles sinensis* (Thouin) Koehne.	
04.020	榅桲	quince, *Cydonia oblonga* Mill.	
04.021	桃	peach, *Prunus persica* (L.) Batsch	
04.022	蟠桃	flat peach, *Prunus persica* L. var. *compressa* Bean	
04.023	光核桃	smooth pit peach, *Prunus mira* Koehne.	
04.024	山桃	David peach, *Prunus davidiana* (Carr.) Franch.	
04.025	油桃	nectarine, *Prunus persica* L. var. *nucipersica* Schneider	
04.026	[中国]李	Chinese plum, *Prunus salicina* Lindl.	
04.027	欧洲李	European plum, *Prunus domestica* L.	又称"洋李"。
04.028	美洲李	American plum, *Prunus americana* Marsh.	
04.029	梅	mei, *Prunus mume* Sieb. et Zucc.	
04.030	杏	apricot, *Prunus armeniaca* L.	
04.031	扁桃	almond, *Prunus amygdalus* Stokes	又称"巴旦杏"。
04.032	[中国]樱桃	cherry, *Prunus pseudocerasus* Lindl.	
04.033	[欧洲]甜樱桃	sweet cherry, *Prunus avium* L.	
04.034	[欧洲]酸樱桃	sour cherry, *Prunus cerasus* L.	

序 码	汉 文 名	英 文 名	注 释
04.035	毛樱桃	Nanking cherry, *Prunus tomentosa* Thunb.	又称"山豆子"。
04.036	草莓	strawberry	
04.037	智利草莓	Chilean strawberry, *Fragaria chiloensis* Duch.	
04.038	树莓	raspberry	又称"木莓"。
04.039	黑莓	blackberry	
04.040	醋栗	gooseberry	
04.041	穗醋栗	currant	
04.042	刺梨	roxburgh rose, *Rosa roxburghii* Tratt.	
04.043	[宽皮]桔	loose-skin orange, *Citrus reticulata* Blanco.	
04.044	温州蜜柑	satsuma mandarin, *Citrus unshiu* Marc.	
04.045	甜橙	sweet orange, *Citrus sinensis* Osbeck.	又称"广柑"。
04.046	酸橙	sour orange, *Citrus aurantium* L.	
04.047	宜昌橙	Ichang papeda, *Citrus ichangensis* Swingle	
04.048	柚	pummelo, *Citrus grandis* (L.) Osbeck.	又称"抛"。
04.049	葡萄柚	grapefruit, *Citrus paradisi* Macf.	
04.050	柠檬	lemon, *Citrus limon* (L.) Burm. f.	
04.051	檬檬	canton lemon, *Citrus limonia* Osbeck.	又称"广东柠檬"。
04.052	来檬	lime, *Citrus aurantifolia* Swingle	又称"赖母"。
04.053	四季桔	calamondin, *Citrus microcarpa* Bge.	
04.054	马蜂橙	Mauritius papeda, *Citrus hystrix* DC.	
04.055	红河橙	Honghe papeda, *Citrus hongheensis* YLDL.	
04.056	枸橼	citron, *Citrus medica* L.	又称"香橼"。

序 码	汉 文 名	英 文 名	注 释
04.057	佛手	finger citron, *Citrus medica* L. var. *sarcodactylis* (Noot.) Swingle	
04.058	圆金柑	round kumquat, *Fortunella japonica* (Thunb.) Swingle	
04.059	金桔	oval kumquat, *Fortunella margarita* (Lour.) Swingle	又称"罗浮"，"牛奶金桔"。
04.060	黄皮	wampee, *Clausena lansium* (Lour.) Skeels	又称"黄弹子"。
04.061	枳	trifoliate orange, *Poncirus trifoliata* (L.) Raf.	又称"枸桔"。
04.062	葡萄	grape	
04.063	欧洲葡萄	European grape, *Vitis vinifera* L.	
04.064	美洲葡萄	fox grape, *Vitis labrusca* L.	
04.065	山葡萄	Ussurian grape, *Vitis amurensis* Rupr.	
04.066	柿	persimmon, *Diospyros kaki* L. f.	
04.067	君迁子	dateplum, *Diospyros lotus* L.	又称"软枣"。
04.068	枣	Chinese date, *Zizyphus jujuba* Mill.	
04.069	酸枣	spine date, *Zizyphus jujuba* Mill. var. *spinosus* (Bge.) Hu	又称"棘"。
04.070	沙枣	oleaster, *Elaeagnus angustifolia* L.	又称"桂香柳"。
04.071	石榴	pomegranate, *Punica granatum* L.	
04.072	无花果	fig, *Ficus carica* L.	
04.073	[中华]猕猴桃	Chinese gooseberry, kiwi fruit, *Actinidia chinensis* Planch.	
04.074	软枣猕猴桃	bower actinidia, tara vine, *Actinidia arguta* (Sieb. et Zucc.) Planch.	
04.075	越桔	blueberry	又称"牙疙瘩"。
04.076	红豆越桔	linberry, *Vaccinium vitis-idaea* L.	
04.077	笃斯越桔	bog blueberry, *Vaccinium uligi-*	又称"乌丝越桔"。

序　码	汉　文　名	英　文　名	注　释
		nosum L.	
04.078	核桃	Persian walnut, *Juglans regia* L.	又称"胡桃"。
04.079	山核桃	cathay hickory, *Carya cathayensis* Sarg.	
04.080	长山核桃	pecan, *Carya pecan* Engl. et Graebn.	又称"薄壳山核桃"。
04.081	[板]栗	Chinese chestnut, *Castanea mollissima* Blume	
04.082	榛[子]	Siberian hazelnut, *Corylus heterophylla* Fisch.	
04.083	欧[洲]榛	filbert, *Corylus avellana* L.	
04.084	香榧	Chinese torreya, *Torreya grandis* Fort.	又称"榧子"。
04.085	银杏	ginkgo, maidenhair tree, *Ginkgo biloba* L.	俗称"白果"。
04.086	橄榄	white Chinese olive, *Canarium album* Raeusch.	又称"青果"。
04.087	乌榄	black Chinese olive, *Canarium pimela* Koenig	
04.088	芽蕉	common banana, *Musa sapientum* L.	又称"高脚蕉"。
04.089	香蕉	dwarf banana, *Musa nana* Lour.	又称"矮脚蕉"。
04.090	大蕉	plantain banana, *Musa paradisiaca* L.	又称"甘蕉"。
04.091	阳桃	carambola, *Averrhoa carambola* L.	又称"五敛子"。
04.092	杨梅	bayberry, *Myrica rubra* Sieb. et Zucc.	
04.093	龙眼	longan, *Dimocarpus longan* Lour.	又称"桂圆"。
04.094	荔枝	litchi, *Litchi chinensis* Sonn.	
04.095	杧果	mango, *Mangifera indica* L.	
04.096	棕枣	date, *Phoenix dactylifera* L.	又称"海枣"。
04.097	菠萝	pineapple, *Ananas comosus* (L.) Merr.	又称"凤梨"。
04.098	菠萝蜜	jack fruit, *Artocarpus heterophyllus* Lam.	又称"木菠萝"。

序　码	汉　文　名	英　文　名	注　释
04.099	番木瓜	papaya, *Carica papaya* L.	
04.100	番石榴	guava, *Psidium guajava* L.	
04.101	番荔枝	sugar-apple, sweet sop, *Anona squamosa* L.	
04.102	榴莲	durian, *Durio zibethinus* L.	又称"韶子"。
04.103	蒲桃	roseapple, *Eugenia jambos* L.	
04.104	腰果	cashew, *Anacardium occidentale* L.	
04.105	油梨	avocado, *Persea americana* Mill.	又称"鳄梨"。
04.106	红毛丹	rambutan, *Nephelium lappaceum* L.	
04.107	山竹子	mangosteen, *Garcinia mangostana* L.	又称"倒捻子"。
04.108	人心果	sapodilla, *Achras sapota* L.	
04.109	酸豆	tamarind, *Tamarindus indica* L.	又称"罗望子"。
04.110	余甘子	emblic, *Phyllanthus emblica* L.	又称"油柑"。
04.111	阿月浑子	pistache, *Pistacia vera* L.	
04.112	澳洲坚果	macadamia nut, *Macadamia ternifolia* F. Muell.	
04.113	蔬菜园艺	vegetable gardening	
04.114	一年生蔬菜作物	annual vegetable crop	
04.115	二年生蔬菜作物	biennial vegetable crop	
04.116	多年生蔬菜作物	perennial vegetable crop	
04.117	耐热蔬菜	heat tolerant vegetable	
04.118	喜温蔬菜	warm season vegetable	
04.119	半耐寒蔬菜	semi-hardy vegetable	
04.120	耐寒蔬菜	hardy vegetable	
04.121	根菜类蔬菜	root vegetables	
04.122	茎菜类蔬菜	stem vegetables	
04.123	叶菜类蔬菜	leaf vegetables	
04.124	花菜类蔬菜	flower vegetables	
04.125	果菜类蔬菜	fruit vegetables	
04.126	香辛类蔬菜	condiment vegetables	
04.127	白菜类蔬菜	Chinese cabbage group	
04.128	甘蓝类蔬菜	cole vegetables	
04.129	芥菜类蔬菜	mustard vegetables	
04.130	茄果类蔬菜	solanaceous vegetables	

序 码	汉 文 名	英 文 名	注 释
04.131	豆类蔬菜	leguminous vegetables	
04.132	瓜类蔬菜	gourd vegetables, cucurbits	
04.133	葱蒜类蔬菜	allium vegetables, alliums	
04.134	绿叶菜和生食叶菜类	potherbs and leafy salad vegetables	
04.135	薯芋类蔬菜	tuber and tuberous rooted vegetables	
04.136	水生蔬菜类	aquatic vegetables	
04.137	食用菌类	edible fungi	
04.138	萝卜	radish, *Raphanus sativus* L.	
04.139	胡萝卜	carrot, *Daucus carota* L.	
04.140	芜菁	turnip, *Brassica campestris* L. ssp. *rapifera* Metzg.	俗称"蔓菁"。
04.141	芜菁甘蓝	rutabaga, *Brassica napobrassica* (L.) Mill.	俗称"洋蔓菁"。
04.142	根甜菜	table beet, *Beta vulgaris* L. var. *rosea* Moq.	俗称"紫菜头"。
04.143	牛蒡	edible burdock, *Arctium lappa* L.	
04.144	根芹菜	celeriac, *Apium graveolens* L. var. *rapaceum* DC.	
04.145	欧洲防风	parsnip, *Pastinaca sativa* L.	
04.146	大白菜	Chinese cabbage-pe-tsai, *Brassica campestris* L. ssp. *pekinensis* (Lour.) Olsson	
04.147	白菜	Chinese cabbage-pak-choi, *Brassica campestris* L. ssp. *chinensis* (L.) Makino	
04.148	普通白菜	common Chinese cabbage-pak-choi, *Brassica campestris* L. ssp. *chinensis* (L.) Makino var. *communis* Tsen et Lee	
04.149	乌塌菜	Wuta-tsai, *Brassica campestris* L. ssp. *chinensis* (L.)Makino var. *rosularis* Tsen et Lee	
04.150	菜薹	flowering Chinese cabbage, *Brassica campestris* L. ssp. *chi-*	俗称"菜心"。

序 码	汉 文 名	英 文 名	注 释
		nensis (L.) Makino var. *parachinensis* Bailey	
04.151	紫菜薹	purple tsai-tai, *Brassica campestris* L. var. *purpurea* Bailey	俗称"红菜薹"。
04.152	薹菜	tai-tsai, *Brassica campestris* L. ssp. *chinensis* (L.) Makino var. *tai-tsai* Hort.	
04.153	甘蓝	cabbage, *Brassica oleracea* L.	
04.154	皱叶甘蓝	savoy cabbage, *Brassica oleracea* L. var. *bullata* DC.	
04.155	结球甘蓝	common head cabbage, *Brassica oleracea* L. var. *capitata* L.	俗称"卷心菜", "洋白菜"。
04.156	抱子甘蓝	brussels sprouts, *Brassica oleracea* L. var. *gemmifera* (DC.) Thell.	
04.157	花[椰]菜	cauliflower, *Brassica oleracea* L. var. *botrytis* L.	又称"菜花"。
04.158	青花菜	broccoli, *Brassica oleracea* L. var. *italica* Plenck	又称"绿菜花"。
04.159	芥蓝	Chinese kale, Chinese broccoli, *Brassica alboglabra* Bailey	
04.160	球茎甘蓝	kohlrabi, *Brassica oleracea* L. var. *caulorapa* DC.	
04.161	羽衣甘蓝	kale, *Brassica oleracea* L. var. *acephala* DC.	又称"饲用甘蓝"。
04.162	芥菜	brown mustard, *Brassica juncea* (L.) Czern. et Coss.	
04.163	根芥菜	root mustard, *Brassica juncea* (L.) Czern. et Coss. var. *megarrhiza* Tsen et Lee	俗称"大头菜"。
04.164	茎芥菜	stem mustard	
04.165	叶芥菜	leaf mustard	
04.166	番茄	tomato, *Lycopersicon esculentum* Mill.	俗称"西红柿"。
04.167	茄子	eggplant, *Solanum melongena* L.	
04.168	辣椒	hot pepper, *Capsicum annuum* L.	

序　码	汉　文　名	英　文　名	注　释
04.169	甜椒	sweet pepper, *Capsicum annuum* L. var. *grossum* (L.) Sendt.	
04.170	酸浆	alkekengi, francket groundcherry, *Physalis alkekengi* L. var. *franchetii* (Mast.) Makino	
04.171	菜豆	common bean, kidney bean, *Phaseolus vulgaris* L.	俗称"四季豆"。
04.172	长豇豆	asparagus bean, *Vigna unguiculata* (L.) Walp. ssp. *sesquipedalis* (L.) Verdc.	
04.173	豇豆	cowpea, *Vigna unguiculata* (L.) Walp. ssp. *cylindrica* (L.) Van Eselt ex Verdc.	
04.174	食荚豌豆	sugar pod garden pea, *Pisum sativum* L. var. *macrocarpon* Ser.	
04.175	扁豆	lablab, *Dolichos lablab* L.	
04.176	小菜豆	small lima bean, *Phaseolus lunatus* L.	
04.177	大菜豆	big lima bean, *Phaseolus limensis* Macf.	
04.178	红花菜豆	scarlet runner bean, multiflora bean, *Phaseolus coccineus* L.	又称"多花菜豆"。
04.179	四棱豆	winged bean, *Psophocarpus tetragonolobus* (L.) DC.	又称"翼豆"。
04.180	矮刀豆	jack bean, *Canavalia ensiformis* (L.) DC.	又称"立刀豆"。
04.181	刀豆	sword bean, *Canavalia gladiata* (Jacq.) DC.	
04.182	黄瓜	cucumber, *Cucumis sativus* L.	
04.183	甜瓜	melon, *Cucumis melo* L.	
04.184	哈密瓜	Hami melon	
04.185	菜瓜	snake melon, *Cucumis melo* L. var. *flexuosus* Naud.	
04.186	越瓜	oriental pickling melon, *Cucumis melo* L. var. *conomon* Makino	俗称"梢瓜"。
04.187	西瓜	watermelon, *Citrullus lanatus*	

序　码	汉　文　名	英　文　名	注　释
		(Thunb.) Mansf.	
04.188	[中国]南瓜	China squash, Chinese pumpkin, *Cucurbita moschata* Duch.	俗称"倭瓜"。
04.189	笋瓜	squash, *Cucurbita maxima* Duch. ex Lam.	又称"印度南瓜"。
04.190	西葫芦	pepo, *Cucurbita pepo* L.	又称"美洲南瓜"。
04.191	瓠瓜	white-flowered gourd, *Lagenaria siceraria* (Molina) Standl.	
04.192	冬瓜	wax gourd, *Benincasa hispida* (Thunb.) Cogn.	
04.193	节瓜	Chieh-qua, *Benincasa hispida* (Thunb.) Cogn. var. *chieh-qua* How.	俗称"毛瓜"。
04.194	[普通]丝瓜	luffa-smooth loofah, suakwa, *Luffa cylindrica* (L.) Roem.	俗称"水瓜"。
04.195	棱角丝瓜	luffa-angled loofah, singkwa, *Luffa acutangula* (L.) Roxb.	
04.196	苦瓜	bitter gourd, *Momordica charantia* L.	
04.197	佛手瓜	chayote, *Sechium edule* Swartz.	俗称"拳头瓜"。
04.198	蛇[丝]瓜	edible snake gourd, *Trichosanthes anguina* L.	
04.199	黑子南瓜	fig-leaf gourd, *Cucurbita ficifolia* Bouché	又称"无花果叶瓜"。
04.200	大葱	welsh onion, *Allium fistulosum* L. var. *giganteum* Makino	
04.201	洋葱	onion, *Allium cepa* L.	俗称"葱头"。
04.202	胡葱	shallot, *Allium ascalonicum* L.	俗称"火葱"。
04.203	细香葱	chive, *Allium schoenoprasum* L.	俗称"四季葱"。
04.204	韭葱	leek, *Allium porrum* L.	俗称"扁叶葱"。
04.205	韭菜	Chinese chive, *Allium tuberosum* Rottl. ex Spreng.	
04.206	薤头	Chiao Tou, *Allium chinense* G. Don	又称"薤"。
04.207	大蒜	garlic, *Allium sativum* L.	
04.208	菠菜	spinach, *Spinacia oleracea* L.	
04.209	芹菜	celery, *Apium graveolens* L.	又称"旱芹"。

序　码	汉　文　名	英　文　名	注　释
04.210	莴苣	lettuce, *Lactuca sativa* L.	俗称"生菜"。
04.211	结球莴苣	head lettuce, *Lactuca sativa* L. var. *capitata* L.	
04.212	莴笋	asparagus lettuce, *Lactuca sativa* L. var. *asparagina* Bailey	
04.213	蕹菜	water spinach, *Ipomoea aquatica* Forsk.	俗称"空心菜"。
04.214	苋菜	edible amaranth, *Amaranthus mangostanus* L.	
04.215	茴香	fennel, *Foeniculum vulgare* Mill.	
04.216	芫荽	coriander, *Coriandrum sativum* L.	
04.217	叶甜菜	leaf beet, swiss chard, *Beta vulgaris* L. var. *cicla* L.	又称"莙荙菜"。
04.218	茼蒿	garland chrysanthemum, *Chrysanthemum coronarium* L.	
04.219	荠菜	shepherd's purse, Ji-tsai, *Capsella bursa-pastoris* (L.) Medic.	
04.220	冬寒菜	Chinese mallow, *Malva verticillata* L.	又称"野葵菜"。
04.221	皱叶冬寒菜	curled mallow, *Malva crispa* L.	又称"葵菜"。
04.222	落葵	malabar spinach	俗称"木耳菜"。
04.223	番杏	New Zealand spinach, *Tetragonia tetragonioides* (Pall.) O. Kuntze	
04.224	金花菜	burclover, california burclover, *Medicago hispida* Gaertn.	
04.225	香芹菜	parsley, *Petroselinum crispum* (Mill.) Nym. ex A. W. Hill	
04.226	罗勒	sweet basil, *Ocimum basilicum* L.	
04.227	紫苏	purple common perilla, *Perilla frutescens* (L.) Britt.	
04.228	莳萝	dill, *Anethum graveolens* L.	
04.229	苦苣	endive, *Cichorium endivia* L.	
04.230	马铃薯	potato, *Solanum tuberosum* L.	俗称"土豆"。
04.231	薯蓣	yam	又称"山药"。

序　码	汉　文　名	英　文　名	注　释
04.232	普通山药	Chinese yam, *Dioscorea batatas* Decne	又称"家山药"。
04.233	田薯	winged yam, *Dioscorea alata* L.	又称"大薯"。
04.234	姜	ginger, *Zingiber officinale* Rosc.	
04.235	芋[头]	taro, *Colocasia esculenta* (L.) Schott	俗称"芋艿"。
04.236	豆薯	yam bean, *Pachyrhizus erosus* (L.) Urban.	俗称"凉薯"。
04.237	[花]魔芋	elephant-foot yam, *Amorphophallus rivieri* Durieu	又称"蒟蒻"。
04.238	甘露儿	Chinese artichoke, *Stachys sieboldii* Miq.	俗称"螺丝菜"。
04.239	[粉]葛	thomson kudzu, *Pueraria thomsonii* Benth.	
04.240	菊芋	Jerusalem artichoke, *Helianthus tuberosus* L.	俗称"洋姜"。
04.241	莲藕	hindu lotus, lotus [rhizome], *Nelumbo nucifera* Gaertn.	
04.242	茭白	water bamboo, *Zizania latifolia* Turcz.	
04.243	慈姑	Chinese arrowhead, *Sagittaria sagittifolia* L.	
04.244	荸荠	Chinese water chestnut, *Eleocharis* dulcis (Burm. f.) Trin. ex Henschel	俗称"马蹄"。
04.245	芡	cordon euryale, *Euryale ferox* Salisb.	俗称"鸡头"。
04.246	菱[角]	water caltrop, water chestnut	
04.247	豆瓣菜	water cress, *Nasturtium officinale* R. Br.	又称"西洋菜"。
04.248	莼菜	water-shield, *Brasenia schreberi* J. F. Gmel.	
04.249	水芹	water dropwort, *Oenanthe javanica* (Bl.) DC.	
04.250	蒲菜	common cattail, *Typha latifolia* L.	又称"香蒲"。
04.251	海带	kelp, sea tangle, *Laminaria*	又称"昆布"。

序 码	汉 文 名	英 文 名	注 释
		japonica Aresch.	
04.252	[普通]紫菜	Tzu Tsai, laver, *Porphyra vulga-ris* L.	
04.253	豆芽菜	bean sprouts	
04.254	竹笋	bamboo shoot, bamboo sprout	
04.255	香椿	Chinese mahogang, Chinese toon, *Toona sinensis* (A. Juss.) Roem.	
04.256	黄花菜	daylily	又称"金针菜"。
04.257	百合	lily	
04.258	石刁柏	asparagus, *Asparagus officinalis* L.	俗称"芦笋"。
04.259	辣根	horse-radish, *Armoracia rustica-na* (Lam.) Gaertn.	
04.260	朝鲜蓟	artichoke, *Cynara scolymus* L.	
04.261	蘘荷	mioga ginger, *Zingiber mioga* (Thunb.) Rosc.	又称"阳藿"。
04.262	食用大黄	garden rhubarb, *Rheum rhapon-ticum* L.	
04.263	酸模	garden sorrel, *Rumex acetosa* L.	
04.264	黄秋葵	okra, *Abelmoschus esculentus* (L.) Moench	
04.265	蕨菜	wild brake, *Pteridium aquilinum* (L.) Kuhn. var. *latiusculum* (Desv.) Underw.	
04.266	发菜	fa-tsai, *Nostoc flagelliforme* Born. et Flah.	
04.267	[黑]木耳	woodear, *Auricularia auricula* (L. ex Hook.) Underw.	
04.268	白色双孢蘑菇	white mushroom, *Agaricus bisporus* (Lange) Sing.	
04.269	香菇	shiitake fungus, *Lentinus edodes* (Berk.) Sing.	
04.270	草菇	straw mushroom, *Volvariella volvacea* (Bull. ex Fr.) Sing.	
04.271	观赏园艺	ornamental horticulture	
04.272	花卉布置	flower arrangement	

序　码	汉 文 名	英 文 名	注　释
04.273	花卉装饰	flower decoration	
04.274	园林设计	landscape design	又称"造园设计"。
04.275	造园	landscape gardening	又称"庭园布置"。
04.276	盆景	Penjing	
04.277	草坪栽植	lawn planting	
04.278	花图式	floral diagram	
04.279	切花	cut flower	
04.280	观赏植物	ornamental plants	
04.281	石竹	Chinese pink, *Dianthus chinensis* L.	
04.282	须苞石竹	beared pink, *Dianthus barbatus* L.	又称"美国石竹"。
04.283	雏菊	English daisy, *Bellis perennis* L.	又称"长命菊"。
04.284	翠菊	China-aster, *Callistephus chinensis* Nees.	
04.285	麦秆菊	straw flower, *Helichrysum bracteatum* (Venten.) Andr.	
04.286	孔雀草	French marigold, *Tagetes patula* L.	又称"红黄草"。
04.287	万寿菊	Aztec marigold, *Tagetes erecta* L.	
04.288	矢车菊	cornflower, *Centaurea cyanus* L.	
04.289	波丝菊	cosmos, *Cosmos bipinnatus* Cav.	
04.290	金盏菊	pot marigold, *Calendula officinalis* L.	
04.291	蛇目菊	plain coreopsis, *Coreopsis tinctoria* Nutt.	又称"金钱菊"。
04.292	半支莲	sun plant, *Portulaca grandiflora* Hook.	又称"龙须牡丹"。
04.293	虞美人	corn poppy, *Papaver rhoeas* L.	
04.294	凤仙花	garden balsam, *Impatiens balsamina* L.	
04.295	报春花	common primrose, *Primula malacoides* Franch.	
04.296	鸡冠花	cockscomb, *Celosia cristata* L.	
04.297	醉蝶花	spiny spiderflower, *Cleome spinosa* L.	又称"蜘蛛花"。
04.298	花菱草	california poppy, *Eschscholzia*	

序　码	汉文名	英　文　名	注　释
		californica Cham.	
04.299	金鱼草	snapdragon, *Antirrhinum majus* L.	
04.300	飞燕草	rocket larkspur, *Delphinium ajacis* L.	又称"洋翠雀"。
04.301	[麝]香豌豆	sweet pea, *Lathyrus odoratus* L.	
04.302	紫罗兰	common stock, *Matthiola incana* R. Br.	
04.303	三色苋	tampala, *Amaranthus tricolor* L.	又称"雁来红"。
04.304	紫茉莉	[common] four-o'clock, *Mirabilis jalapa* L.	又称"草茉莉"。
04.305	矮雪轮	drooping silene, *Silene pendula* L.	
04.306	一串红	scarlet sage, *Salvia splendens* Ker.-Gawl.	
04.307	三色堇	pansy, *Viola tricolor* L. var. *hortensis* DC.	
04.308	百日草	youth-and-old-age, *Zinnia elegans* Jacq.	又称"百日菊"。
04.309	牵牛花	morning glory, *Ipomoea hederacea* Jacq.	
04.310	大花牵牛	imperial japanese morning glory, *Ipomoea nil* (L.) Roth.	又称"大喇叭花"。
04.311	羽叶茑萝	cypressvine starglory, *Quamoclit pennata* (Lam.) Bojer.	
04.312	千日红	globe amaranth, *Gomphrena globosa* L.	
04.313	福禄考	drummond phlox, *Phlox drummondii* Hook.	
04.314	霍香蓟	tropic ageratum, *Ageratum conyzoides* L.	
04.315	菊花	Florist's chrysanthemum, *Dendranthema morifolium* (Ramat.) Tzvel.	
04.316	天人菊	blanket flower, *Gaillardia pulchella* Foug.	
04.317	荷兰菊	frost flower, *Aster novi-belgii* L.	

序　码	汉　文　名	英　文　名	注　释
04.318	金光菊	cutleaf coneflower, *Rudbeckia laciniata* L.	
04.319	旱金莲	garden nasturtium, *Tropaeolum majus* L.	又称"金莲花"。
04.320	荷包牡丹	bleeding-heart, *Dicentra spectabilis* (L.) Lem.	
04.321	秋海棠	begonia, *Begonia evansiana* Andr.	
04.322	玉簪	fragrant plantain lily, *Hosta plantaginea* (Lam.) Asch.	
04.323	鸢尾	iris, *Iris tectorum* Maxim.	
04.324	蝴蝶花	fringed iris, *Iris japonica* Thunb.	
04.325	马蔺	sword iris, *Iris ensata* Thunb.	
04.326	萱草	orange daylily, *Hemerocallis fulva* L.	
04.327	红花酢浆草	window-box oxalis, *Oxalis rubra* St. Hil.	
04.328	月见草	evening primrose, *Oenothera biennis* L.	俗称"夜来香"。
04.329	香石竹	carnation, *Dianthus caryophyllus* L.	又称"康纳馨"。
04.330	紫菀	tartarian aster, *Aster tataricus* L. f.	
04.331	白头翁	Chinese pulsatilla, *Pulsatilla chinensis* Reg.	
04.332	芍药	Chinese peony, *Paeonia lactiflora* Pall.	
04.333	吊竹梅	purple zebrina, *Zebrina pendula* Schnizl.	又称"吊竹兰"。
04.334	瓜叶菊	cineraria, *Senecio cruentus* DC.	
04.335	春兰	Chinese orchid, *Cymbidium goeringii* Rchb. f.	
04.336	卡特兰	Bowring cattleya, *Cattleya bowringiana* Hort.	
04.337	兜兰	paphiopedilum, *Paphiopedilum insigne* Pfitz.	
04.338	密花石斛	dendrobium, *Dendrobium den-*	

序 码	汉 文 名	英 文 名	注 释
		siflorum Wallich	
04.339	蝴蝶兰	Moth orchid, *Phalaenopsis amabilis* Bl.	
04.340	万带兰	vanda, *Vanda teres* Lindl.	
04.341	吊兰	bracket-plant, *Chlorophytum comosum* (Thunb.) Jacques	
04.342	[大花]君子兰	kafir lily, *Clivia miniata* Reg.	
04.343	文殊兰	poison bulb, *Crinum asiaticum* L.	
04.344	蟹爪仙人掌	crab cactus, *Zygocactus truncatus* (Haw.) K. Schum.	
04.345	令箭荷花	nopalxochia, *Nopalxochia ackermannii* (Haw.) F. M. Kunth.	
04.346	毛叶秋海棠	king begonis, *Begonia rex* Putz.	
04.347	昙花	epiphyllum, *Epiphyllum oxypetalum* (DC.) Haw.	
04.348	文竹	asparagus fern, *Asparagus plumosus* Baker	
04.349	芦荟	Chinese aloe, *Aloe vera* L. var. *chinensis* (Haw.) Baker	
04.350	大岩桐	gloxinia, *Sinningia speciosa* (Lodd.) Hiern.	
04.351	何氏凤仙	Holsts snapweed, *Impatiens wallerana* Hook. f.	俗称"玻璃翠"。
04.352	鸭跖草	dayflower, *Commelina communica* L.	
04.353	蒲包花	slipperwort, *Calceolaria hybrida* Hort.	
04.354	大丽菊	aztec dahlia, *Dahlia pinnata* Cav.	
04.355	铃兰	lily-of-the-valley, *Convallaria majalis* L.	
04.356	风信子	hyacinth, *Hyacinthus orientalis* L.	
04.357	葱莲	autumn zephyr-lily, *Zephyranthes candida* Herb.	又称"白花菖蒲莲"。

序 码	汉 文 名	英 文 名	注 释
04.358	韭莲	rosepink zephyr-lily, *Zephyranthes grandiflora* Lindl.	又称"菖蒲莲"。
04.359	石蒜	spider lily, *Lycoris radiata* (L'Her.) Herb.	又称"龙爪花"。
04.360	小苍兰	freesia, *Freesia hybrida* L.H. Bailey	又称"香雪兰"。
04.361	郁金香	tulip, *Tulipa gesneriana* L.	
04.362	晚香玉	tuberose, *Polianthus tuberosa* L.	
04.363	[麝]香百合	easter lily, *Lilium longiflorum* Thunb.	
04.364	王百合	royal lily, *Lilium regale* E. H. Wils.	
04.365	卷丹	tiger-lily, *Lilium lancifolium* Thunb.	
04.366	射干	blackberry lily, *Belamcanda chinensis* (L.) DC.	
04.367	美人蕉	India canna, *Canna indica* L.	
04.368	大花美人蕉	common garden canna, *Canna generalis* Bailey	
04.369	唐菖蒲	sword lily, *Gladiolus hybridus* Hort.	又称"剑兰"。
04.370	水仙	polyanthus narcissus, *Narcissus tazetta* L. var. *chinensis* Roem.	
04.371	仙客来	ivyleaf cyclamen, *Cyclamen persicum* Mill.	又称"兔耳花"。
04.372	天门冬	asparagus, *Asparagus sprengeri* Regel.	又称"天竹"。
04.373	睡莲	pygmy waterlily, *Nymphaea tetragona* Georgi	
04.374	仙人掌	Indian fig, *Opuntia ficus-indica* (L.) Mill.	
04.375	金琥	golden-ball cactus, *Echinocactus grusonii* Hildm.	
04.376	凤尾蕨	brake fern, *Pteris multifida* Poir.	
04.377	鸟巢蕨	new pteris fern, *Neottopteris*	

序 码	汉 文 名	英 文 名	注 释
		nidus (L.) J. Sm.	
04.378	铁线蕨	venus-hair fern, *Adiantum capillus-veneris* L.	
04.379	雪松	Himalayan cedar, *Cedrus deodara* (D. Don) G. Don	
04.380	[兴安]落叶松	Dahurian larch, *Larix gmelinii* (Rupr.) Rupr. ex Kuzen.	
04.381	金钱松	golden larch, *Pseudolarix kaempferi* (Lindl.) Gord.	
04.382	水松	Chinese water pine, *Glyptostrobus lineatus* (Poir.) Druce	
04.383	落羽杉	swamp cypress, *Taxodium distichum* (L.) Rich.	
04.384	池杉	pond cypress, *Taxodium ascendens* Brongn.	
04.385	水杉	Chinese redwood, *Metasequoia glyptostroboides* Hu et Cheng	
04.386	苏铁	sago cycas, *Cycas revoluta* Thunb.	俗称"铁树"。
04.387	云杉	dragon spruce, *Picea asperata* Mast.	
04.388	油松	Chinese pine, *Pinus tabulaeformis* Carr.	
04.389	白皮松	Chinese lace-bark pine, *Pinus bungeana* Zucc.	
04.390	日本五针松	Japanese white pine, *Pinus parviflora* Sieb. et Zucc.	
04.391	[侧]柏	Chinese arbor-vitae, *Platycladus orientalis* (L.) Franco	
04.392	铺地柏	procumbent juniper, *Sabina procumbens* (Endl.) Iwata et Kusaka	
04.393	[国]槐	Chinese scholar tree, *Sophora japonica* L.	
04.394	七叶树	Chinese horsechestnut, *Aesculus chinensis* Bge.	
04.395	枫香	Chinese sweetgum, *Liquidambar*	又称"枫树"。

序码	汉文名	英文名	注释
		formosana Hance	
04.396	鹅掌楸	Chinese tulip tree, *Liriodendron chinense* (Hemsl.) Sarg.	
04.397	梧桐	phoenix tree, *Firmiana simplex* (L.) W. F. Wight	
04.398	[白]玉兰	yulan magnolia, *Magnolia denudata* Desr.	
04.399	樱花	oriental cherry, *Prunus serrulata* Lindl.	
04.400	碧桃	flowering peach, *Prunus persica* (L.) Batsch var. *duplex* Rehd.	
04.401	珙桐	dove tree, *Davidia involucrata* Baill.	又称"鸽子树"。
04.402	合欢	silk tree, *Albizzia julibrissin* Durazz.	
04.403	黄栌	smoke tree, *Cotinus coggygria* Scop.	
04.404	百华花楸	Mt. baihuashan mountainash, *Sorbus pohuashanensis* (Hance) Hedl.	
04.405	金银木	Amur honeysuckle, *Lonicera maackii* (Rupe.) Maxim.	
04.406	木麻黄	horsetail beefwood, *Casuarina equisetifolia* L.	
04.407	橡皮树	India-rubber fig, *Ficus elastica* Roxb.	
04.408	广玉兰	southern magnolia, *Magnolia grandiflora* L.	又称"荷花玉兰"。
04.409	白兰花	white michelia, *Michelia alba* DC.	
04.410	黄兰	champac michelia, *Michelia champaca* L.	
04.411	桂花	sweet osmanthus, *Osmanthus fragrans* (Thunb.) Lour.	又称"木樨"。
04.412	珊瑚树	sweet viburnum, *Viburnum odoratissimum* Ker.-Gawl.	又称"法国冬青"。

序　码	汉　文　名	英　文　名	注　　释
04.413	木兰	lily magnolia, *Magnolia liliflora* Desr.	又称"紫玉兰"。
04.414	榆叶梅	flowering almond, *Prunus triloba* Lindl.	
04.415	玫瑰	rugosa rose, *Rosa rugosa* Thunb.	
04.416	贴梗海棠	common flowering quince, *Chaenomeles lagenaria* (Loisel.) Koidz.	
04.417	海棠花	Chinese flowering apple, *Malus spectabilis* (Ait.) Borkh.	
04.418	月季	China rose, *Rosa chinensis* Jacq.	
04.419	野蔷薇	multiflora rose, *Rosa multiflora* Thunb.	
04.420	杜鹃	rhododendron, Indian azalea, *Rhododendron simsii* Planch.	
04.421	马缨杜鹃	delavay rhododendron, *Rhododendron delavayi* Franch.	
04.422	牡丹	tree peony, Mudan, *Paeonia suffruticosa* Andr.	
04.423	小檗	barberry, *Berberis thunbergii* DC.	
04.424	锦熟黄杨	common box, *Buxus sempervirens* L.	
04.425	夹竹桃	sweet-scented oleander, *Nerium indicum* Mill.	
04.426	大叶黄杨	spindle tree, *Euonymus japonicus* Thunb.	
04.427	黄蝉	oleander allemanda, *Allemanda neriifolia* Hook.	
04.428	山茶	common camellia, *Camellia japonica* L.	
04.429	含笑	banana-shrub, *Michelia figo* (Lour.) Spreng.	
04.430	茉莉	Arabian jasmine, *Jasminum sambac* (L.) Ait.	
04.431	栀子	cape jasmine, *Gardenia jasminoides* Ellis	

序 码	汉 文 名	英 文 名	注 释
04.432	龙船花	Chinese ixora, *Ixora chinensis* Lam.	
04.433	代代花	sour orange, *Citrus aurantium* L. var. *amara* Engl.	
04.434	南天竹	heavenly bamboo, *Nandina domestica* Thunb.	
04.435	海桐	mock orange, *Pittosporum tobira* (Thunb.) Ait.	
04.436	枸骨	horned holly, *Ilex cornuta* Lindl. ex Paxt.	
04.437	木香	banksian rose, *Rosa banksiae* Ait.	
04.438	紫藤	Chinese wisteria, *Wisteria sinensis* (Sims) Sweet.	
04.439	金银花	honeysuckle, *Lonicera japonica* Thunb.	
04.440	叶子花	bougainvillea, *Bougainvillea spectabilis* Willd.	又称"三角花"。
04.441	扶芳藤	wintercreeper euonymus, *Euonymus fortunei* (Turcz.) Hand.-Mazz.	
04.442	常春藤	English ivy, *Hedera helix* L.	
04.443	棕榈	windmill palm, *Trachycarpus fortunei* (Hook. f.) H. Wendl.	
04.444	棕竹	low ground-rattan, *Rhapis humilis* Bl.	
04.445	王棕	royal palm, *Roystonea regia* (H.B. K.) O. F. Cook	又称"大王椰子"。
04.446	佛肚竹	buddha bamboo, *Bambusa ventricosa* McClure	
04.447	黄金间碧玉竹	greenstripe common bamboo, *Bambusa vulgaris* Schrad. var. *striata* Gamble	
04.448	紫竹	black bamboo, *Phyllostachys nigra* (Lodd. ex Lindl.) Munro	

05. 农产品加工

序　码	汉　文　名	英　文　名	注　释
05.001	农产品加工	agro-product processing	
05.002	清理	cleaning	
05.003	初清	preliminary cleaning	
05.004	筛选	screening	
05.005	风选	aspiration	
05.006	磁选	magnetic separation	
05.007	比重分选	gravity separation	
05.008	脱壳	husking, shelling	
05.009	砻谷	husking, shelling	用于稻谷。
05.010	谷壳分离	husk separation	
05.011	谷糙分离	husked rice separation, paddy separation	
05.012	糙米	brown rice	
05.013	碾米	rice whitening, rice milling	
05.014	擦米	rice polishing	
05.015	凉米	rice cooling	
05.016	白米分级	white rice grading	
05.017	糠栖分离	floury product separation	
05.018	籼米	milled long-grain nonglutinous rice	
05.019	粳米	milled medium to short-grain non-glutinous rice	
05.020	糯米	glutinous rice	
05.021	蒸谷米	parboiled rice	
05.022	米糠	rice bran, rice husk	
05.023	稻壳	rice hull	
05.024	制粉	flour milling	
05.025	打麦	wheat scouring	
05.026	洗麦	wheat washing	
05.027	重力分级	gravity selection	
05.028	水分调节	conditioning	
05.029	小麦搭配	wheat blending	
05.030	着水	dampening	

序　码	汉　文　名	英　文　名	注　　释
05.031	润麦	tempering	
05.032	精选	foreign seeds extraction	
05.033	刷麦	wheat brushing	
05.034	碾磨	grinding	
05.035	松粉	detaching	
05.036	筛理	bolting, sifting	
05.037	清粉	purification	
05.038	刷麸	bran brushing	
05.039	打麸	bran finishing	
05.040	面粉处理	flour treatment	
05.041	面粉搭配	flour blending	又称"配粉"。
05.042	撞击杀虫	entoleting	
05.043	小麦粉	wheat flour	又称"面粉"。
05.044	淀粉	starch	
05.045	面筋	gluten	
05.046	麸皮	bran	
05.047	玉米粉	corn flour	
05.048	玉米糁	corn grits, grists	又称"玉米碴"。
05.049	高粱米	sorghum rice	
05.050	小米	milled foxtail millet	
05.051	黍米	milled glutinous broomcorn millet	
05.052	稷米	milled nonglutinous broomcorn millet	
05.053	燕麦片	oats flakes	
05.054	莜麦粉	naked oats flour	
05.055	裸大麦粉	naked barley flour	又称"青稞面"。
05.056	麦芽	malt	
05.057	大豆粉	soybean meal	
05.058	油料预处理	pretreatment of oil bearing materials	
05.059	油料剥壳	oilseed hulling	
05.060	油料脱皮	oilseed decortication	
05.061	破碎	crushing, cracking	
05.062	软化	softening	
05.063	轧胚	flaking	
05.064	蒸炒	cooking	
05.065	压榨	pressing	

序　码	汉　文　名	英　文　名	注　释
05.066	水代法取油	oil extraction by water substitution	
05.067	浸出	solvent extraction	
05.068	混合油处理	miscella treatment	
05.069	粕处理	meal treatment	
05.070	溶剂回收	solvent recovery	
05.071	毛油	crude oil	
05.072	油脂精炼	oil and fat refining	
05.073	沉淀	precipitation	
05.074	过滤	filtration	
05.075	蒸汽蒸馏	steaming	
05.076	脱臭	deordorization	
05.077	水化	hydration	
05.078	脱胶	degumming	
05.079	碱炼	caustic refining	又称"中和(neutralization)"。
05.080	脱酸	deacidification	
05.081	吸附脱色	adsorption bleaching	
05.082	酸炼	acid-refining	
05.083	脱蜡	dewaxing	
05.084	冬化	winterization	
05.085	氢化	hydrogenation	又称"加氢作用"。
05.086	强化	enrichment	
05.087	精炼油	refined oil	又称"精制油"。
05.088	食用植物油	edible vegetable oil	
05.089	[香]精油	essential oil	
05.090	人造奶油	magarine	
05.091	大豆油	soybean oil	
05.092	花生油	peanut oil	
05.093	芝麻油	sesame oil	
05.094	菜籽油	rapeseed oil, colza oil	
05.095	棉籽油	cottonseed oil	
05.096	米糠油	rice bran oil	
05.097	玉米油	corn oil, maize oil	
05.098	红花籽油	safflower oil	
05.099	茶[籽]油	tea oil, tea-seed oil	
05.100	棕榈油	palm oil	

序　码	汉　文　名	英　文　名	注　　释
05.101	芝麻酱	sesame paste	
05.102	花生酱	peanut butter	
05.103	籽棉	seed cotton	
05.104	皮棉	ginned cotton	
05.105	棉绒	linters	
05.106	粗纤维	raw fiber, crude fiber	
05.107	绿茶	green tea	
05.108	红茶	black tea	
05.109	杀青	Shaqing, deactivation of enzymes	
05.110	砖茶	brick tea	
05.111	发酵	fermentation	
05.112	揉捻	rolling	
05.113	做青	fine manipulation of green tea leaves	
05.114	渥堆	pile fermentation	
05.115	乌龙茶	Oolong tea, Oolong	
05.116	花薰茶	scented tea	
05.117	揉切	rolling and cutting	
05.118	烘青	hongqing	
05.119	蒸青	steam tea	
05.120	炒青	pan-fired	
05.121	天然[橡]胶	natural rubber, NR	
05.122	胶乳	latex	
05.123	生胶	crude rubber, raw rubber	
05.124	胶片	rubber sheet	
05.125	绉片	crepe	
05.126	水果罐头	canned fruit	
05.127	果汁	fruit juice, fruice	
05.128	果肉饮料	fruit squash, fruit nectar	
05.129	果酱	fruit jam	
05.130	果冻	fruit jelly	
05.131	果泥	fruit paste, fruit pulp	
05.132	果酒	fruit wine	
05.133	果醋	fruit vinegar	
05.134	水果香精	fruit essence	
05.135	蔬菜罐头	canned vegetable	
05.136	蔬菜汁	vegetable juice	

序 码	汉 文 名	英 文 名	注 释
05.137	蔬菜泥	vegetable puree	
05.138	脱水蔬菜	dehydrated vegetable	
05.139	干菜	dry vegetable	
05.140	自然通风干燥	natural-draft drying	
05.141	机械通风干燥	mechanical ventilation drying	
05.142	流化床干燥	fluid-bed drying, fluidized-bed drying	
05.143	红外线干燥	infrared drying	
05.144	高频干燥	high-frequency drying	
05.145	微波干燥	microwave drying	
05.146	低温干燥	low temperature drying	
05.147	冷冻干燥	freeze drying	
05.148	喷雾干燥	atomized drying	
05.149	气调贮藏	controlled atmosphere storage	又称"CA 贮藏"。
05.150	自发气调贮藏	modified atmosphere storage	又称"MA 贮藏"。
05.151	辐射处理	radiation treatment	
05.152	腌渍保藏	curing preservation	
05.153	盐渍	salting	
05.154	糖渍	sugaring	
05.155	酸渍	pickling	
05.156	糟渍	pickled with grains	
05.157	腌制	curing	
05.158	烟熏保藏	smoke-dried preservation	
05.159	冷藏	cold preservation	又称"低温保藏"。
05.160	缺氧保藏	oxygen deficit preservation	
05.161	冻藏	freeze preservation	又称"冷冻保藏"。
05.162	干[制保]藏	drying preservation	
05.163	罐藏	canning	
05.164	辐射保藏	radiation preservation	
05.165	防腐剂保藏	antiseptic preservation	
05.166	抗氧剂保藏	antioxidant preservation	
05.167	挤压膨化	extrusion	
05.168	膨化	puffing	又称"爆花"。

06. 作物形态与生理

序　码	汉　文　名	英　文　名	注　释
06.001	根冠比	root/shoot ratio	
06.002	块茎指数	tuber index	
06.003	营养枝	vegetative shoot	
06.004	结果枝	fruit bearing shoot	
06.005	短果枝	fruit spur	
06.006	分蘖	tiller	
06.007	分蘖节	tillering node	
06.008	有效分蘖	effective tiller	
06.009	无效分蘖	ineffective tiller	
06.010	茎叶比	stem/leaf ratio	
06.011	旗叶	flag leaf	
06.012	功能叶	functional leaf	
06.013	叶龄	leaf age	
06.014	叶面积	leaf area	
06.015	叶面积指数	leaf area index, LAI	
06.016	棉铃	cotton boll	
06.017	穗密度	spike density	
06.018	阶段发育	phasic development	
06.019	春化[作用]	vernalization	
06.020	春性	springness	
06.021	冬性	winterness	
06.022	半冬性	semiwinterness	
06.023	光周期	photoperiod	
06.024	光周期现象	photoperiodism	
06.025	净光合作用	net photosynthesis	
06.026	光合强度	photosynthetic intensity	
06.027	光合效率	photosynthetic efficiency	
06.028	呼吸系数	coefficient of respiration	
06.029	早衰	presenility	
06.030	衰老	senescence	
06.031	锻炼	hardening	
06.032	适应性	adaptability	
06.033	越冬性	winter hardiness	

序　码	汉　文　名	英　文　名	注　释
06.034	冷害	cold injury	
06.035	霜害	frost injury	
06.036	冻害	freezing injury	
06.037	耐热性	heat tolerance	
06.038	耐渍性	waterlogging tolerance	
06.039	耐盐性	saline tolerance	
06.040	耐碱性	alkali tolerance	
06.041	抗寒性	cold resistance	
06.042	抗风性	wind resistance	
06.043	抗病性	disease resistance	
06.044	抗倒伏性	lodging resistance	
06.045	抗裂荚[落粒]性	shattering resistance	
06.046	生理病害	physiological disease	
06.047	生理干旱	physiological drought	
06.048	生长期	growing period	
06.049	临界生长期	critical period of growth	
06.050	苗期	seedling stage	
06.051	分蘖期	tillering stage	
06.052	拔节期	shooting stage, elongation stage	
06.053	孕穗期	booting stage	
06.054	抽穗期	heading stage	
06.055	幼穗分化期	panicle [spike] primordium differentiation stage	
06.056	蕾期	bud stage	
06.057	开花期	flowering stage	
06.058	成熟期	maturing stage	
06.059	乳熟	milky ripe	
06.060	蜡熟	dough stage	
06.061	黄熟	yellow ripe	
06.062	完熟	full ripe	
06.063	后熟	after ripening	
06.064	抽苔	bolting	
06.065	[玉米]抽丝	[corn] silking	
06.066	莲座期	rosette stage	
06.067	结球期	heading stage	
06.068	落蕾	flower bud dropping	
06.069	落花	blossom dropping	

序 码	汉 文 名	英 文 名	注 释
06.070	落荚	pod dropping	
06.071	落果	fruit dropping	
06.072	空秆	barreness	
06.073	座果	fruit setting	
06.074	结果习性	fruit bearing habit	
06.075	结果周期性	periodicity of fruiting	
06.076	结果期	fruiting period	
06.077	盛果期	full bearing period	
06.078	采摘期	picking period	
06.079	隔年结果	biennial bearing	又称"大小年"。
06.080	生长习性	growth habit	
06.081	有限生长	determinate growth	
06.082	无限生长	indeterminate growth	
06.083	生长率	growth rate	
06.084	分蘖力	tillering ability	
06.085	茎秆强度	straw stiffness	
06.086	倒伏	lodging	
06.087	早熟性	earliness	
06.088	晚熟性	lateness	
06.089	生理成熟	physiological maturity.	

07. 作物遗传育种与种子

序 码	汉 文 名	英 文 名	注 释
07.001	种质	germplasm	
07.002	自然选择	natural selection	
07.003	作物起源	origin of crop	
07.004	作物起源中心	center of origin of crop	
07.005	变异中心	center of diversity	
07.006	次级起源中心	secondary center of origin	
07.007	驯化	acclimatization	
07.008	野生近缘种	wild relatives	
07.009	植物引种	plant introduction	
07.010	遗传资源	genetic resources	又称"种质资源(germplasm resources)"。

序　码	汉　文　名	英　文　名	注　释
07.011	超低温保存	cryopreservation	
07.012	异地保存	*ex situ* conservation	
07.013	原地保存	*in situ* conservation	
07.014	离体保存	*in vitro* conservation	
07.015	种质圃	field gene bank	
07.016	基因库材料	gene bank accession	
07.017	基因文库	gene library	
07.018	遗传完整性	genetic integrity	
07.019	遗传侵蚀	genetic erosion	又称"遗传冲刷"。
07.020	正常型种子	orthodox seed	
07.021	异常型种子	recalcitrant seed	
07.022	种质基本资料	passport data	
07.023	遗传力	heritability	又称"遗传率"。
07.024	遗传漂变	genetic drift	
07.025	超亲遗传	transgressive inheritance	
07.026	数量遗传	quantitative inheritance	
07.027	质量遗传	qualitative inheritance	
07.028	基因库	gene bank	
07.029	基因源	gene pool	
07.030	[育性]恢复基因	[fertility] restoring gene	
07.031	加性效应	additive effect	
07.032	加性遗传方差	additive genetic variance	
07.033	剂量效应	dose effect	
07.034	显性效应	dominance effect	
07.035	雄性不育基因	male sterile gene	
07.036	基因转移	gene transfer	
07.037	基因性不育	genic sterility	
07.038	突变	mutation	
07.039	突变子	muton	
07.040	突变点	mutational site	
07.041	突变易发点	hot spot [in mutation]	又称"突变热点"。
07.042	生化突变	biochemical mutation	
07.043	[细]胞质突变	cytoplasmic mutation	
07.044	芽变	bud mutation, bud sport	
07.045	突变频率	mutation frequency	
07.046	核型	karyotype	
07.047	整倍体	euploid	

序　码	汉　文　名	英　文　名	注　释
07.048	非整倍体	aneuploid	
07.049	附加系	addition line	
07.050	代换系	substitution line	
07.051	易位系	translocation line	
07.052	双倍体	amphiploid	
07.053	双二倍体	amphidiploid	
07.054	同源四倍体	autotetraploid	
07.055	异源四倍体	allotetraploid	
07.056	异源六倍体	allohexaploid	
07.057	同源多倍体	autopolyploid	
07.058	异源多倍体	allopolyploid	
07.059	生物技术	biotechnology	
07.060	遗传工程	genetic engineering	又称"基因工程"。
07.061	酶工程	enzyme engineering	
07.062	发酵工程	fermentation engineering	
07.063	细胞工程	cell engineering	
07.064	染色体工程	chromosome engineering	
07.065	体细胞杂交	somatic hybridization	
07.066	准性杂交	parasexual hybridization	
07.067	原位分子杂交	molecular hybridization *in situ*	
07.068	花粉培养	pollen culture	
07.069	花药培养	anther culture	
07.070	胚培养	embryo culture	
07.071	组织培养	tissue culture	
07.072	器官培养	organ culture	
07.073	细胞培养	cell culture	
07.074	原生质体培养	protoplast culture	
07.075	启动子	promotor	
07.076	终止子	terminator	
07.077	复制子	replicon	
07.078	操纵子	operon	
07.079	乳糖操纵子	lac operon	
07.080	内含子	intron	
07.081	激活子	activator	
07.082	重组子	recon	又称"交换子"。
07.083	顺反子	cistron	
07.084	释放因子	releasing factor	

序 码	汉 文 名	英 文 名	注 释
07.085	全酶	holoenzyme	
07.086	核心酶	core enzyme	
07.087	逆[转]录酶	reverse transcriptase	
07.088	引发酶	primase	
07.089	限制[性内切核酸]酶	restriction endonuclease	
07.090	连接酶	ligase	
07.091	原球茎	protocorm	
07.092	微体繁殖	micropropagation	
07.093	胚嫁接	embryo grafting	
07.094	种质储存	germplasm storage	
07.095	种质长期保存材料	base collections	又称"种质基础材料"。
07.096	种质短期保存材料	working collections	又称"种质应用材料"。
07.097	全能性	totipotency	
07.098	极性	polarity	
07.099	变性	denaturation	
07.100	复性	renaturation	
07.101	辅助因子	co-factor	
07.102	简并[性]	degeneracy	
07.103	异核现象	heterokaryosis	
07.104	移植	transplantation	
07.105	核移植	nucleus transplantation	
07.106	细胞器移植	organelle transplantation	
07.107	转化	transformation	
07.108	转导	transduction	
07.109	代换	substitution	
07.110	颠换	transversion	
07.111	易位	translocation	
07.112	移码	frameshift	
07.113	间隔	spacer	
07.114	缺失	deletion	
07.115	复制	duplication	
07.116	倒位	inversion	
07.117	亲和	compatible	
07.118	核融合	karyomixis	

序　码	汉　文　名	英　文　名	注　　释
07.119	核[溶]解	karyolysis	
07.120	同质性	homogeneity	
07.121	异质性	heterogeneity	
07.122	体细胞接合	somatogamy	
07.123	细胞融合	cytomixis	
07.124	内融合	endomixis	
07.125	细胞亲和力	cellular affinity	
07.126	核酸	nucleic acid	
07.127	核苷酸	nucleotide	
07.128	核糖核酸	ribonucleic acid, RNA	简称"RNA"。
07.129	信使 RNA	messenger RNA, mRNA	
07.130	脱氧核糖核酸	deoxyribonucleic acid, DNA	简称"DNA"。
07.131	脱氧腺苷酸	deoxyadenylic acid, dAMP	
07.132	脱氧胞苷酸	deoxycytidylic acid, dCMP	
07.133	脱氧鸟苷酸	deoxyguanylic acid, dGMP	
07.134	DNA 重组	DNA recombination	
07.135	DNA 交联	DNA cross-linking	
07.136	连续分布	continuous distribution	
07.137	间断分布	discontinuous distribution	
07.138	胚乳直感	xenia	
07.139	果实直感	metaxenia	
07.140	供体	donor	
07.141	受体	recipient	
07.142	随机交配	random mating	
07.143	亲代	parental generation	
07.144	父本	male parent	
07.145	母本	female parent	
07.146	后代	progeny	
07.147	子代	filial generation	
07.148	杂交	cross	
07.149	杂交育种	cross breeding, hybridization	
07.150	纯系育种	pure line breeding, pure line selection	
07.151	杂种	hybrid	
07.152	杂种第一代	F_1	
07.153	杂种第二代	F_2	
07.154	杂交组合	hybrid combination	

序　码	汉　文　名	英　文　名	注　释
07.155	杂种优势	heterosis, hybrid vigor	
07.156	线粒体互补	mitochondrial complementation	
07.157	超亲优势	heterobeltiosis	
07.158	测交	test cross	
07.159	单交	single cross	
07.160	双交	double cross	
07.161	顶交	top cross	
07.162	回交	backcross	
07.163	轮回亲本	recurrent parent	
07.164	非轮回亲本	non-recurrent parent	
07.165	正反交	reciprocal cross	
07.166	近交	inbreeding, close breeding	又称"近亲交配"。
07.167	远交	outbreeding	
07.168	自交	selfing	
07.169	异交	outcross	
07.170	全同胞交配	full-sib mating	
07.171	半同胞交配	half-sib mating	
07.172	互交	intercrossing, intermating	
07.173	近交系数	inbreeding coefficient	
07.174	近交退化	inbreeding depression	
07.175	属间杂交	intergeneric cross	
07.176	种间杂交	interspecific cross	
07.177	品种间杂交	intervarietal cross	
07.178	成对杂交	biparental cross	
07.179	双列杂交	diallel cross	
07.180	复合杂交	multiple cross	
07.181	聚合杂交	convergent cross	
07.182	渐渗杂交	introgressive hybridization	
07.183	多系杂交	polycross	
07.184	无性杂交	vegetative hybridization	
07.185	核质互作	nucleo-cytoplasmic interaction	
07.186	核质杂种	nucleo-cytoplasmic hybrid	
07.187	胞质杂种	cybrid	
07.188	突变体	mutant	
07.189	突变谱	mutation spectrum	
07.190	突变第一代	M_1 [in mutation]	
07.191	突变第二代	M_2 [in mutation]	

序 码	汉 文 名	英 文 名	注 释
07.192	无性第一代	V₁ [in vegetative hybridization]	
07.193	无性第二代	V₂ [in vegetative hybridization]	
07.194	诱变育种	mutation breeding	
07.195	诱变剂	mutagen	
07.196	诱变效应	mutagenic effect	
07.197	亲和性	compatibility	
07.198	不亲和性	incompatibility	
07.199	自交亲和性	self-compatibility	
07.200	自交不亲和性	self-incompatibillity	
07.201	杂交亲和性	cross compatibility	
07.202	杂交不亲和性	cross incompatibility	
07.203	自交亲和系	self compatible line	
07.204	自交不亲和系	self incompatible line	
07.205	细胞质不亲和性	cytoplasmic incompatibility	
07.206	配子体自交不亲和系统	gametophytic self-incompatibility system	
07.207	孢子体自交不亲和系统	sporophytic self-incompatibility system	
07.208	可交配性	crossability	
07.209	杂交可育	cross fertile	
07.210	杂种不育性	hybrid sterility	
07.211	自交可育性	self-fertility	
07.212	自交不育性	self-sterility	
07.213	雄性不育	male sterile	
07.214	细胞质雄性不育	cytoplasmic male sterile	
07.215	花粉不育性	pollen sterility	
07.216	雌性不育	female sterile	
07.217	部分不育性	partial sterility	
07.218	雄性不育系	male sterile line	
07.219	核雄性不育系	genic male sterile line	
07.220	[育性]恢复系	restoring line	
07.221	保持系	maintainer line	
07.222	自交系	inbred line	
07.223	生殖隔离	reproductive isolation	
07.224	克隆	clone	又称"无性繁殖系"。
07.225	孤雌生殖	parthenogenesis	
07.226	后代测验	progeny test	

序 码	汉 文 名	英 文 名	注 释
07.227	早代测验	early generation test	
07.228	选择	selection	
07.229	定向选择	directional selection	
07.230	连续选择	successive selection	
07.231	歧化选择	disruptive selection	
07.232	理想株型	ideotype	
07.233	一般配合力	general combining ability	
07.234	特殊配合力	specific combining ability	
07.235	选择差	selection differential	
07.236	单株选择	individual plant selection	
07.237	芽选择	bud selection	
07.238	配子选择	gametic selection	
07.239	选择指数	selection index	
07.240	选择强度	selection intensity	
07.241	选择响应	selection response	
07.242	纯育	breeding true	又称"稳定遗传"。
07.243	系谱	pedigree, parentage	
07.244	家系	line, family	
07.245	家系选择	line selection	
07.246	遗传获得量	genetic gain	
07.247	系谱法	pedigree method	
07.248	混合法	bulk method	又称"集团法"。
07.249	穗行法	ear-to-row method	
07.250	株行法	plant-to-row method	
07.251	铃行法	boll-row method	
07.252	育种圃	breeding nursery	
07.253	去雄	emasculation	
07.254	授粉	pollination	
07.255	自由授粉	open pollination	
07.256	异花授粉	cross pollination	
07.257	自花授粉	self-pollination	
07.258	自花受精	self-fertilization	
07.259	人工授粉	artificial pollination	
07.260	混合授粉	mixed pollination	
07.261	蕾期授粉	bud pollination	
07.262	控制授粉	controlled pollination	
07.263	群体	population	

序　码	汉　文　名	英　文　名	注　释
07.264	群体改良	population improvement	
07.265	混合选择	mass selection, bulk selection	又称"集团选择"。
07.266	轮回选择	recurrent selection	
07.267	单粒传法	single seed descent, SSD	
07.268	单倍体育种	haploid breeding	
07.269	花粉蒙导	pollen mentor	
07.270	派生系统法	derived-line method	
07.271	改良系谱法	modified pedigree method	
07.272	穿梭育种	shuttle breeding	
07.273	品质育种	breeding for quality	
07.274	[油菜]单低育种	breeding for single low [erucic acid or glucosinolate] content in rapeseed	
07.275	[油菜]双低育种	breeding for double low [erucic acid and glucosinolate] content in rapeseed	
07.276	抗病育种	breeding for disease resistance	
07.277	主效基因抗[病]性	major gene resistance	
07.278	微效基因抗[病]性	minor gene resistance	
07.279	抗虫育种	breeding for pest resistance	
07.280	抗逆育种	breeding for stress tolerance	
07.281	混系品种	composite variety	
07.282	多系品种	multiline variety	
07.283	综合种	synthetic variety	
07.284	远缘杂种	distant hybrid	
07.285	品种间杂种	intervarietal hybrid	
07.286	自交种子	selfed seed	
07.287	单交种	single cross hybrid	
07.288	双交种	double cross hybrid	
07.289	三系杂种	three-way cross hybrid	
07.290	无融合生殖	apomixis	
07.291	品系	strain, line	
07.292	细胞系	cell-line	
07.293	奥帕克-2[玉米]突变体	opaque-2 mutant [corn]	

序 码	汉 文 名	英 文 名	注 释
07.294	栽培品种	cultivar, variety	
07.295	品种	variety	
07.296	品种区域化	variety regionalization	
07.297	品种更换	variety replacement	
07.298	品种鉴定	variety identification	
07.299	品种审定	variety certification	
07.300	品种登记	variety registration	
07.301	地方品种	landrace	
07.302	改良品种	improved variety	
07.303	推广品种	commercial variety	
07.304	引进品种	introduced variety	
07.305	原原种	breeder's seed	
07.306	原种	foundation seed	
07.307	原种圃	foundation seed nursery	
07.308	推广种[子]	commercial seed	
07.309	繁殖区	multiplication plot	
07.310	空间隔离	distance isolation	
07.311	时间隔离	time isolation	
07.312	繁殖系数	propagation coefficient	
07.313	种子提纯	seed purification	
07.314	田间去杂	rogueing	
07.315	辅助授粉	suplementary pollination	
07.316	无性繁殖	vegetative propagation	
07.317	种子寿命	seed longevity	
07.318	种子检验	seed inspection	
07.319	种子检疫	seed quarantine	
07.320	种子鉴定	seed identification	
07.321	种子测定	seed testing	
07.322	品种纯度	varietal purity	
07.323	纯度测定	purity testing	
07.324	种子混杂物	seed admixture	
07.325	种子整齐度	seed uniformity	
07.326	种子饱满度	seed plumpness	
07.327	种子含水量	seed moisture content	
07.328	种子容重	seed volume-weight, seed test weight	
07.329	种子比重	seed specific weight	

序 码	汉 文 名	英 文 名	注 释
07.330	种子活力	seed vitality	
07.331	活力测定	vitality test	
07.332	发芽试验	germination test	
07.333	发芽率	germination rate	
07.334	发芽势	germination vigor	
07.335	种子储备	seed reservation	
07.336	鲜重	fresh weight	
07.337	干重	dry weight	
07.338	风干	air drying	
07.339	加温干燥	heat drying	
07.340	贮藏期	storage period	
07.341	种子贮藏	seed storage	
07.342	种子仓库	seed granary	
07.343	种子清选	seed cleaning	
07.344	种子消毒	seed disinfection	
07.345	拌种	seed dressing	
07.346	种子休眠	seed dormancy	
07.347	层积处理	stratification	

08. 农业试验设计与分析

序 码	汉 文 名	英 文 名	注 释
08.001	农业试验	agricultural test, agricultural experiment	
08.002	试验点	test site	
08.003	试验区	test region	
08.004	区组	block	
08.005	试验种植计划书	experimental planting plan	
08.006	试验设计	experimental design	
08.007	试验小区	experimental plot	
08.008	随机区组	randomized block	
08.009	平衡不完全区组	balanced incomplete block	
08.010	小区排列	plot arrangement	
08.011	顺序排列	systematic arrangement	
08.012	随机排列	randomized arrangement	
08.013	田间试验	field experiment	

序　码	汉　文　名	英　文　名	注　释
08.014	田间技术	field technique	
08.015	处理	treatment	
08.016	对照	check	
08.017	重复	replication	
08.018	保护行	guard row	
08.019	边际效应	marginal effect	
08.020	盆栽试验	pot culture experiment	
08.021	空白试验	blank test	
08.022	穗行试验	ear-to-row test	
08.023	株行试验	plant-to-row test	
08.024	秆行试验	rod-row test	
08.025	铃行试验	boll-row test	
08.026	品种比较试验	varietal yield test	
08.027	区域试验	regional test	
08.028	χ^2 检验	χ^2-test	
08.029	独立性检验	test of independence	
08.030	同质性检验	homogeneity test	
08.031	适合性检验	test of goodness of fit	
08.032	假设检验	hypothesis test	
08.033	无效假设	null hypothesis	又称"零假设"。
08.034	对比法	pairing method	
08.035	完全随机设计	complete randomized design	
08.036	裂区设计	split plot design	
08.037	拉丁方设计	Latin square design	
08.038	希腊拉丁方设计	Greek-Latin square design	
08.039	复拉丁方设计	multiple Latin square design	
08.040	混杂设计	confounding design	
08.041	旋转设计	rotatable design	
08.042	正交试验	orthogonal experiment	
08.043	总体	population	
08.044	样本	sample	
08.045	随机样本	random sample	
08.046	抽样	sampling	又称"取样"。
08.047	随机抽样	random sampling	
08.048	统计量	statistic	
08.049	数据	data	
08.050	变量	variable	

序 码	汉 文 名	英 文 名	注 释
08.051	自变量	independent variable	
08.052	依变量	dependent variable	
08.053	随机变量	ramdom variable	
08.054	连续[性]变量	continuous variable	
08.055	间断[性]变量	discrete variable	
08.056	方差分析	analysis of variance	
08.057	协方差分析	analysis of covariance	
08.058	聚类分析	cluster analysis	
08.059	[平]均数	mean	
08.060	算术[平]均数	arithmetic mean, average	
08.061	几何[平]均数	geometric mean	
08.062	调和[平]均数	harmonic mean	
08.063	众数	mode	
08.064	中[位]数	median	
08.065	上限	upper limit	
08.066	下限	lower limit	
08.067	柱形图	histogram	
08.068	折线图	polygram	
08.069	极差	range	
08.070	离均差	deviation from mean	
08.071	平方和	sum of square, SS	
08.072	均方	mean square	
08.073	期望均方	expected mean square	
08.074	自由度	degree of freedom, DF	
08.075	标准差	standard deviation	
08.076	标准误差	standard error	
08.077	试验误差	experimental error	
08.078	抽样误差	sampling error	
08.079	随机误差	random error	
08.080	交互作用	interaction	
08.081	校正	correction	
08.082	估计	estimation	
08.083	概率	probability	曾用名"几率"。
08.084	频数分布	frequency distribution	
08.085	正态分布	normal distribution	
08.086	函数	function	
08.087	判别函数	discriminant function	

序　码	汉　文　名	英　文　名	注　释
08.088	正交多项式	orthogonal polynomial	
08.089	回归	regression	
08.090	偏回归	partial regression	
08.091	逐步回归	stepwise regression	
08.092	多元回归	multiple regression	
08.093	多项式回归	polynomial regression	
08.094	线性回归	linear regression	又称"直线回归"。
08.095	非线性回归	nonlinear regression	
08.096	回归线	regression line	
08.097	变异系数	coefficient of variation	
08.098	正交系数	orthogonal coefficient	
08.099	相关系数	correlation coefficient	
08.100	回归系数	regression coefficient	
08.101	决定系数	coefficient of determination	
08.102	通径系数	path coefficient	
08.103	正态曲线	normal curve	
08.104	校正曲线	calibration curve	
08.105	协方差	covariance	
08.106	相关指数	correlation index	
08.107	偏相关	partial correlation	
08.108	复相关	multiple correlation	
08.109	线性相关	linear correlation	又称"直线相关"。
08.110	典范相关	canonical correlation	
08.111	参数	parameter	
08.112	随机模型	random model	
08.113	固定模型	fixed model	
08.114	混合模型	mixed model	
08.115	数学模型	mathematical model	
08.116	线性可加模型	linear additive model	
08.117	数学模拟	mathematical simulation	
08.118	优化	optimization	
08.119	差异显著平准	level of significance of difference	
08.120	显著性检验	test of significance	
08.121	特征值	characteristic value, eigenvalue	
08.122	平均差	average deviation	
08.123	特征矢量	characteristic vector	又称"特征向量"。
08.124	符号检验	sign test	

序　码	汉 文 名	英 文 名	注　释
08.125	t 检验	t-test	
08.126	F 检验	F-test	
08.127	最小显著差数	least significant difference	
08.128	期望值	expected value	
08.129	t 值	t-value	
08.130	F 值	F-value	
08.131	主效应	main effect	
08.132	估[计]值	estimate	
08.133	随机定律	law of chance	

09.　土地、土壤与肥料

序　码	汉 文 名	英 文 名	注　释
09.001	土地	land	
09.002	土地利用	land use, land utilization	
09.003	土地规划	land plan, plan of land utilizaton	
09.004	土地类型	land type	
09.005	土地质量	land quality	
09.006	土地生产能力	land capability	
09.007	土地生产力	productivity of land	
09.008	土地区划	regionlization of land	
09.009	土地面积	land area	
09.010	土地资源	land resources	
09.011	土地分级	land grading, land classification	
09.012	土地开发	land development	
09.013	土地开垦	land reclamation	
09.014	土地管理	land management	
09.015	土地改良	land improvement	
09.016	土地利用率	land utilization rate	
09.017	土地评价	land evaluation	
09.018	旱地	dry land, upland	
09.019	水浇地	irrigated land	
09.020	农业用地	agricultural land	
09.021	耕地	arable land	
09.022	耕地面积	arable area	
09.023	休耕地	fallow land	

序 码	汉 文 名	英 文 名	注 释
09.024	生荒地	virgin land	
09.025	撂荒地	abandoned land	
09.026	肥地	fertile land	
09.027	瘠地	infertile land	
09.028	土地耗竭	land exhaustion	
09.029	围垦地	polder reclamation	
09.030	河漫滩地	flood land	
09.031	轮休地	land on fallow rotation	
09.032	农艺类型	agrotype	
09.033	农田生态系统	field ecosystem	
09.034	坡田	sloping field	
09.035	梯田	terrace field	
09.036	带条田	stripping field	
09.037	围田	diked field	
09.038	绿洲	oasis	
09.039	湖田	shoaly land	
09.040	砂田	stone mulch field	
09.041	山田	hillside land, hill upland	
09.042	圩田	polder land	
09.043	秧田	nursery	
09.044	非灌溉稻田	nonirrigable rice field, rainfed rice field	
09.045	水稻田	paddy field, rice field	
09.046	冷浸田	cold waterlogged paddy field	
09.047	农业土壤	agriculture soil	
09.048	土壤地带性	soil zonality	
09.049	红壤	red soil	
09.050	黄壤	yellow soil	
09.051	紫色土	purple soil	
09.052	棕壤	brown soil	
09.053	褐土	cinnamon soil	
09.054	黑钙土	chernozem	
09.055	潮土	Chao soil	
09.056	盐土	solonchak	
09.057	碱土	solonetz	
09.058	水稻土	paddy soil	
09.059	灰漠土	grey desert soil	

序　码	汉　文　名	英　文　名	注　释
09.060	泥炭土	peat soil	
09.061	土壤生物	soil organisms	
09.062	土壤生态系统	soil ecosystem	
09.063	土壤特性	soil characteristics	
09.064	土壤呼吸	soil respiration	
09.065	土壤条件	soil condition	
09.066	土壤有机质	soil organic matter	
09.067	土壤腐殖质	soil humus	
09.068	土壤肥力	soil fertility	
09.069	土壤生产力	soil productivity	
09.070	土壤改良	soil amelioration, soil improvement	
09.071	土壤改良剂	soil conditioner	
09.072	土壤培肥	improvement of soil fertility	
09.073	酸性土	acid soil	
09.074	中性土	neutral soil	
09.075	碱性土	alkaline soil	
09.076	石灰性土	calcareous soil	
09.077	有结构土壤	structural soil	
09.078	无结构土壤	non-structural soil	
09.079	通透性土壤	permiable soil	
09.080	轻质土壤	light soil	
09.081	侵蚀土壤	eroded soil	
09.082	粘重土壤	heavy soil	
09.083	土壤质地	soil texture	
09.084	砂土	sand soil	
09.085	粘土	clay soil	
09.086	壤土	loam soil	
09.087	盐化	salinization	
09.088	碱化	solonization	
09.089	脱盐	desalinization, desalting	
09.090	冻土	frozen soil	
09.091	心土	subsoil	
09.092	表土	surface soil	
09.093	腐殖质	humus	
09.094	腐殖化	humification	
09.095	砂姜	Shajiang, irregular lime concre-	

序　码	汉　文　名	英　文　名	注　　释
		tions	
09.096	潜育层	gley horizon	
09.097	耕作层	plow layer	
09.098	犁底层	plow pan	
09.099	土壤结构	soil structure	
09.100	不稳定结构	unstable structure	
09.101	团粒结构	aggregate structure	又称"团聚结构"。
09.102	块状结构	crumb structure	
09.103	土壤结皮	soil crust	
09.104	土壤团聚体	soil aggregate	
09.105	土壤物理性质	soil physical properties	
09.106	土壤不匀性	soil heterogeneity	
09.107	土壤毛[细]管作用	soil capillarity	
09.108	土壤渗透性	soil permeability	
09.109	土壤耕性	soil tilth	
09.110	土壤适耕性	workability of soil	
09.111	土壤温度	soil temperature	
09.112	土壤孔隙度	soil porosity	
09.113	土壤结持度	soil consistancy	
09.114	土壤紧实度	soil density	
09.115	土壤酸度	soil acidity	
09.116	土壤碱度	soil alkalinity	
09.117	土壤胶体	soil colloid	
09.118	土壤容重	bulk density of soil	
09.119	土壤比重	specific gravity of soil	
09.120	土壤结持性	soil resistance	
09.121	土壤水[分]	soil moisture, soil water	
09.122	土壤水势	soil water potential	
09.123	土壤含水量	soil moisture content, soil water content	
09.124	土壤水[分]状况	soil moisture regime, soil water regime	
09.125	土壤水[分]胁迫	soil moisture stress	
09.126	土壤吸力	soil suction	
09.127	土壤排水	soil drainage	
09.128	土壤溶液	soil solution	

序 码	汉 文 名	英 文 名	注 释
09.129	土壤冻结	soil freezing	
09.130	土壤空气	soil air	
09.131	土壤通气	soil aeration	
09.132	土壤比热	soil specific heat	
09.133	土壤有效水	soil available water	
09.134	土壤无效水	soil inavailable water	
09.135	土壤吸湿水	soil hygroscopic water	
09.136	土壤自由水	soil free water	
09.137	土壤重力水	soil gravitational water	
09.138	水分状况	water regime	
09.139	水分亏缺	water deficit	
09.140	水分管理	water management	
09.141	水分平衡	water balance	
09.142	水分循环	water cycle	
09.143	水分补偿	water compensation	
09.144	水分保持	water conservation	
09.145	水分利用系数	water use coefficient	
09.146	保水能力	water retention capacity	
09.147	农业土壤水分特性	agricultural soil moisture characteristics	
09.148	贮水量	water-storage capacity	
09.149	耗水量	water consumption	
09.150	耗水系数	water consumption coefficient	
09.151	需水量	water requirement	
09.152	田间需水量	field water requirement	
09.153	毛管水	capillary moisture	
09.154	毛管力	capillary force	
09.155	毛管势	capillary potential	
09.156	毛管容量	capillary capacity	
09.157	毛管上限	capillary fringe	
09.158	毛管孔[隙]度	capillary porosity	
09.159	毛管传导度	capillary conductivity	
09.160	水分供应率	water supply rate	
09.161	吸水势	suction potential	
09.162	渗出	seepage	
09.163	渗透压	osmotic pressure	
09.164	渗透吸力	osmotic suction	

序　码	汉　文　名	英　文　名	注　释
09.165	渗透深度	penetration depth	又称"穿透深度"。
09.166	扩散系数	diffusion coefficient	
09.167	渗漏	percolation, leakage	
09.168	渗漏率	percolation rate	
09.169	渗漏水	percolation water	
09.170	渗水采集器	lysimeter	
09.171	入渗	infiltration	
09.172	入渗率	infiltration rate	
09.173	淋滤	eluviation	又称"淋溶"。
09.174	淋失	leaching loss	
09.175	淋洗	leaching	
09.176	淋洗定额	leaching requirement	
09.177	肥料效率	fertilizer efficiency	
09.178	需肥量	fertilizer requirement, fertilizer demand	
09.179	完全肥料	complete fertilizer	
09.180	混合肥料	mixed fertilizer	
09.181	缓释肥料	slow release fertilizer	
09.182	包衣肥料	coated fertilizer	又称"包膜肥料"。
09.183	颗粒肥料	granular fertilizer	
09.184	液体肥料	liquid fertilizer	
09.185	复合肥料	complex fertilizer	
09.186	氮同化	nitrogen assimilation	
09.187	氮固持	nitrogen immobilization	
09.188	氮状况	nitrogen status	
09.189	氮矿化	nitrogen mineralization	
09.190	氮释放	nitrogen liberation	
09.191	氮损失	nitrogen loss	
09.192	氮回收	nitrogen recovery	
09.193	氮周转	nitrogen turnover	
09.194	氮循环	nitrogen cycle	
09.195	碳循环	carbon cycle	
09.196	碳氮比	C/N ratio	
09.197	交换量	exchange capacity	
09.198	阳离子交换量	cation exchange capacity, CEC	
09.199	交换性盐基	exchangeable base	
09.200	交换性钾	exchangeable potassium	

序 码	汉 文 名	英 文 名	注 释
09.201	施肥	fertilizer application	
09.202	加肥灌溉	fertigation	
09.203	喷施	spraying	
09.204	叶面施肥	foliar application	
09.205	分次施肥	split application	
09.206	施肥制度	system of fertilization	
09.207	施肥位置	fertilizer placement	
09.208	基施	basal application	
09.209	追施	dressing	
09.210	撒施	broadcast	
09.211	深施	deep placement	
09.212	条施	drilling, band placement	
09.213	沟施	furrow application	
09.214	穴施	hole application	
09.215	种肥	seed fertilizer	
09.216	有机肥料	organic fertilizer	
09.217	农家肥	farmyard manure	
09.218	堆肥	compost	
09.219	厩肥	stable manure	
09.220	人粪尿	night soil	
09.221	禽肥	fowl dung, poultry dung	
09.222	骨粉	bone meal	
09.223	绿肥	green manure	
09.224	豆科绿肥	leguminous green manure	
09.225	禾本科绿肥	gramineous green manure	
09.226	紫云英	Chinese milk vetch, *Astragalus sinicus* L.	
09.227	箭舌豌豆	common vetch, spring vetch, *Vicia sativa* L.	
09.228	毛叶苕子	hairy vetch, *Vicia villosa* Roth.	
09.229	兰花苕子	bird vetch, cow vetch, tufted vetch, *Vicia cracca* L.	
09.230	白花草木樨	white sweet clover, honey clover, *Melilotus albus* Desr.	
09.231	柽麻	sunn, *Crotalaria juncea* L.	
09.232	田菁	sesbania, *Sesbania cannabina* (Retz.) Pers.	

序 码	汉 文 名	英 文 名	注 释
09.233	三叶草	clover	
09.234	[多变]小冠花	crown vetch, *Coronilla varia* L.	
09.235	沙打旺	prairie milk vetch, *Astragalus adsurgens* Pall.	又称"地丁","麻豆秧"。
09.236	紫穗槐	shrubby flase indigo, *Amorpha fruticosa* L.	
09.237	[多花]黑麦草	ryegrass, *Lolium multiflorum* L.	
09.238	绿萍	azolla, water fern, *Azolla imbricata* (Roxb.) Nakai	又称"红萍","满江红"。
09.239	水葫芦	weter hyacinth, *Eichhornia crassipes* (Mart.) Solms.	
09.240	水浮莲	water lettuce, *Pistia stratiotes* L.	
09.241	水花生	water peanut, *Ammannia baccifera* L.	
09.242	紫[花]苜蓿	alfalfa, lucerne, purple medick, *Medicago sativa* L.	又称"苜蓿"。
09.243	黄花苜蓿	sickle alfalfa, *Medicago falcata* L.	又称"野苜蓿"。
09.244	饼肥	cake fertilizer, seed cake	
09.245	自然肥力	natural fertility	
09.246	潜在肥力	potential fertility	
09.247	肥源	fertilizer source	
09.248	肥料效应	fertilizer effect	
09.249	速效	radily available	
09.250	后效	residual effect	
09.251	草木灰	ash	
09.252	泥炭	peat	
09.253	氨化泥炭	ammoniated peat	
09.254	草塘泥	waterlogged compost, ditch compost	
09.255	河泥	canal mud	
09.256	无机肥料	inorganic fertilizer	
09.257	化学肥料	chemical fertilizer	
09.258	肥料品位	fertilizer grade	
09.259	必需元素	essential element	
09.260	有机氮	organic nitrogen	

序　码	汉　文　名	英　文　名	注　释
09.261	矿质氮	mineral nitrogen	
09.262	硝态氮	nitrate nitrogen	
09.263	铵态氮	ammonium nitrogen	
09.264	氮肥	nitrogen fertilizer	
09.265	铵态氮肥	ammonium fertilizer	
09.266	硝态氮肥	nitrate fertilizer	
09.267	酰胺态氮肥	amide nitrogen fertilizer	
09.268	氰氨态氮肥	cyanamide nitrogen fertilizer	
09.269	氨水	ammonia water	
09.270	尿素	urea	
09.271	磷肥	phosphorus fertilizer	
09.272	过磷酸钙	calcium superphosphate, SSP	
09.273	钙镁磷肥	fused calcium magnesium phosphate	
09.274	钾肥	potassium fertilizer	
09.275	磷矿粉	rock phosphate	
09.276	微量元素肥料	micronutrient fertilizer	
09.277	微量元素	microelement	
09.278	痕量元素	trace element	
09.279	生物肥料	bio-fertilizer	
09.280	生物固氮	biological nitrogen fixation	
09.281	固氮作用	nitrogen fixation	
09.282	非共生固氮作用	asymbiotic nitrogen fixation	
09.283	共生固氮作用	symbiotic nitrogen fixation	
09.284	硝化作用	nitrification	
09.285	硝化抑制剂	nitrification inhibitor	
09.286	根瘤	root nodule	
09.287	菌根	mycorhiza	
09.288	根瘤菌剂	nitragin	

10. 耕作栽培与田间管理

序　码	汉　文　名	英　文　名	注　释
10.001	耕作制	farming system	又称"农作制"。
10.002	连作	continuous cropping	
10.003	轮作	rotation	

序　码	汉　文　名	英　文　名	注　释
10.004	休闲	fallow	
10.005	轮作顺序	rotation sequence	
10.006	轮作周期	rotation cycle	
10.007	草田轮作	gross-crop rotation	
10.008	复种指数	cropping index	
10.009	种植制度	cropping system	
10.010	一熟	single cropping	
10.011	二熟	double cropping	
10.012	三熟	triple cropping	
10.013	多熟	multiple cropping	
10.014	复种	multiple cropping	
10.015	前作[物]	previous crop	
10.016	后作[物]	following crop	
10.017	单作	sole cropping	
10.018	间作	intercropping	
10.019	套作	relay cropping	
10.020	混作	mixed cropping	
10.021	栽培	culture	
10.022	机械化栽培	mechanized farming	
10.023	台地栽培	table-land culture	
10.024	作物栽培	crop growing	
10.025	果树栽培	fruit growing	
10.026	蔬菜栽培	vegetable growing	
10.027	花卉栽培	floriculture	
10.028	露地栽培	field culture	
10.029	保护地栽培	protected culture	
10.030	矮化栽培	dwarfing culture	
10.031	无土栽培	soilless culture	
10.032	水培	hydroponics	
10.033	灭茬	stubbling	
10.034	交叉型耕	cross plowing	
10.035	套耕	tandem plowing	
10.036	垄耕	ridge plowing	
10.037	初耕	first plowing	
10.038	复耕	second plowing	
10.039	深耕	deep plowing	
10.040	浅耕	shallow plowing	

序 码	汉 文 名	英 文 名	注 释
10.041	深松耕	subsoiling	
10.042	翻耕	plowing	
10.043	旋耕	rotary tillage	
10.044	少耕	minimum tillage	
10.045	免耕	zero tillage	
10.046	犁沟	furrow	
10.047	犁幅宽度	plowing width	
10.048	耙地	harrowing	
10.049	耖地	puddling	
10.050	整地	land preparation	
10.051	平地	leveling	
10.052	耱地	smoothing	
10.053	畦	bed	
10.054	播前处理	presowing treatment	
10.055	播种期	seeding date, planting time	
10.056	播量	seeding rate	
10.057	直播	direct seeding	
10.058	撒播	broadcasting	
10.059	点播	hill seeding	
10 060	条播	drilling	
10.061	播幅	drilling width	
10.062	镇压	pressing	
10.063	地膜覆盖	plastic mulching	
10.064	蒿秆覆盖	straw mulching	
10.065	水稻旱播	dry-seeded rice	
10.066	移栽	transplantation	
10.067	种植密度	planting density	
10.068	行距	row spacing	
10.069	株距	plant spacing	
10.070	穴距	hill spacing	
10.071	假植	temporary planting	
10.072	田间管理	field management	
10.073	出苗	seedling emergence	
10.074	全苗	full stand	
10.075	间苗	thinning	
10.076	定苗	establishing	
10.077	蹲苗	hardening of seedling	

序 码	汉 文 名	英 文 名	注 释
10.078	锄地	hoeing	
10.079	除草	weeding	
10.080	培土	hilling	
10.081	收割	harvesting	
10.082	脱粒	threshing	
10.083	育苗	raise seedling	
10.084	苗床	seed bed	
10.085	冷床	cold bed	
10.086	温床	hot bed	
10.087	温床育苗	raise seedling in hot bed	
10.088	温床栽培	hot bed culture	
10.089	分枝繁殖	propagation by division	
10.090	压条繁殖	propagation by layering	
10.091	开沟压条	trench layering	
10.092	直立压条	mound layering	
10.093	高枝压条	air layering	又称"空中压条"。
10.094	嫁接	grafting	
10.095	砧木	rootstock	
10.096	实生砧	seedling rootstock	
10.097	无性系砧木	clonal rootstock	
10.098	干砧	body stock	
10.099	中间砧	interstock	
10.100	矮化砧	dwarfing rootstock	
10.101	接穗	scion, budwood	
10.102	接芽	scion bud	
10.103	芽接	budding	
10.104	枝接	stem grafting	
10.105	根接	root grafting	
10.106	二重接	double working	
10.107	高接	top-working	
10.108	冠接	crown grafting	
10.109	桥接	bridge grafting	
10.110	砧穗相互作用	stock-scion interaction	
10.111	嫁接亲和力	grafting affinity	
10.112	嫁接结合部	graft union	
10.113	嫁接嵌合体	grafting chimaera	
10.114	远缘嫁接	distant grafting	

序 码	汉 文 名	英 文 名	注 释
10.115	块茎嫁接	tuber grafting	
10.116	打顶	topping off	
10.117	摘心	pinching	
10.118	整形	training	
10.119	修剪	pruning	又称"整枝"。
10.120	疏剪	thinning out	
10.121	砧穗组合	stion	
10.122	疏果	fruit thinning	
10.123	疏花	flower thinning	
10.124	温室管理	greenhouse management	
10.125	温室栽培	greenhouse culture	
10.126	暖棚栽培	plastic house culture	

11. 植 物 保 护

序 码	汉 文 名	英 文 名	注 释
11.001	植物保护	plant protection	
11.002	有害生物	pest	
11.003	法规防治	legal control, legislative control	
11.004	植物检疫	plant quarantine	
11.005	国内检疫	domestic quarantine	
11.006	国际检疫	international quarantine	
11.007	栽培防治	cultural control	
11.008	生物防治	biological control	
11.009	物理防治	physical control	
11.010	机械防治	mechanical control	
11.011	化学防治	chemical control	
11.012	综合防治	integrated control	
11.013	有害生物综合治理	integrated pest management, IPM	
11.014	越冬防治	overwintering control	
11.015	传播介体	vector	
11.016	预测	forecast, prognosis	
11.017	预报	forecast	
11.018	虫情调查	insect survey	
11.019	分布预测	forecast of distribution	

序 码	汉 文 名	英 文 名	注 释
11.020	发生期预测	forecast of emergence period	
11.021	发生量预测	forecast of emergence size	
11.022	危害程度预测	forecast of damage	
11.023	抗虫性	resistance to insects	
11.024	[易]感虫性	susceptibility	
11.025	多元抗性	multiple resistance, multi-resistance	
11.026	抗性机制	mechanism of resistance	
11.027	不选择性	non-preference	
11.028	排趋性	antixenosis	
11.029	抗生性	antibiosis	
11.030	耐虫[害]性	tolerance to insects	
11.031	生物型	biotype	
11.032	水平抗性	horizontal resistance	
11.033	垂直抗性	vertical resistance	
11.034	取食刺激剂	feeding stimulant	
11.035	取食抑制剂	feeding deterrent	
11.036	它感素	allelochemics	
11.037	利己素	allomone	
11.038	利它素	kairomone	
11.039	天敌	natural enemy	
11.040	捕食性天敌	predator	
11.041	寄生性天敌	parasite	
11.042	重寄生	hyperparasitism	
11.043	多寄生	multiparasitism	
11.044	苏云金杆菌	Bt, *Bacillus thurigiensis* Berliner	
11.045	白僵菌	white muscardine fungi, *Beauveria bassiana* (Bals.)	
11.046	瓢虫	ladybird beetle	
11.047	草蛉	lacewing fly	又称"蚜狮"。
11.048	寄生蜂	parasitic wasp	
11.049	寄生蝇	parasitic fly	
11.050	卵寄生物	egg parasite	
11.051	捕食性螨	predacious mite	
11.052	步甲	ground beetle	
11.053	花蝽	flower bug	
11.054	猎蝽	assassin bug	

序　码	汉　文　名	英　文　名	注　释
11.055	拟猎蝽	nabid	
11.056	寄蝇	tachina fly	
11.057	食蚜蝇	syrphus fly	
11.058	食虫虻	robber fly	
11.059	小茧蜂	braconid	
11.060	姬蜂	ichneumon fly	
11.061	寄主专一性	host specificity	
11.062	寄主选择性	host selection	
11.063	土壤处理	soil treatment	
11.064	毒饵	poison bait	
11.065	残留	residue	
11.066	残效	residual effect	
11.067	残毒	residual toxicity	
11.068	抗药性	pesticide resistance	
11.069	防治效果	control efficiency	
11.070	喷雾	spraying	
11.071	喷粉	dusting	
11.072	超低容量	ultra low volume, ULV	
11.073	超低容量喷雾	ultra low volume spraying	
11.074	化学治疗	chemotherapy	
11.075	飞机喷雾	aerial spraying	
11.076	有效成分	active ingredient	
11.077	剂量	dose, dosage	
11.078	剂量计	dosimeter	
11.079	积分剂量计	integrating dosimeter	
11.080	剂量率	dose rate	
11.081	剂量划分	dose fractionation	
11.082	剂量测定	dosimetry	
11.083	微剂量测定	micro-dosimetry	
11.084	热释光剂量测定	thermoluminescent dosimetry	又称"热致发光剂量测定"。
11.085	分次剂量	split dose	
11.086	吸收剂量	absorbed dose	
11.087	致死剂量	lethal dose	
11.088	半数致死量	median lethal dose, LD50	
11.089	剂量效应曲线	dose-effect curve	
11.090	等剂量曲线	isodose curve	

序　码	汉　文　名	英　文　名	注　释
11.091	杀线虫剂	nematocide	
11.092	杀螨剂	acaricide, miticide	
11.093	灭菌	sterilization	
11.094	杀菌剂	fungicide	
11.095	杀虫剂	insecticide	
11.096	消毒剂	disinfectant	
11.097	铲除剂	eradicant	
11.098	熏蒸剂	fumigant	
11.099	催化剂	catalyst	
11.100	辅助剂	adjuvant	
11.101	防腐剂	antiseptics	
11.102	净化剂	clarificant	
11.103	保护剂	protectant	
11.104	抗变剂	anti-mutagen	
11.105	选择性杀虫剂	selective insecticide	
11.106	颗粒杀虫剂	granular insecticide	
11.107	触杀剂	contact insecticide	
11.108	内吸杀虫剂	systemic insecticide	
11.109	胃毒杀虫剂	stomach insecticide	
11.110	拒虫剂	repellent	
11.111	诱虫剂	attractant	
11.112	杀鼠剂	rodenticide	
11.113	除草剂	herbicide	
11.114	增效剂	synergist	
11.115	活化剂	activator	
11.116	稳定剂	stabilizing agent	
11.117	乳化剂	emulsifier	
11.118	展着剂	spreader	
11.119	湿润剂	wetting agent	
11.120	载体	carrier	
11.121	微生物杀虫剂	microbial insecticide	
11.122	休眠	dormancy	又称"蛰伏"。
11.123	滞育	diapause	
11.124	生殖力	fecundity	
11.125	繁殖率	reproduction rate	
11.126	存活率	survival rate	
11.127	性比	sex ratio	

序　码	汉　文　名	英　文　名	注　释
11.128	密度制约因子	density-dependent factor	
11.129	非密度制约因子	density-independent factor	
11.130	生命表	life table	
11.131	分布型	pattern of spatial distribution	
11.132	外激素	pheromone	
11.133	性外激素	sex pheromone	
11.134	寄主植物	host plant	
11.135	取食习性	feeding habit	简称"食性"。
11.136	植食性	phytophagy	
11.137	捕食性	predatism	
11.138	寄生性	parasitism	
11.139	单食性	monophagy	
11.140	寡食性	oligophagy	
11.141	多食性	polyphagy	
11.142	食物链	food chain	
11.143	虫瘿	insect gall	
11.144	枯心	dead heart	
11.145	白穗	white head	
11.146	被害率	percent of infestation	
11.147	损失率	percent of loss	
11.148	损失估计	loss assessment	
11.149	经济允许水平	economic injury level	
11.150	经济阈值	economic threshold, control index	又称"防治指标"。
11.151	趋性	taxis	
11.152	负趋性	negative taxis	
11.153	趋化性	chemotaxis	
11.154	趋光性	phototaxis	
11.155	趋触性	thigmotaxis	
11.156	地下害虫	soil insect	
11.157	蝼蛄	mole criket	
11.158	金针虫	wireworm	
11.159	蛴螬	white grub	
11.160	地老虎	cutworm	
11.161	东亚飞蝗	Asiatic migratory locust, *Locusta migratoria manilensis* (Meyen)	
11.162	粘虫	armyworm, *Mythimna separata*	

序　码	汉　文　名	英　文　名	注　释
		（Walker）	
11.163	二化螟	striped rice borer, *Chilo suppressalis* （Walker）	
11.164	三化螟	paddy stem borer, yellow rice borer, *Scirpophaga incertulas* （Walker）	
11.165	大螟	purplish rice borer, *Sesamia inferens* Walker	
11.166	稻纵卷叶螟	rice leaf roller, rice leaf folder, *Cnaphalocrocis medinalis* Guenée	
11.167	褐飞虱	brown planthopper, *Nilaparvata lugens* Stål	
11.168	白背飞虱	white-backed planthopper, *Sogatella furcifera* （Horvath）	
11.169	黑尾叶蝉	rice leafhopper, *Nephotettix cincticeps* （Uhler）	
11.170	稻瘿蚊	rice gall midge, *Orseolia oryzae* （Wood-Mason）	
11.171	麦红吸浆虫	red wheat blossom midge, *Sitodiplosis mosellana* （Gehin）	
11.172	麦黄吸浆虫	yellow wheat blossom midge, *Contarinia tritici* （Kirby）	
11.173	黑森瘿蚊	Hessian fly, *Mayetiola destructor* （Say）	
11.174	麦秆蝇	wheat stem maggot, *Meromyza saltatrix* L.	
11.175	麦长管蚜	English grain aphid, *Sitobion avenae* （Fabricius）	
11.176	麦二叉蚜	greenbug, *Schizaphis graminum* （Rondani）	
11.177	亚洲玉米螟	Asiatic corn borer, *Ostrinia furnacalis* Guenée	
11.178	欧洲玉米螟	European corn borer, *Ostrinia nubilalis* （Hübner）	
11.179	粟灰螟	millet borer, *Chilo infuscatellus* Snellen	

序　码	汉　文　名	英　文　名	注　释
11.180	高粱蚜	sorghum aphid, sugarcane aphid, *Melanaphis sacchari* (Zehntner)	
11.181	高粱芒蝇	sorghum shoot fly, *Atherigona soccata* Rondani	
11.182	粟芒蝇	millet shoot fly, *Atherigona biseta* Karl	
11.183	甘薯小象虫	sweet potato weevil, *Cylas formicarius* (Fabricius)	
11.184	马铃薯块茎蛾	potato tuberworm, *Phthorimaea operculella* (Zeller)	
11.185	棉蚜	cotton aphid, melon aphid, *Aphis gossypii* Glover	
11.186	棉红蜘蛛	two-spotted spider mite, *Tetranychus urticae* Koch	又称"棉叶螨"，"二点红蜘蛛"。
11.187	棉盲蝽	cotton leaf bug	
11.188	棉叶蝉	cotton leafhopper, *Empoasca biguttula* Shiraki	
11.189	棉铃虫	cotton bollworm, *Helicoverpa armigera* (Hübner)	
11.190	棉红铃虫	pink bollworm, *Pectinophora gossypiella* (Saunders)	
11.191	棉大卷叶螟	cotton leafroller, *Syllepte derogata* (Fabricius)	
11.192	大豆蚜	soybean aphid, *Aphis glycines* Matsumura	
11.193	大豆食心虫	soybean pod borer, *Leguminivora glycinivorella* (Matsumura)	
11.194	豆荚螟	lima bean pod borer, *Etiella zinckenella* (Treitschke)	
11.195	桃蚜	green peach aphid, *Myzus persicae* (Sulzer)	又称"烟蚜"。
11.196	烟青虫	oriental tobacco budworm, *Helicoverpa assulta* Guenée	
11.197	甘蔗螟	sugarcane borer	
11.198	甜菜象虫	sugarbeet weevil	
11.199	甜菜潜叶蝇	sugarbeet leafminer, spinach leaf-	

序 码	汉 文 名	英 文 名	注 释
		miner, *Pegomya hyoscyami* (Panzer)	
11.200	草地螟	beet webworm, *Loxostege sticticalis* (L.)	
11.201	甘蓝蚜	cabbage aphid, *Brevicoryne brassicae* L.	
11.202	菜粉蝶	imported cabbageworm, *Pieris rapae* L.	
11.203	小菜蛾	diamond-back moth, *Plutella xylostella* (L.)	
11.204	菜螟	cabbage webworm, *Hellula undalis* Fabricius	
11.205	豌豆潜叶蝇	pea leafminer, vegetable leafminer, *Chromatomyia horticola* (Goureau)	
11.206	苹果蠹蛾	codling moth, *Cydia pomonella* (L.)	
11.207	苹小食心虫	apple fruit borer, *Cydia inopinata* Heinrich	
11.208	梨小食心虫	oriental fruit moth, *Cydia molesta* (Busck)	
11.209	桃小食心虫	peach fruit borer, *Carposina niponensis* Walshingham	
11.210	苹果顶芽卷叶蛾	apple fruit licker, apple bud moth, *Spilonota lechriaspis* Meyrick	
11.211	苹果绵蚜	woolly apple aphid, *Eriosoma lanigerum* (Hausmann)	
11.212	梨圆蚧	San Jose scale, *Quadraspidiotus perniciosus* (Comstock)	
11.213	苹果红蜘蛛	European red mite, *Panonychus ulmi* (Koch)	
11.214	山楂红蜘蛛	hawthron spider mite, *Tetranychus viennensis* Zacher	
11.215	桃蠹螟	peach pyralid moth, *Dichocrocis punctiferalis* Guenée	
11.216	葡萄根瘤蚜	grape phylloxera, *Viteus viti-*	

序 码	汉 文 名	英 文 名	注 释
		foliae (Fitch)	
11.217	枣粘虫	jujube fruit borer, jujube leaf roller, *Ancylis satira* Liu	
11.218	柑桔大实蝇	citrus fruit fly, *Tetradacus citri* Chen	又称"柑蛆"。
11.219	柑桔红蜘蛛	citrus red mite, *Panonychus citri* (McGregor)	
11.220	柑桔锈螨	citrus rust mite, *Phyllocoptruta oleivora* (Ashmead)	
11.221	吹绵蚧	cottonycushion scale, *Icerya purchasi* Maskell	
11.222	玉米象	corn weevil, maize weevil, *Sitophilus zeamais* Motschulsky	
11.223	米象	rice weevil, *Sitophilus oryzae* (L.)	
11.224	谷象	granary weevil, *Sitophilus granarius* (L.)	
11.225	谷蠹	lesser grain borer, *Rhyzopertha dominica* (Fabricius)	
11.226	印度谷螟	Indian meal moth, *Plodia interpunctella* (Hübner)	
11.227	麦蛾	Angoumois grain moth, *Sitotroga cerealella* (Olivier)	
11.228	豌豆象	pea weevil, *Bruchus pisorum* (L.)	
11.229	蚕豆[红脚]象	broadbean weevil, *Bruchus rufimanus* Boheman	
11.230	绿豆象	adzuki bean weevil, *Callosobruchus chinensis* (L.)	
11.231	茶毛虫	tea caterpillar, tea tussock moth, *Euproctis pseudoconspersa* Strand	
11.232	茶二叉蚜	black citrus aphid, *Toxoptera aurantii* (Fonscolombe)	
11.233	茶尺蠖	tea geometrid, *Ectropis grisescens* Warreh	
11.234	茶梢蛀蛾	tea shoot borer, *Parametriotes*	

序　码	汉　文　名	英　文　名	注　释
		theae Kusnetzov	
11.235	茶短须螨	privet mite, *Brevipalpus obovatus* Donnadieu	
11.236	茶橙瘿螨	pink tea rust mite, *Acaphylla theae* (Watt)	
11.237	茶小绿叶蝉	tea lesser leafhopper, *Empoasca pirisuga* Matsumura	
11.238	茶角蜡蚧	tea waxscale, *Ceroplastes pseudo-ceriferus* Green	
11.239	咖啡潜叶蛾	coffee leafminer, *Perileucoptera coffeella* Guerin	
11.240	咖啡果小蠹	coffee berryborer, *Stephanoderes coffeae* Haged	
11.241	咖啡枝小蠹	coffee shot-hole borer, *Dryocoetes coffeae* Egg	
11.242	咖啡豆象	coffee bean weevil, *Araecerus fasciaculatus* (De Geer)	
11.243	咖啡粉蚧	coffee mealy bug, *Pseudococcus coffeae* Newst.	
11.244	咖啡虎天牛	coffee borer, *Xylotrechus quadripes* Chervolat	
11.245	可可象虫	cocoa pruner, *Chalcodermus marshalli* Bondar	
11.246	桑天牛	mulberry longicorn, *Apriona germari* Hope	
11.247	桑透翅蛾	mulberry clearwing moth, *Paradoxecia pieli* Lieu	
11.248	桑毛虫	mulberry tussock moth, *Porthesia similis* (Fuessly)	
11.249	桑白盾蚧	white mulberry scale, *Pseudaulacapsis pentagona* (Targioni-Tozzetti)	
11.250	桑象虫	mulberry small weevil, *Baris deplanata* Roelofs	
11.251	桑蟥	mulberry white caterpillar, *Rondotia menciana* Moore	
11.252	桑木虱	mulberry psylla, *Anomoneura*	

序　码	汉　文　名	英　文　名	注　释
		mori Schwarz	
11.253	橡胶白蚁	rubber termite, *Coptotermes curvignathus* Holmgren	
11.254	植物病害	plant disease	
11.255	侵染性病害	infectious disease	
11.256	非侵染性病害	non-infectious disease	
11.257	寄生性病害	parasitic disease	
11.258	病原学	etiology, aetiology	
11.259	病原	pathogen	
11.260	发病指数	disease index	
11.261	病程	pathogenesis	
11.262	病害循环	disease cycle	
11.263	病害监测	disease monitoring	
11.264	植物病害流行预测	forecast of epiphytotic	
11.265	感病体	suscept	
11.266	感病性	susceptibility	用于植物病理学。
11.267	过敏性	hypersensitivity	
11.268	致病性	pathogenicity	
11.269	变异性	variability	
11.270	避病性	disease-escaping	
11.271	耐病性	disease tolerance	
11.272	侵染	infection	
11.273	侵染性	infectivity	
11.274	初侵染	primary infection	
11.275	交叉侵染	cross infection	
11.276	再侵染	secondary infection	
11.277	潜伏侵染	latent infection	
11.278	侵染源	source of infection	
11.279	初侵染源	primary source of infection	
11.280	再侵染源	secondary source of infection	
11.281	保卫反应	defense reaction	
11.282	传播	transmission	
11.283	伤害	injury	
11.284	慢性伤害	chronic injury	
11.285	急性伤害	acute injury	
11.286	病征	sign	

序　码	汉　文　名	英　文　名	注　释
11.287	症状	symptom	
11.288	急性症状	acute symptom, shock symptom	
11.289	和性症状	mild symptom	
11.290	周期性症状	chronic symptom	
11.291	隐症	masked symptom	
11.292	带毒者	carrier	
11.293	潜伏期	latent period	
11.294	潜育期	incubation period	
11.295	斑驳	mottle	
11.296	斑点	fleck	
11.297	叶斑	leaf spot	
11.298	疤斑	blotch	
11.299	锈斑	russet	
11.300	枯斑	lesion	
11.301	局部枯斑	local lesion	
11.302	环斑	ring spot	
11.303	霉	mold	
11.304	变绿	virescent	
11.305	黄化	yellow	
11.306	矮化	dwarf, stunt	
11.307	增生	hyperplasia	
11.308	疯长	hypertrophy	又称"过度生长"。
11.309	白化	albinism	
11.310	带化	fasciation	
11.311	萎蔫	wilt	
11.312	坏死	necrosis	
11.313	疱痂	scab	
11.314	灼伤	scorch, burn	
11.315	梢枯	dieback	
11.316	穿孔	shot-hole	
11.317	植物流行病学	epiphytology	
11.318	疫病	blight	
11.319	瘟病	blast	
11.320	炭疽病	anthracnose	
11.321	溃疡病	canker	
11.322	根肿病	club root	
11.323	猝倒病	damping-off	

序 码	汉 文 名	英 文 名	注 释
11.324	日灼病	sunscald, sunscorch	
11.325	茎纹病	stem-pitting	
11.326	角斑病	angular leaf spot	
11.327	缺绿症	chlorosis	
11.328	流胶病	gummosis	
11.329	霜霉病	downy mildew	
11.330	瘿瘤	gall	
11.331	肿瘤	tumor	
11.332	花叶病	mosaic	
11.333	僵果病	mummy	
11.334	白粉病	powdery mildew	
11.335	腐烂	rot	
11.336	干腐	dry rot	
11.337	褐腐	brown rot	
11.338	软腐	soft rot	
11.339	菌物	fungus	
11.340	真菌	true fungus	
11.341	半知菌	imperfect fungus	
11.342	锈菌	rust	
11.343	霉菌	mold	
11.344	粘菌	slime mold	
11.345	卵菌	oomycetes	
11.346	黑粉菌	smut	
11.347	藻状菌	phycomycetes	
11.348	担子菌	basidiomycetes	
11.349	子囊菌	ascomycetes	
11.350	放线菌	actinomycetes	
11.351	线虫	nematode	
11.352	细菌	bacterium	
11.353	毒植物素	phytotoxin	
11.354	毒性	toxity	
11.355	毒素	toxin	
11.356	毒力	virulence	又称"致病力"。
11.357	病毒	virus	
11.358	病毒粒体	virion	
11.359	类病毒	viroids	
11.360	联体病毒	gemnivirus	

序 码	汉 文 名	英 文 名	注 释
11.361	持久性病毒	persistent virus	
11.362	非持久性病毒	non-persistent virus	
11.363	寄主	host	
11.364	转主寄生	heteroecism	
11.365	转主寄主	alternate host	
11.366	寄主范围	host range	
11.367	寄生物	parasite	
11.368	外寄生物	ectoparasite	
11.369	内寄生物	endoparasite	
11.370	半寄生物	semiparasite	
11.371	专性寄生物	obligate parasite	
11.372	腐生物	saprophyte	
11.373	抗体	antibody	
11.374	单克隆抗体	monoclone antibody	
11.375	抗原	antigen	
11.376	抗血清	antiserum	
11.377	拮抗[作用]	antagonism	
11.378	拮抗体	antagonist	
11.379	拮抗生物	antibionts	
11.380	抗性	resistance	
11.381	获得抗性	acquired resistance	
11.382	免疫	immune	
11.383	免疫性	immunity	
11.384	获得免疫性	acquired immunity	
11.385	土传病害	soil-borne disease	
11.386	气传病害	aeroborne disease	
11.387	种传病害	seed-borne disease	
11.388	稻白叶枯病	rice bacterial leaf blight	
11.389	稻恶苗病	rice bakanae disease	
11.390	稻干尖线虫病	rice white tip	
11.391	稻瘟病	rice blast	
11.392	条锈病	stripe rust	
11.393	秆锈病	black stem rust	
11.394	秆黑粉病	flag smut	
11.395	小麦叶锈病	wheat leaf rust	
11.396	小麦赤霉病	wheat scab	
11.397	黄萎病	verticillium wilt	

序 码	汉 文 名	英 文 名	注 释
11.398	枯萎病	fusarium wilt	
11.399	苗立枯病	seedling blight	
11.400	玉米大斑病	corn northern leaf blight	
11.401	玉米小斑病	corn southern leaf blight	
11.402	条纹病	stripe	
11.403	坚黑穗病	covered smut	
11.404	根线虫病	root nematode disease	
11.405	谷子白发病	millet downy mildew	
11.406	甘薯黑斑病	sweet potato black rot	
11.407	马铃薯晚疫病	potato late blight	
11.408	苹果[树]腐烂病	apple valsa canker	又称"苹果[树]腐皮病"。
11.409	茶饼病	tea gall	
11.410	细菌性青枯病	bacterial wilt	
11.411	褐根病	brown root rot	

12. 农业环境保护

序 码	汉 文 名	英 文 名	注 释
12.001	农业环境保护	agriculture environmental protection	
12.002	农业环境监测	agriculture environmental monitoring	
12.003	农村环境	rural environment	
12.004	环境资源	environmental resources	
12.005	环境标准	environmental standard	
12.006	环境容量	environmental capacity	
12.007	环境准则	environmental guidline	
12.008	环境评价	environmental appraisal, environmental assessment	
12.009	环境危害	environmental hazard	
12.010	环境恶化	environmental deterioration	
12.011	环境毒性	environmental toxicity	
12.012	环境指数	environmental index	
12.013	环境参数	environmental parameter	
12.014	环境预测	environmental forecasting	

序码	汉文名	英文名	注释
12.015	环境模拟	environmental simulation	
12.016	生物监测	biological monitoring	
12.017	质量标准	quality standard	
12.018	质量评价	quality evaluation	
12.019	公害	public nuisance	
12.020	污染	pollution, contamination	
12.021	污染物	pollutant, contaminant	
12.022	污染源	pollution source	
12.023	非点源	nonpoint source	
12.024	原生污染物	primary pollutant	又称"一次污染物"。
12.025	次生污染物	secondary pollutant	又称"二次污染物"。
12.026	交叉污染物	cross pollutant	
12.027	积累	accumulation	
12.028	急性暴露	acute exposure	又称"急性接触"。
12.029	急性毒性	acute toxicity	
12.030	稀释系数	dilution coefficient	
12.031	协同效应	synergistic effect	
12.032	致癌效应	carcinogenic effect	
12.033	拮抗效应	antagonistic effect	
12.034	污染水平	pollution level	
12.035	污染监测	pollution monitoring	
12.036	污染预测	pollution prediction	
12.037	残留物	residue	
12.038	致癌源	carcinogen	
12.039	致畸性	teratogenesis	
12.040	生物摄取	biological uptake	
12.041	允许日摄入量	acceptable daily intake, ADI	
12.042	容许极限	allowable limit	
12.043	允许浓度	admissible concentration	
12.044	阈[值]	threshold	
12.045	最高允许浓度	maximum permissible concentration, MPC	
12.046	最高耐受剂量	maximum tolerated dose, MTD	
12.047	半数耐受极限	median tolerance limit, TL50	
12.048	最低致死量	minimum lethal dose, MLD	
12.049	防治规划	control program	
12.050	生态圈	ecosphere	

序　码	汉　文　名	英　文　名	注　释
12.051	农业生态系统	agricultural ecosystem	
12.052	陆地生态系统	terrestrial ecosystem	
12.053	水生生态系统	aquatic ecosystem	
12.054	植被	vegetation	
12.055	生物群落	biocoenosis, biocommunity	
12.056	植物群落	phytocoenosium	
12.057	浮游生物	plankton	
12.058	浮游植物	phytoplankton	
12.059	生态平衡	ecological balance, ecological equilibrium	
12.060	生态失调	ecological disturbance	
12.061	生态危机	ecological crisis	
12.062	非生物环境	abiotic environment	
12.063	生境	habitat	
12.064	自然保护区	natural reserve	
12.065	森林保护	forest conservation	
12.066	防护林	shelter forest	
12.067	防护林带	shelter belt	
12.068	农田防护林	field safeguarding forest	
12.069	绿化	afforestation	
12.070	农业生态工程	agroecological engineering	
12.071	农业生态技术	agricultural ecotechnique	
12.072	生态农业模式	ecological agricultural model	
12.073	能流物流分析	analysis on substances and energy flow	
12.074	基塘系统	field-pond system	
12.075	大气质量	air quality	
12.076	大气监测	air monitoring	
12.077	空气污染	aerial pollution, air pollution	
12.078	干沉降	dry precipitation	
12.079	湿沉降	wet precipitation	
12.080	指示生物	indicator organism	
12.081	敏感作物	sensitive crop	
12.082	耐性作物	tolerable crop	
12.083	酸雨	acid rain, acid precipitation	
12.084	水污染	water pollution	
12.085	水污染源	water pollution source	

序 码	汉 文 名	英 文 名	注 释
12.086	有机废水	organic waste water	
12.087	无机废水	inorganic waste water	
12.088	生活污水	sanitary sewage, domestic sewage	
12.089	污水改良与再用	sewage reclamation and reuse	
12.090	污水灌溉	sewage irrigation, wastewater irrigation	
12.091	灌溉水质标准	water quality standard for irrigation	
12.092	水质分析	water quality analysis	
12.093	水质评价	water quality assessment	
12.094	水污染控制	water pollution control	
12.095	水污染监测	water pollution monitoring	
12.096	慢速渗滤系统	slow rate system	
12.097	污水灌溉系统	irrigation system of sewage	
12.098	赤潮	red tide	
12.099	废水处理	wastewater treatment	
12.100	氧化塘	lagoon	
12.101	溶解氧	dissolved oxygen, DO	
12.102	化学需氧量	chemical oxygen demand, COD	
12.103	需氧生物处理	aerobic biological treatment	
12.104	总有机碳	total organic carbon, TOC	
12.105	总需氧量	total oxygen demend, TOD	
12.106	生物需氧量	biological oxygen demand, BOD	
12.107	曝气池	aeration basin	
12.108	土壤生态学	soil ecology	
12.109	土壤环境	soil environment	
12.110	土壤污染	soil contamination	
12.111	土壤元素背景值	background value of soil elements	
12.112	土壤净化	soil decontamination	
12.113	土壤质量评价	soil quality assessment	
12.114	土地处理系统	land treatment system	
12.115	土壤处置	soil disposal	
12.116	土壤处置系统	soil disposal system	
12.117	土壤退化	soil degradation	
12.118	土壤侵蚀	soil erosion	
12.119	沙漠化	desertization	
12.120	荒漠化	desertification	

序　码	汉　文　名	英　文　名	注　释
12.121	农药污染	pesticide pollution	
12.122	农药残留	pesticide residue	
12.123	生物浓缩	biological concentration	
12.124	生物转化	biological transformation	
12.125	生物降解	biological degradation	
12.126	自净作用	self-purification	
12.127	悬浮固体	suspended solid	
12.128	固体废物	solid waste	
12.129	污泥	sludge	
12.130	活性污泥	activated sludge	
12.131	沉积物	sediments	
12.132	水底沉积物	benthal deposit	
12.133	可再生资源	renewable resources	
12.134	农业废弃物处理	agricultural waste treatment	
12.135	垃圾处置	disposal of refuse	
12.136	废物再循环	waste recycling	
12.137	综合利用	comprehensive utilization	

13. 农业气象学

序　码	汉　文　名	英　文　名	注　释
13.001	农业气象观测	agrometeorological observation	
13.002	农业气象站	agrometeorological station	
13.003	农业气象预报	agrometeorological forecast	
13.004	农业气象情报	agrometeorological information	
13.005	农业气象指标	agrometeorological index	
13.006	农业气象模拟	agrometeorological simulation	
13.007	农业气象模式	agrometeorological model	
13.008	农业气象年报	agrometeorological yearbook	
13.009	农业气象月报	monthly agrometeorological bulle-tin	
13.010	农业气象旬报	ten-day agrometeorological bulle-tin	
13.011	农业气象产量预报	agrometeorological yield forecast	
13.012	年景预报	the year's harvest forecast	

序 码	汉 文 名	英 文 名	注 释
13.013	年变化	annual variation	
13.014	年较差	amplitude of annual variation, annual range	
13.015	农业气候学	agricultural climatology, agroclimatology	
13.016	农业气候	agroclimate	
13.017	农业气候资源	agroclimatic resources	
13.018	农业气候调查	agroclimatic investigation, agroclimatic survey	又称"农业气候考察"。
13.019	农业气候分析	agroclimatic analysis	
13.020	农业气候评价	agroclimatic evaluation	
13.021	农业气候指标	agroclimatic index	
13.022	农业气候相似原理	principle of agroclimatic analogy	
13.023	农业气候区	agroclimatic region, agroclimatic zone	
13.024	农业气候区划	agroclimatic regionalization, agroclimatic demarcation, agroclimatic division	
13.025	农业气候图集	agroclimatic atlas	
13.026	农业气候志	agroclimatography	
13.027	气候带	climatic belt, climatic zone	
13.028	气候图	climatic chart, climatic map, climatograph	
13.029	气候要素	climatic element	
13.030	气候因子	climatic factor	又称"气候因素"。
13.031	气候适应	climatic adaptation, acclimatization	又称"气候驯化"。
13.032	气候变化	climatic variation, climate change	
13.033	气候变率	climatic variability	
13.034	气候异常	climatic anomaly	
13.035	气候型	climatic type	
13.036	气候资源	climatic resources	
13.037	气候栽培界限	climatic cultivation limit	
13.038	气候灾害	climatic damage	
13.039	气候肥力	climatic fertility	
13.040	气候生产力	climatic productivity	

序 码	汉 文 名	英 文 名	注 释
13.041	气候生产潜力	climatic potential productivity	
13.042	大气候	macroclimate	
13.043	小气候	microclimate	
13.044	农业小气候	agromicroclimate	
13.045	局地气候	local climate	又称"地方气候"。
13.046	地形气候	topoclimate	
13.047	农业地形气候学	agrotopoclimatology	
13.048	地形小气候	topo microclimate	
13.049	农田小气候	field microclimate	
13.050	人工气候室	phytotron, artificial climatic chamber	
13.051	人工气候箱	climatic cabinate	
13.052	霍普金生物气候律	Hopkin's bioclimatic law	
13.053	作物气候生态型	crop climatic ecotype	
13.054	作物气候适应性	crop climatic adaptation	
13.055	物候历	phenological calendar	又称"自然历"。
13.056	阳历	solar calendar	又称"公历"。
13.057	阴历	lunar calendar	俗称"农历"。
13.058	作物气象	crop meteorology	
13.059	自然季节	natural season	
13.060	二十四节气	twenty-four solar terms	
13.061	立春	Beginning of Spring	
13.062	雨水	Rain Water	
13.063	惊蛰	Awakening from Hibernation	
13.064	春分	Vernal Equinox, Spring Equinox	
13.065	清明	Fresh Green	
13.066	谷雨	Grain Rain	
13.067	立夏	Beginning of Summer	
13.068	小满	Lesser Fullness	
13.069	芒种	Grain in Ear	
13.070	夏至	Summer Solstice	
13.071	小暑	Lesser Heat	
13.072	大暑	Greater Heat	
13.073	立秋	Beginning of Autumn	
13.074	处暑	End of Heat	
13.075	白露	White Dew	

序 码	汉 文 名	英 文 名	注 释
13.076	秋分	Autumnal Equinox	
13.077	寒露	Cold Dew	
13.078	霜降	First Frost	
13.079	立冬	Beginning of Winter	
13.080	小雪	Light Snow	
13.081	大雪	Heavy Snow	
13.082	冬至	Winter Solstice	
13.083	小寒	Lesser Cold	
13.084	大寒	Greater Cold	
13.085	物候学	phenology	
13.086	物候学定律	phenology law	
13.087	物候图	phenogram	
13.088	物候谱	phenospectrum	
13.089	物候期	phenophase, phenological phase	
13.090	物候观测	phenological observation	
13.091	等物候线	isophane, isophenological line	
13.092	大气	atmosphere	
13.093	大气环流	atmospheric circulation	
13.094	大气污染	atmosphere pollution	
13.095	气溶胶	aerosol	
13.096	二氧化碳饱和点	saturation point of carbon dioxide	
13.097	二氧化碳补偿点	compensation point of carbon dioxide	
13.098	日照时数	sunshine duration, sunshine hours	又称"日照时间"。
13.099	日变化	diurnal variation, daily variation	
13.100	日较差	amplitude of diurnal variation, daily range	又称"日振幅"。
13.101	昼长	day length	
13.102	昼夜节律	day-night rhythm	
13.103	候	pentad	五日为一候。
13.104	长日照型	longday type	
13.105	临界昼长	critical day-length	
13.106	光照强度	intensity of illumination	
13.107	光照阶段	photostage	
13.108	光照处理	light treatment	
13.109	光资源	light resources	
13.110	光能利用率	efficiency for solar energy	

序　码	汉　文　名	英　文　名	注　释
		utilization	
13.111	光饱和点	light saturation point	
13.112	光补偿点	light compensation point	
13.113	光温生产潜力	light and temperature potential productivity	
13.114	消光系数	extinction coefficient	
13.115	滤光片	light filter	
13.116	太阳辐射	solar radiation	又称"日射"。
13.117	太阳红外辐射	solar infrared radiation	
13.118	太阳紫外辐射	solar ultraviolet radiation	
13.119	有效辐射	effective radiation	
13.120	光合有效辐射	photosynthetic active radiation	又称"有效生理辐射"。
13.121	逆辐射	back radiation	又称"反射辐射"。
13.122	热辐射	thermal radiation	
13.123	黑体辐射	black body radiation	
13.124	温带	temperate zone, temperate belt	
13.125	温带气候	temperate climate	
13.126	温带多雨气候	temperate rainy climate	
13.127	寒温带	cool temperate zone, cool temperate belt	
13.128	寒带	frigid zone, frigid belt	
13.129	热带	tropics	
13.130	热带季风气候	tropical monsoon climate	
13.131	热带雨林气候	tropical rain forest climate	
13.132	亚热带	subtropics, subtropical zone	又称"副热带"。
13.133	亚热带雨林气候	subtropic rain forest climate	又称"副热带雨林气候"。
13.134	山地气候	mountain climate	
13.135	高原气候	plateau climate	
13.136	草原气候	grassland climate, prairie climate, steppe climate	
13.137	热带稀树草原气候	savanna climate	又称"萨瓦纳气候"。
13.138	大陆[性]气候	continental climate	
13.139	海洋[性]气候	marine climate, ocean climate	
13.140	赤道气候	equatorial climate	

序 码	汉 文 名	英 文 名	注 释
13.141	极地气候	polar climate	
13.142	干旱气候	arid climate	又称"干燥气候"。
13.143	半干旱气候	semi-arid climate	
13.144	湿润气候	humid climate, wet climate	又称"潮湿气候"。
13.145	半湿润气候	subhumid climate	
13.146	湿润温和气候	humid temperate climate	
13.147	冬干寒冷气候	cold climate with dry winter	
13.148	冬湿寒冷气候	cold climate with moisture winter	
13.149	日平均温度	daily mean temperature	
13.150	月平均温度	monthly mean temperature	
13.151	温周期	thermoperiod	
13.152	等温线	isotherm	
13.153	摄氏温标	Celsius thermometric scale	
13.154	华氏温标	Fahrenheit thermometric scale	
13.155	逆温	temperature inversion	
13.156	逆温层	temperature inversion layer	
13.157	夜间逆温	nocturnal inversion	
13.158	有效温度	effective temperature	
13.159	最适温度	optimal temperature	
13.160	负温度	negative temperature	
13.161	冻结温度	freezing temperature	
13.162	活动温度	active temperature	
13.163	最高生长温度	maximum growth temperature	
13.164	致死温度	killing temperature, thermal death point	
13.165	容积比热	volumetric specific heat	
13.166	积温	accumulated temperature	
13.167	负积温	negative accumulated temperature	
13.168	有效积温	effective accumulated temperature	
13.169	活动积温	active accumulated temperature	
13.170	地温	earth temperature	
13.171	地面气温	surface air temperature, ground temperature	
13.172	地面逆温	surface inversion, ground inversion	
13.173	地温梯度	geothermal gradient	
13.174	等地温线	geoisotherms	

序 码	汉 文 名	英 文 名	注 释
13.175	度日	degree-day	
13.176	温度雨量图	hythergraph	又称"温湿图"。
13.177	温室效应	greenhouse effect	
13.178	显热通量	sensible heat flux	
13.179	潜热通量	latent heat flux	
13.180	土壤热通量	soil heat flux	又称"地中热流"。
13.181	导热率	heat conductivity	
13.182	干热期	xerothermal period	
13.183	热浪	heat wave	
13.184	热量资源	heat resources	
13.185	热量平衡	heat balance, thermal balance	
13.186	冷夏	cool summer	
13.187	低温冷害	chilling injury, cold damage	
13.188	延迟型冷害	cool-summer damage due to delayed growth	
13.189	障碍型冷害	cool-summer damage due to impotency	
13.190	寒潮	cold wave	
13.191	寒流	cold air current, cold air advection	
13.192	倒春寒	cold in the late spring, late spring coldness	
13.193	暖冬害	injury by warm winter	
13.194	湿害	wet damage	
13.195	热害	hot damage	
13.196	干旱	drought	
13.197	洪涝	flood	
13.198	雹害	hail damage	
13.199	风害	wind damage	
13.200	台风	typhoon	
13.201	热带风暴	tropical storm	
13.202	海陆风	sea-land breeze	
13.203	山谷风	mountain-valley breeze	
13.204	干热风	dry-hot wind	
13.205	土壤风蚀	soil wind erosion	
13.206	[风]沙暴	sandstorm	
13.207	风折	wind fall	

序 码	汉 文 名	英 文 名	注 释
13.208	风倒	blow-down	
13.209	云量	cloud amount	
13.210	降水	precipitation, cloudiness	
13.211	年降水量	annual precipitation	
13.212	有效降水量	effective precipitation, available precipitation	
13.213	无效降水量	uneffective precipitation	
13.214	降水强度	precipitation intensity	
13.215	降水效率	precipitation efficiency	
13.216	雨量	rainfall [amount]	
13.217	有效雨量	effective rainfall	
13.218	等雨量线	equipluves, isohyet, isopluvial	
13.219	雨日	rainy day	
13.220	雨季	rainy season	
13.221	雨量分布	rainfall distribution	
13.222	降雨持续时间	rainfall duration	
13.223	雨蚀[作用]	rainfall erosion	
13.224	大雨	heavy rain	
13.225	阵雨	shower	
13.226	透雨	soaking rain	
13.227	梅雨	Meiyu, plum rain	
13.228	冻雨	freezing rain, frozen rain	
13.229	雷暴[雨]	thunderstorm	
13.230	对流性雨	convectional rain	
13.231	地形雨	orgoraphic[al] rain	
13.232	人工降雨	artificial rain, rainmaking	
13.233	雪暴	snowstorm, blizzard	
13.234	雪日	snow day	
13.235	终雪	last snow	
13.236	积雪	perpetual snow, snow cover	
13.237	等雪[量]线	isochion	
13.238	雪害	snow damage	
13.239	雪障	snow barrier	
13.240	雾凇	rime	
13.241	雨凇	glaze	
13.242	雹	hail	
13.243	飑	squall	

序 码	汉 文 名	英 文 名	注 释
13.244	寒露风	Cold Dew wind, low temperature damage in autumn	
13.245	早霜	early frost	
13.246	晚霜	late frost, spring frost	
13.247	初霜	first frost	
13.248	终霜	last frost	
13.249	无霜日	day without frost, frost-free day	
13.250	无霜期	frost-free season, duration of frost-free period	
13.251	无霜带	frostless zone, verdant zone	
13.252	霜穴	frost hole	
13.253	成霜洼地	frost hollow, frost pocket	简称"霜洼"。
13.254	平流霜冻	advection frost	
13.255	平流辐射霜冻	advection radiation frost	又称"混合霜冻"。
13.256	冻结深度	depth of freezing	
13.257	冻涝害	flood-freezing injury	
13.258	冻死	frost-killing	又称"霜冻致死"。
13.259	冻死率	cold mortality	
13.260	冻拔	frost heaving, soil-lifting frost	
13.261	冻融交替	alternate freezing and thawing	
13.262	解冻	thaw	
13.263	等解冻线	isotac	
13.264	绝对湿度	absolute humidity	
13.265	相对湿度	relative humidity	
13.266	饱和湿度	saturated humidity	
13.267	临界湿度	critical humidity, critical moisture point	
13.268	湿润指数	moist index, moisture index	
13.269	湿润系数	coefficient of humidity	
13.270	增湿作用	humidification	
13.271	吸湿系数	hygroscopic coefficient	
13.272	最大吸湿水	maximum hygroscopicity	又称"最大吸湿度"。
13.273	土壤湿度	soil moisture	又称"墒情"。
13.274	地面蒸发	evaporation from land surface	
13.275	潜在蒸发	potential evaporation	又称"蒸发潜力"。
13.276	等蒸发量线	isothyme	
13.277	蒸发指数	evaporation index	

序　码	汉 文 名	英 文 名	注　释
13.278	降水蒸发比	precipitation evaporation ratio	
13.279	蒸散	evapotranspiration	
13.280	潜在蒸散	potential evapotranspiration	又称"蒸散势"，"可能蒸散"。
13.281	蒸发抑制剂	evaporation suppressor	
13.282	土壤蒸发计	soil evaporimeter	
13.283	蒸腾	transpiration	
13.284	蒸腾速率	transpiration rate	
13.285	蒸腾效率	transpiration efficiency	
13.286	蒸腾系数	transpiration coefficient	

14.　农 业 工 程

序　码	汉 文 名	英 文 名	注　释
14.001	农业机械化	agricultural mechanization	
14.002	农业半机械化	agricultural semi-mechanization	
14.003	选择性农业机械化	selective farm mechanization	
14.004	农业机械化规划	planning of agricultural mechanization	
14.005	农机配备	disposition of farm machineries	
14.006	农业机器系统	system of farm machineries	
14.007	拖拉机牵引特性	tractor drawbar performance	
14.008	计划预防维修制	planned-preventive maintenance system	
14.009	修理成本	repair cost	
14.010	农机更新	renewal of farm machinery	
14.011	农机具	farm implement	
14.012	牵引式农具	trailed implement	
14.013	悬挂式农具	mounted implement	
14.014	半悬挂式农具	semi-mounted implement	
14.015	轮式拖拉机	wheel tractor	
14.016	链轨式拖拉机	crawler tractor	
14.017	手扶式拖拉机	hand tractor	
14.018	通用机架	tool-carrier	
14.019	自走底盘	self-propelled chassis	

序　码	汉　文　名	英　文　名	注　释
14.020	桥式耕作系统	gantry cultivating system	
14.021	动力输出轴	power take-off, PTO	
14.022	耕作机具	tillage implement	
14.023	免耕法	no-tillage system	
14.024	少耕法	less-tillage system, reduced-tillage system	
14.025	铧式犁	mouldboard plow	
14.026	圆盘犁	disk plow	
14.027	凿式犁	chisel plow	
14.028	无壁犁	boardless plow	
14.029	双向犁	reversible plow	
14.030	心土犁	subsoil plow	
14.031	灭茬犁	topsoil plow, stubble breaker	
14.032	暗管塑孔犁	mole plow	
14.033	开沟犁	ditching plow	
14.034	旋耕机	rotary plow, rotary tiller	
14.035	圆盘耙	disk harrow	
14.036	齿耙	tooth harrow	
14.037	旋转耙	rotary harrow	
14.038	缺口圆盘耙	cutaway disk harrow	
14.039	中耕机	cultivator	
14.040	行间中耕机	rowcrop cultivator	
14.041	间苗机	plant thinner	
14.042	中耕培土机	cultivator-hiller	
14.043	旋转锄	rotary hoe	
14.044	镇压器	packer, roller	
14.045	条播机	drill	
14.046	撒播机	seed broadcaster	
14.047	穴播机	hill-drop planter	
14.048	精密播种机	precision planter	
14.049	带播机	band seeder	
14.050	施肥播种机	combined seed and fertilizer drill	
14.051	飞机撒播器	aerial broadcaster	
14.052	块茎播种机	tube planter	
14.053	块根播种机	root planter	
14.054	水稻插秧机	rice transplanter	
14.055	水稻拔秧机	rice seedling puller	

序 码	汉 文 名	英 文 名	注 释
14.056	撒粪机	manure spreader	
14.057	施肥机	fertilizer distributor	
14.058	施颗粒肥机	granular-fertilizer distributor	
14.059	液氨施肥机	liquid ammonia applicator	
14.060	喷雾机	sprayer	
14.061	低量喷雾机	low-volume sprayer	
14.062	超低量喷雾机	ultra-low-volume sprayer	
14.063	喷粉机	duster	
14.064	弥雾机	mist sprayer	
14.065	喷烟机	fogger	
14.066	拌种机	seed dresser	
14.067	诱虫灯	light trap	
14.068	摇臂收割机	sail reaper	
14.069	割捆机	binder	
14.070	割晒机	swather	
14.071	联合收割机	combine, combine harvester	又称"康拜因"。
14.072	马铃薯挖掘机	potato digger	
14.073	花生挖掘机	peanut digger	
14.074	甜菜收获机	sugarbeet harvester	
14.075	玉米摘穗机	corn picker	
14.076	玉米联合收割机	corn combine	
14.077	全喂入水稻联合收割机	whole-feed rice combine	
14.078	半喂入水稻联合收割机	head-feed rice combine	
14.079	摘棉机	cotton picker	
14.080	脱粒机	thresher	
14.081	清选机	separator	
14.082	玉米脱粒机	corn thresher	
14.083	砻谷机	rice huller	
14.084	碾米机	rice mill	
14.085	精米机	rice polisher	
14.086	磨粉机	flour mill	
14.087	轧花机	cotton gin	
14.088	清花机	cotton cleaner	
14.089	榨油机	oil press	
14.090	锤式粉碎机	hammer mill	

序　码	汉　文　名	英　文　名	注　释
14.091	谷物干燥机	grain drier	
14.092	割草机	mower	
14.093	搂草机	hay rake	
14.094	堆草机	hay stacker	
14.095	捡拾压捆机	picker-baler	
14.096	青饲联合收割机	silage combine, silage harvester	
14.097	挤奶台	milking parlor	
14.098	挤奶器	milker	
14.099	奶油分离器	cream separator	
14.100	电围栏	electric fence	
14.101	孵卵机	incubator, hatcher	
14.102	电育雏伞	electric hover	
14.103	农业建筑	agricultural structure, rural building	
14.104	粮仓	granary	
14.105	冷藏库	cold storage	
14.106	温室	greenhouse	
14.107	塑料大棚	plastic tunnel	
14.108	农业生物环境工程	agrobiological environmental engineering	
14.109	农业生物环境热力学	agrobiological environmental thermodynamics	
14.110	肉鸡舍	broiler house	
14.111	蛋鸡舍	layer house	
14.112	奶牛场	dairy farm	
14.113	火鸡场	turkey farm	
14.114	半开放式棚	half-open shed	
14.115	养猪场	pig farm	
14.116	猪产房	farrowing house	
14.117	育肥猪舍	fattening house	
14.118	刮粪机	slurry scraper	
14.119	农业建筑环境控制	environmental control for agricultural building	
14.120	温室二氧化碳加浓	greenhouse carbon dioxide enrichment	
14.121	温室加热	greenhouse heating	
14.122	温室通风	greenhouse ventilation	

序　码	汉　文　名	英　文　名	注　释
14.123	水帘	water curtain	
14.124	水利土壤改良	hydromelioration	
14.125	土壤-作物-大气连续体	soil-plant-atmosphere continuum	
14.126	地面灌溉	surface irrigation	
14.127	淤溉	warping irrigation, sedimentary irrigation	
14.128	漫灌	flooding irrigation	
14.129	沟灌	furrow irrigation	
14.130	畦灌	border irrigation	
14.131	围坑灌	basin irrigation	
14.132	喷灌	sprinkling irrigation	
14.133	滴灌	trickle irrigation, drip irrigation	
14.134	渗灌	filtration irrigation	
14.135	地下灌溉	subirrigation	
14.136	坎儿井	karez	
14.137	排水	drainage	
14.138	地下排水	underground drainage	
14.139	明沟	open ditch	
14.140	暗管	underground pipe	
14.141	陶管排水	tile drainage	
14.142	配水系统	distribution system	
14.143	水土保持	water and soil conservation	
14.144	水土流失	water and soil erosion	
14.145	干渠	main canal	
14.146	支渠	submain canal	
14.147	斗渠	lateral canal	
14.148	农渠	sublateral canal	
14.149	毛渠	field ditch	
14.150	径流	runoff	
14.151	农田基本建设	farmland capital construction	
14.152	土地平整	land leveling	
14.153	构筑梯田	terrace building	
14.154	量水堰	measuring weir	
14.155	量水坝	measuring dam	
14.156	量水槽	measuring flume	
14.157	渡槽	flume	

序　码	汉　文　名	英　文　名	注　释
14.158	挤压加工	extrusion processing	
14.159	辐照加工	irradiation processing	
14.160	膜技术	membrane technology	
14.161	反渗透	reverse osmosis	
14.162	脱水	dehydration	
14.163	超滤	ultrafiltration	
14.164	短时高温加工	high-temperature short-time processing	
14.165	超高温加工	ultra-high temperature processing	
14.166	电阻加热	ohmic heating	
14.167	介电加热	dielectric heating	
14.168	生物反应器	bio-reactor	
14.169	熏干	smoke-drying	
14.170	速冻干燥	accelerated freeze-drying	
14.171	农村能源	rural energy source	
14.172	可再生能源	renewable energy source	
14.173	替代性能源	alternative energy source	
14.174	生物质能	biomass energy	
14.175	太阳能	solar energy	
14.176	地热能	geothermoenergy	
14.177	风能	wind energy	
14.178	气化	gasification	
14.179	热解	pyrolysis	
14.180	沼气	biogas	
14.181	沼气池	biogas generating pit	
14.182	厌氧发酵	anaerobic fermentation	
14.183	太阳能热水系统	solar water heating system	
14.184	被动式太阳能加热	passive solar heating	
14.185	主动式太阳能加热	active solar heating	
14.186	复合太阳能加热系统	compound solar heating system	
14.187	风力机	wind mill	
14.188	风力发动机	wind turbine generator, WTG	
14.189	省柴灶	fuel-saving stove	
14.190	太阳能电池	solar cell	

序　码	汉　文　名	英　文　名	注　释
14.191	农村电气化	rural electrification	
14.192	农业电气化	agricultural electrification	
14.193	蛋鸡舍补充照明	additional lighting in laying house	
14.194	紫外线辐照	ultraviolet irradiation	
14.195	红外线加热	infrared heating	
14.196	颗粒物料分选	sorting of granular material	
14.197	电晕种子清选机	electrocorona seed cleaner	
14.198	农用智能仪表	agricultural intelligent instrument	
14.199	农业机器人	agricultural robot	
14.200	微机信息系统	microcomputer information system	
14.201	微机数据采集加工系统	microcomputer data acquisition and processing system	
14.202	农业系统工程	agricultural system engineering	

15.　核技术与农业遥感

序　码	汉　文　名	英　文　名	注　释
15.001	核农学	nuclear agricultural science	
15.002	辐射生物学	radiation biology	
15.003	辐射遗传学	radiation genetics	
15.004	放射生物学	radiobiology	
15.005	放射生态学	radioecology	
15.006	辐照室	irradiation chamber	
15.007	辐照工厂	irradiation plant	
15.008	移动辐照器	mobile irradiator	
15.009	γ 温室	γ-greenhouse	
15.010	γ 圃	γ-field	
15.011	中子发生器	neutron generator	
15.012	热柱	thermal column	
15.013	电子束辐照	electron beam irradiation	
15.014	激光微束辐照	laser micro-irradiation	
15.015	离子注入	ion-implantation	
15.016	辐照量剂量转换系数	exposure-to-dose conversion coefficient	
15.017	靶学说	target theory	
15.018	核能级	nuclear energy level	

序 码	汉 文 名	英 文 名	注 释
15.019	核衰变	nuclear distintegration	
15.020	核磁共振	nuclear magnetic resonnance, NMR	
15.021	电子自旋共振	electron spin resonnance, ESR	
15.022	核技术	nuclear technique	
15.023	薄层色谱法	thin-layer chromatography, TLC	又称"薄层层析"。
15.024	质谱法	mass spectrography	
15.025	微放射性自显影[术]	micro-autoradiography	
15.026	中子活化分析	neutron activation analysis	
15.027	放射免疫分析	radioimmunoassay, RIA	
15.028	固相放射免疫分析	solid phase RIA	
15.029	放射免疫电泳	radioimmunoelectrophoresis	
15.030	酶联免疫吸收分析	enzyme-linked immunosorbent assay, ELISA	
15.031	脉冲幅度分析仪	pulse size analyser	
15.032	同位素	isotope	
15.033	同位素稀释分析	isotope dilution analysis, IDA	
15.034	同位素交换	isotope exchange	
15.035	同位素分离	isotope separation	
15.036	同位素药盒	isotope kit	
15.037	ELISA 药盒	ELISA kit	
15.038	α 计数器	α-counter	
15.039	液体闪烁计数器	liquid scintillation counter	
15.040	计数率	counting rate	
15.041	每分钟计数	count per minute, CPM	
15.042	每分钟衰变	disintigration per minute, DPM	
15.043	贝可	becquerel, Bq	
15.044	戈瑞	gray, Gy	
15.045	电离室	ionization chamber	
15.046	电离辐射	ionizing radiation	
15.047	电离密度	ionization density	
15.048	电离径迹	ionization track	
15.049	离子对	ion pair	
15.050	传能线密度	linear energy transfer, LET	曾用名"线性能量转换"。

序 码	汉 文 名	英 文 名	注 释
15.051	相对生物效应	relative biological effectiveness, RBE	
15.052	韧致辐射	Bremsstrahlung	
15.053	切连科夫辐射	Cerenkov radiation	
15.054	辐射敏感性	radiosensitivity	
15.055	辐射抗性	radioresistance	
15.056	辐射损伤	radiation damage	
15.057	辐射防护	radiation protection	
15.058	标记技术	labeling technique	
15.059	标记化合物	labeled compound	
15.060	标记昆虫	labeled insect	
15.061	放射性示踪物	radioactive tracer	
15.062	非放射性示踪物	non-radioactive tracer	
15.063	标记DNA探针	labeled DNA probe	
15.064	氮-15方法学	^{15}N methodology	
15.065	放射性污染	radioactive contamination	
15.066	放射性废物处理	radioactive waste disposal	
15.067	去污	decontamination	
15.068	落下灰	fallout	
15.069	危害分析	hazard analysis	
15.070	干灰化	dry ashing	
15.071	猝灭气体	quenching gas	
15.072	本底计数	background counting	
15.073	同位素丰度	isotope abundance	
15.074	同位素富集度	isotope enrichment	
15.075	突变发生	mutagenesis	
15.076	离体突变发生	*in vitro* mutagenesis	
15.077	物理诱变因素	physical mutagen	
15.078	化学诱变剂	chemical mutagen	
15.079	抗诱变因素	anti-mutagen	
15.080	前辐照	pre-irradiation	
15.081	后辐照	post-irradiation	
15.082	间歇辐照	intermitant irradiation	
15.083	急性辐照	acute irradiation	
15.084	慢性辐照	chronic irradiation	
15.085	辐射诱发突变体	radiation-induced mutant	
15.086	突变体种质库	mutant bank	

序 码	汉 文 名	英 文 名	注 释
15.087	突变体间杂交种	inter-mutant hybrid	
15.088	食品保藏	food preservation	
15.089	食品辐照技术	food irradiation technique	
15.090	卫生性	wholesomeness	辐照食品的卫生安全性。
15.091	杀虫	insect disinfestation	
15.092	抑制发芽	sprout inhibition	
15.093	控制发霉	mold control	
15.094	γ射线巴氏灭菌消毒法	γ-ray pasteurization	
15.095	γ射线灭菌	γ-ray sterilization	
15.096	货架期延长	shelf-life extension	
15.097	辐射灭菌	radicidation	
15.098	雄性不育技术	malesterile technique, MST	
15.099	群体密度	population density	
15.100	竞争能力	competitive ability	
15.101	笼内释放	cage release	
15.102	田间释放	field release	
15.103	人工饲料	artificial diet	
15.104	养虫工厂	insect mass-rearing plant	
15.105	反刍动物生产力	ruminant productivity	
15.106	疾病诊断	disease diagnosis	
15.107	血清监测	sero-monitoring, sero-surveillance	
15.108	发情探测	oestrus detection	
15.109	结合态农药残留物	bond pesticide residue	
15.110	生物利用率	bioavailability	指生物对结合态农药残留物的利用率。
15.111	稳定[性]核素	stable nuclide	
15.112	核裂变	nuclear fission	
15.113	核聚变	nuclear fusion	
15.114	辐照率	exposure rate	
15.115	辐照量	exposure dose	
15.116	辐射强度	radiation intensity	
15.117	辐射分解	radiolysis	
15.118	有害副作用	harmful side effect	
15.119	几何衰减	geometrical attenuation	

序　码	汉　文　名	英　文　名	注　释
15.120	衰减系数	attenuation coefficient	
15.121	衰减因子	attenuation factor	
15.122	衰变常数	decay constant, disintegration constant	
15.123	衰变曲线	decay curve	
15.124	衰变产物	decay product	
15.125	衰变率	decay rate	
15.126	核乳胶	nuclear emulsion	
15.127	快中子	fast neutron	
15.128	中子湿度测量仪	neutron moisture gauge	
15.129	γ射线密度测量仪	γ-ray densitometer	
15.130	反散射	back scatter	
15.131	荧光	fluorescence	
15.132	敏化	sensitization	
15.133	慢化	moderation	
15.134	诱发放射性	induced radioactivity	
15.135	分辨时间	resolving time	
15.136	分辨力	resolving ability	
15.137	修复过程	repair process	
15.138	修复错误	mis-repair	
15.139	氧效应	oxygen effect	
15.140	放射治疗	radiotherapy	
15.141	存活曲线	survival curve	
15.142	平方反比定率	inverse-square law	
15.143	农业遥感	agricultural remote sensing	
15.144	陆地卫星	Landsat	
15.145	微波遥感	microwave remote sensing	
15.146	机载侧视雷达	side-looking airborne radar, SLAR	
15.147	合成孔径雷达	synthetic aperture radar, SAR	
15.148	多光谱扫描仪	multispectral scanner	
15.149	辐射计	radiometer	
15.150	彩色合成仪	additive [color] viewer	
15.151	训练样本	training sample	
15.152	训练区	training set	
15.153	大气窗	atmospheric window	

序 码	汉 文 名	英 文 名	注 释
15.154	空间信息	spatial information	
15.155	光谱信息	spectral information	
15.156	光谱范围	spectral range	
15.157	光谱测量	spectral measurement	
15.158	扫描线	scane line	
15.159	波段	band	
15.160	热红外	thermal infrared	
15.161	红外扫描	infrared scanning	
15.162	多时相	multidate	
15.163	图象处理	image processing	
15.164	图象判读	image interpretation	又称"图象解译"。
15.165	目视判读	visual interpretation	又称"目视解译"。
15.166	配准	registration	
15.167	分层	stratification	
15.168	象元	pixel	
15.169	灰度	grey scale, grey level	
15.170	亮度	brightness	
15.171	立体镜	stereoscope	
15.172	辐照度	irradiance	
15.173	树冠反射	canopy reflectance	
15.174	反射率	reflectivity	
15.175	分辨率	resolution	
15.176	识别	identification	
15.177	植物种类识别	discrimination of plant species	
15.178	识别能力	recognizability	
15.179	航空相片	aerial photo	简称"航片"。
15.180	彩红外负片	color infrared negative film	
15.181	假彩色	false color	
15.182	数字图象	digital image	
15.183	数字滤波器	digital filter	
15.184	聚类	clustering	
15.185	同类群	homogeneous set	
15.186	监督分类	supervised classification	
15.187	非监督分类	unsupervised classification	
15.188	土地覆盖分类	land cover classification	
15.189	密度分割	density slicing	
15.190	特征提取	feature extraction	

序　码	汉　文　名	英　文　名	注　释
15.191	重叠	overlap	
15.192	定位	location	
15.193	纹理	texture	
15.194	边缘增强	edge enhancement	
15.195	图象合成	image composition	
15.196	数据压缩	data compression	
15.197	数据格式	data format	
15.198	矢量数据	vector data	
15.199	栅格数据	raster data	
15.200	地域分析	terrain analysis	
15.201	地形图	contour map	
15.202	土地制图单元	land mapping unit	
15.203	镶嵌图	mosaic	
15.204	几何校正	geometric correction	
15.205	土地适宜性	land suitability	
15.206	作物清查	crop inventory	
15.207	土壤调查	soil survey	
15.208	生育期预测	development stage estimation	
15.209	产量模式	yield model	
15.210	估产	yield estimation	
15.211	植被指数	vegetation index	
15.212	绿度值	greenness index	
15.213	病虫害监测	pest and disease monitoring	
15.214	水体	water body	
15.215	农业信息系统	agricultural information system, AIS	
15.216	农业产量预测系统	agricultural yield forecast system	
15.217	地理信息系统	geographic information system, GIS	
15.218	决策支持系统	decission support system, DSS	
15.219	咨询服务系统	consultative service system	
15.220	农业信息中心	agricultural information center	
15.221	农业系统模型	agricultural system model	
15.222	生态模拟	ecological simulation	
15.223	数据编码	data code	
15.224	数据结构	data construction	

序码	汉文名	英文名	注释
15.225	空间数据	spatial data, spacial data	
15.226	属性数据	attribute data	
15.227	机助制图	computer aided mapping	

英 汉 索 引

A

abandoned land 撂荒地 09.025

Abelmoschus esculentus (L.) Moench 黄秋葵 04.264

abiotic environment 非生物环境 12.062

absolute humidity 绝对湿度 13.264

absorbed dose 吸收剂量 11.086

Abutilon theophrasti Medic. 苘麻 03.046

Acaphylla theae (Watt) 茶橙瘿螨 11.236

acaricide 杀螨剂 11.092

accelerated freeze-drying 速冻干燥 14.170

acceptable daily intake 允许日摄入量 12.041

acclimatization 驯化 07.007, 气候适应，＊气候驯化 13.031

accumulated temperature 积温 13.166

accumulation 积累 12.027

Achras sapota L. 人心果 04.108

acid precipitation 酸雨 12.083

acid rain 酸雨 12.083

acid-refining 酸炼 05.082

acid soil 酸性土 09.073

acquired immunity 获得免疫性 11.384

acquired resistance 获得抗性 11.381

Actinidia arguta (Sieb. et Zucc.) Planch. 软枣猕猴桃 04.074

Actinidia chinensis Planch. [中华]猕猴桃 04.073

actinomycetes 放线菌 11.350

activated sludge 活性污泥 12.130

activator 激活子 07.081, 活化剂 11.115

active accumulated temperature 活动积温 13.169

active ingredient 有效成分 11.076

active solar heating 主动式太阳能加热 14.185

active temperature 活动温度 13.162

acute exposure 急性暴露，＊急性接触 12.028

acute injury 急性伤害 11.285

acute irradiation 急性辐照 15.083

acute symptom 急性症状 11.288

acute toxicity 急性毒性 12.029

adaptability 适应性 06.032

additional lighting in laying house 蛋鸡舍补充照明 14.193

addition line 附加系 07.049

additive effect 加性效应 07.031

additive genetic variance 加性遗传方差 07.032

additive [color] viewer 彩色合成仪 15.150

ADI 允许日摄入量 12.041

Adiantum capillus-veneris L. 铁线蕨 04.378

adjuvant 辅助剂 11.100

admissible concentration 允许浓度 12.043

adsorption bleaching 吸附脱色 05.081

adsuki bean [红]小豆，＊赤豆 02.057

advection frost 平流霜冻 13.254

advection radiation frost 平流辐射霜冻，＊混合霜冻 13.255

adzuki bean weevil 绿豆象 11.230

aeration basin 曝气池 12.107

aerial broadcaster 飞机撒播器 14.051

aerial photo 航空相片，＊航片 15.179

aerial pollution 空气污染 12.077

aerial spraying 飞机喷雾 11.075

aerobic biological treatment 需氧生物处理 12.103

aeroborne disease 气传病害 11.386

aerosol 气溶胶 13.095

Aesculus chinensis Bge. 七叶树 04.394

aetiology 病原学 11.258

afforestation 绿化 12.069

African cotton 草棉，＊非洲棉 03.036

after ripening 后熟 06.063

Agaricus bisporus (Lange) Sing. 白色双孢蘑菇 04.268

agave 龙舌兰 03.045

Agave americana L. 龙舌兰 03.045

Agave sisalana Perrine   剑麻   03.044

Ageratum conyzoides L.   霍香蓟   04.314

aggregate structure   团粒结构，*团聚结构   09.101

agricultural biology   农业生物学   01.004

agricultural botany   农业植物学   01.005

agricultural chemistry   农业化学   01.009

agricultural climatology   农业气候学   13.015

agricultural ecology   农业生态学   01.010

agricultural economics   农业经济学   01.014

agricultural ecosystem   农业生态系统   12.051

agricultural ecotechnique   农业生态技术   12.071

agricultural electrification   农业电气化   14.192

agricultural engineering   农业工程   01.021

agricultural entomology   农业昆虫学   01.006

agricultural experiment   农业试验   08.001

agricultural geography   农业地理学   01.012

agricultural information center   农业信息中心   15.220

agricultural information system   农业信息系统   15.215

agricultural intelligent instrument   农用智能仪表   14.198 .

agricultural land   农业用地   09.020

agricultural mechanization   农业机械化   14.001

agricultural meteorology   农业气象学   01.011

agricultural modernization   农业现代化   01.020

agricultural physics   农业物理学   01.008

agricultural planning   农业规划   01.018

agricultural practice   农业技术措施   01.022

agricultural region   农业区   01.017

agricultural regionalization   农业区划   01.019

agricultural remote sensing   农业遥感   15.143

agricultural resources   农业资源   01.016

agricultural robot   农业机器人   14.199

agricultural science   农业科学   01.001

agricultural semi-mechanization   农业半机械化   14.002

agricultural soil moisture characteristics   农业土壤水分特性   09.147

agricultural statistics   农业统计学   01.015

agricultural structure   农业建筑   14.103

agricultural system engineering   农业系统工程   14.202

agricultural system model   农业系统模型   15.221

agricultural test   农业试验   08.001

agricultural waste treatment   农业废弃物处理   12.134

agricultural yield forecast system   农业产量预测系统   15.216

agricultural［technology］extension   农业技术推广   01.023

agricultural［technology］innovation   农业技术革新   01.024

agriculture environmental monitoring   农业环境监测   12.002

agriculture environmental protection   农业环境保护   12.001

agriculture soil   农业土壤   09.047

agrobiological environmental engineering   农业生物环境工程   14.108

agrobiological environmental thermodynamics   农业生物环境热力学   14.109

agrobiology   农业生物学   01.004

agrobotany   农业植物学   01.005

agrochemistry   农业化学   01.009

agroclimate   农业气候   13.016

agroclimatic analysis   农业气候分析   13.019

agroclimatic atlas   农业气候图集   13.025

agroclimatic demarcation   农业气候区划   13.024

agroclimatic division   农业气候区划   13.024

agroclimatic evaluation   农业气候评价   13.020

agroclimatic index   农业气候指标   13.021

agroclimatic investigation   农业气候调查，*农业气候考察   13.018

agroclimatic region   农业气候区   13.023

agroclimatic regionalization   农业气候区划   13.024

agroclimatic resources   农业气候资源   13.017

agroclimatic survey   农业气候调查，*农业气候考察   13.018

agroclimatic zone   农业气候区   13.023

agroclimatography   农业气候志   13.026

agroclimatology   农业气候学   13.015

agroecological engineering   农业生态工程   12.070

agroecology   农业生态学   01.010

agrogeography   农业地理学   01.012

agrometeorological forecast 农业气象预报 13.003

agrometeorological index 农业气象指标 13.005

agrometeorological information 农业气象情报 13.004

agrometeorological model 农业气象模式 13.007

agrometeorological observation 农业气象观测 13.001

agrometeorological simulation 农业气象模拟 13.006

agrometeorological station 农业气象站 13.002

agrometeorological yearbook 农业气象年报 13.008

agrometeorological yield forecast 农业气象产量预报 13.011

agrometeorology 农业气象学 01.011

agromicroclimate 农业小气候 13.044

agronomy 农学，＊农艺学 01.002

agro-product processing 农产品加工 05.001

agrotechnical measures 农业技术措施 01.022

agrotopoclimatology 农业地形气候学 13.047

agrotype 农艺类型 09.032

air drying 风干 07.338

air layering 高枝压条，＊空中压条 10.093

air monitoring 大气监测 12.076

air pollution 空气污染 12.077

air quality 大气质量 12.075

AIS 农业信息系统 15.215

albinism 白化 11.309

Albizzia julibrissin Durazz. 合欢 04.402

alfalfa 紫[花]苜蓿，＊苜蓿 09.242

alkaline soil 碱性土 09.075

alkali tolerance 耐碱性 06.040

alkekengi 酸浆 04.170

allelochemics 它感素 11.036

Allemanda nerifolia Hook. 黄蝉 04.427

Allium ascalonicum L. 胡葱，＊火葱 04.202

Allium cepa L. 洋葱，＊葱头 04.201

Allium chinense G. Don 薤头，＊藠 04.206

Allium fistulosum L. var. giganteum Makino 大葱 04.200

Allium porrum L. 韭葱，＊扁叶葱 04.204

alliums 葱蒜类蔬菜 04.133

Allium sativum L. 大蒜 04.207

Allium schoenoprasum L. 细香葱，＊四季葱 04.203

Allium tuberosum Rottl. ex Spreng. 韭菜 04.205

allium vegetables 葱蒜类蔬菜 04.133

allohexaploid 异源六倍体 07.056

allomone 利己素 11.037

allopolyploid 异源多倍体 07.058

allotetraploid 异源四倍体 07.055

allowable limit 容许极限 12.042

almond 扁桃，＊巴旦杏 04.031

Aloe vera L. var. chinensis (Haw.) Baker 芦荟 04.349

alternate freezing and thawing 冻融交替 13.261

alternate host 转主寄主 11.365

alternative energy source 替代性能源 14.173

Amaranthus mangostanus L. 苋菜 04.214

Amaranthus tricolor L. 三色苋，＊雁来红 04.303

American plum 美洲李 04.028

amide nitrogen fertilizer 酰胺态氮肥 09.267

Ammannia baccifera L. 水花生 09.241

ammoniated peat 氨化泥炭 09.253

ammonia water 氨水 09.269

ammonium fertilizer 铵态氮肥 09.265

ammonium nitrogen 铵态氮 09.263

Amorpha fruticosa L. 紫穗槐 09.236

Amorphophallus rivieri Durieu [花]魔芋，＊蒟蒻 04.237

amphidiploid 双二倍体 07.053

amphiploid 双倍体 07.052

amplitude of annual variation 年较差 13.014

amplitude of diurnal variation 日较差，＊日振幅 13.100

Amur honeysuckle 金银木 04.405

Anacardium occidentale L. 腰果 04.104

anaerobic fermentation 厌氧发酵 14.182

analysis of covariance 协方差分析 08.057

analysis of variance 方差分析 08.056

analysis on substances and energy flow 能流物流分析 12.073

Ananas comosus (L.) Merr. 菠萝，＊凤梨 04.097

Ancylis satira Liu 枣粘虫 11.217

Anethum graveolens L. 莳萝 04.228

aneuploid 非整倍体 07.048

Angoumois grain moth 麦蛾 11.227

angular leaf spot 角斑病 11.326

annual crop 一年生作物 01.046

annual precipitation 年降水量 13.211

annual range 年较差 13.014

annual variation 年变化 13.013

annual vegetable crop 一年生蔬菜作物 04.114

Anomoneura mori Schwarz 桑木虱 11.252

Anona squamosa L. 番荔枝 04.101

antagonism 拮抗[作用] 11.377

antagonist 拮抗体 11.378

antagonistic effect 拮抗效应 12.033

anther culture 花药培养 07.069

anthracnose 炭疽病 11.320

antibionts 拮抗生物 11.379

antibiosis 抗生性 11.029

antibody 抗体 11.373

antigen 抗原 11.375

anti-mutagen 抗变剂 11.104, 抗诱变因素 15.079

antioxidant preservation 抗氧剂保藏 05.166

Antirrhinum majus L. 金鱼草 04.299

antiseptic preservation 防腐剂保藏 05.165

antiseptics 防腐剂 11.101

antiserum 抗血清 11.376

antixenosis 排趋性 11.028

Aphis glycines Matsumura 大豆蚜 11.192

Aphis gossypii Glover 棉蚜 11.185

Apium graveolens L. 芹菜, *旱芹 04.209

Apium graveolens L. var. *rapaceum* DC. 根芹菜 04.144

Apocynum venetum L. 罗布麻 03.047

apomixis 无融合生殖 07.290

apple 苹果 04.012

apple bud moth 苹果顶芽卷叶蛾 11.210

apple fruit borer 苹小食心虫 11.207

apple fruit licker 苹果顶芽卷叶蛾 11.210

apple valsa canker 苹果[树]腐烂病, *苹果[树]腐皮病 11.408

apricot 杏 04.030

Apriona germari Hope 桑天牛 11.246

aquatic ecosystem 水生生态系统 12.053

aquatic vegetables 水生蔬菜类 04.136

Arabian jasmine 茉莉 04.430

arable area 耕地面积 09.022

arable land 耕地 09.021

Arachis hypogaea L. [落]花生 03.005

Araecerus fasciaculatus (De Geer) 咖啡豆象 11.242

Arctium lappa L. 牛蒡 04.143

Arenga pinnata (Wurmb.) Merr. 桄榔, *糖棕 03.057

arid climate 干旱气候, *干燥气候 13.142

arithmetic mean 算术[平]均数 08.060

Armoracia rusticana (Lam.) Gaertn. 辣根 04.259

armyworm 粘虫 11.162

aromatic crop 香料作物, *芳香作物 01.076

artichoke 朝鲜蓟 04.260

artificial climatic chamber 人工气候室 13.050

artificial diet 人工饲料 15.103

artificial pollination 人工授粉 07.259

artificial rain 人工降雨 13.232

Artocarpus heterophyllus Lam. 菠萝蜜, *木菠萝 04.098

ascomycetes 子囊菌 11.349

ash 草木灰 09.251

Asian cotton 亚洲棉 03.035

Asiatic corn borer 亚洲玉米螟 11.177

Asiatic cotton 亚洲棉 03.035

Asiatic migratory locust 东亚飞蝗 11.161

asparagus 石刁柏, *芦笋 04.258, 天门冬, *天竹 04.372

asparagus bean 长豇豆 04.172

asparagus fern 文竹 04.348

asparagus lettuce 莴笋 04.212

Asparagus officinalis L. 石刁柏, *芦笋 04.258

Asparagus plumosus Baker 文竹 04.348

Asparagus sprengeri Regel. 天门冬, *天竹 04.372

aspiration 风选 05.005

assassin bug 猎蝽 11.054

Aster novi-belgii L. 荷兰菊 04.317

Aster tataricus L. f. 紫菀 04.330

Astragalus adsurgens Pall. 沙打旺, ＊地丁, ＊麻豆秧 09.235

Astragalus sinicus L. 紫云英 09.226

asymbiotic nitrogen fixation 非共生固氮作用 09.282

Atherigona biseta Karl 粟芒蝇 11.182

Atherigona soccata Rondani 高粱芒蝇 11.181

atmosphere 大气 13.092

atmosphere pollution 大气污染 13.094

atmospheric circulation 大气环流 13.093

atmospheric window 大气窗 15.153

atomized drying 喷雾干燥 05.148

attenuation coefficient 衰减系数 15.120

attenuation factor 衰减因子 15.121

attractant 诱虫剂 11.111

attribute data 属性数据 15.226

Auricularia auricula (L. ex Hook.) Underw. [黑]木耳 04.267

autopolyploid 同源多倍体 07.057

autotetraploid 同源四倍体 07.054

Autumnal Equinox 秋分 13.076

autumn harvesting crop 秋收作物 01.053

autumn sown crop 秋播作物 01.051

autumn zephyr-lily 葱莲, ＊白花菖蒲莲 04.357

available precipitation 有效降水量 13.212

Avena nuda L. 裸燕麦, ＊莜麦 02.033

Avena sativa L. 燕麦 02.032

average 算术[平]均数 08.060

average deviation 平均差 08.122

Averrhoa carambola L. 阳桃, ＊五敛子 04.091

avocado 油梨, ＊鳄梨 04.105

Awakening from Hibernation 惊蛰 13.063

azolla 绿萍, ＊红萍, ＊满江红 09.238

Azolla imbricata (Roxb.) Nakai 绿萍, ＊红萍, ＊满江红 09.238

aztec dahlia 大丽菊 04.354

Aztec marigold 万寿菊 04.287

Aztec tobacco 黄花烟草 03.053

B

Bacillus thurigiensis Berliner 苏云金杆菌 11.044

backcross 回交 07.162

background counting 本底计数 15.072

background value of soil elements 土壤元素背景值 12.111

back radiation 逆辐射, ＊反射辐射 13.121

back scatter 反散射 15.130

bacterial wilt 细菌性青枯病 11.410

bacterium 细菌 11.352

balanced incomplete block 平衡不完全区组 08.009

bamboo shoot 竹笋 04.254

bamboo sprout 竹笋 04.254

Bambusa ventricosa McClure 佛肚竹 04.446

Bambusa vulgaris Schrad. var. *striata* Gamble 黄金间碧玉竹 04.447

banana-shrub 含笑 04.429

band 波段 15.159

band placement 条施 09.212

band seeder 带播机 14.049

banksian rose 木香 04.437

barberry 小檗 04.423

Baris deplanata Roelofs 桑象虫 11.250

barley [皮]大麦 02.022

barreness 空秆 06.072

basal application 基施 09.208

base collections 种质长期保存材料, ＊种质基础材料 07.095

basidiomycetes 担子菌 11.348

basin irrigation 围坑灌 14.131

bast fiber crop 麻类作物 01.073

bayberry 杨梅 04.092

bean sprouts 豆芽菜 04.253

beared pink 须苞石竹, ＊美国石竹 04.282

Beauveria bassiana (Bals.) 白僵菌 11.045

becquerel 贝可 15.043

bed 畦 10.053

beet webworm 草地螟 11.200

Beginning of Autumn 立秋 13.073

Beginning of Spring 立春 13.061

Beginning of Summer 立夏 13.067

Beginning of Winter 立冬 13.079

begonia 秋海棠 04.321

Begonia evansiana Andr. 秋海棠 04.321

Begonia rex Putz. 毛叶秋海棠 04.346

Belamcanda chinensis (L.) DC. 射干 04.366

Bellis perennis L. 雏菊, *长命菊 04.283

Benincasa hispida (Thunb.) Cogn. 冬瓜 04.192

Benincasa hispida (Thunb.) Cogn. var. *chieh-qua* How. 节瓜, *毛瓜 04.193

benthal deposit 水底沉积物 12.132

Berberis thunbergii DC. 小檗 04.423

Beta vulgaris L. 甜菜 03.058

Beta vulgaris L. var. *cicla* L. 叶甜菜, *莙荙菜 04.217

Beta vulgaris L. var. *esculenta* Gürke 菜用甜菜 03.060

Beta vulgaris L. var. *lutea* DC. 饲用甜菜 03.061

Beta vulgaris L. var. *rosea* Moq. 根甜菜, *紫菜头 04.142

Beta vulgaris L. var. *saccharifera* Aelf. 糖用甜菜 03.059

biennial bearing 隔年结果, *大小年 06.079

biennial crop 二年生作物 01.047

biennial vegetable crop 二年生蔬菜作物 04.115

big lima bean 大莱豆 04.177

binder 割捆机 14.069

bioavailability 生物利用率 15.110

biochemical mutation 生化突变 07.042

biocoenosis 生物群落 12.055

biocommunity 生物群落 12.055

bio-fertilizer 生物肥料 09.279

biogas 沼气 14.180

biogas generating pit 沼气池 14.181

biological concentration 生物浓缩 12.123

biological control 生物防治 11.008

biological degradation 生物降解 12.125

biological monitoring 生物监测 12.016

biological nitrogen fixation 生物固氮 09.280

biological oxygen demand 生物需氧量 12.106

biological transformation 生物转化 12.124

biological uptake 生物摄取 12.040

biomass energy 生物质能 14.174

bio-reactor 生物反应器 14.168·

biotechnology 生物技术 07.059

biotype 生物型 11.031

biparental cross 成对杂交 07.178

birch-leaf pear 杜梨, *棠梨 04.011

bird vetch 兰花苕子 09.229

bitter gourd 苦瓜 04.196

black bamboo 紫竹 04.448

blackberry 黑莓 04.039

blackberry lily 射干 04.366

black body radiation 黑体辐射 13.123

black Chinese olive 乌榄 04.087

black citrus aphid 茶二叉蚜 11.232

black stem rust 秆锈病 11.393

black tea 红茶 05.108

blanket flower 天人菊 04.316

blank test 空白试验 08.021

blast 瘟病 11.319

bleeding-heart 荷包牡丹 04.320

blight 疫病 11.318

blizzard 雪暴 13.233

block 区组 08.004

blossom dropping 落花 06.069

blotch 疤斑 11.298

blow-down 风倒 13.208

blueberry 越桔, *牙疙瘩 04.075

boardless plow 无壁犁 14.028

BOD 生物需氧量 12.106

body stock 干砧 10.098

Boehmeria nivea (L.) Gaud. 苎麻 03.041

bog blueberry 笃斯越桔, *乌丝越桔 04.077

boll-row method 铃行法 07.251

boll-row test 铃行试验 08.025

bolting 抽理 05.036, 抽苔 06.064

bond pesticide residue 结合态农药残留物 15.109

bone meal 骨粉 09.222

booting stage 孕穗期 06.053

border irrigation 畦灌 14.130

bougainvillea 叶子花, *三角花 04.440

Bougainvillea spectabilis Willd. 叶子花, *三角花 04.440

bower actinidia 软枣猕猴桃 04.074

Bowring cattleya 卡特兰 04.336

Bq 贝可 15.043

bracket-plant 吊兰 04.341

braconid 小茧蜂 11.059

brake fern 凤尾蕨 04.376

bran 麸皮 05.046

bran brushing 刷麸 05.038

bran finishing 打麸 05.039

Brasenia schreberi J. F. Gmel. 莼菜 04.248

Brassica alboglabra Bailey 芥蓝 04.159

Brassica campestris L. 油菜, *芸薹 03.011,
白菜型油菜 03.012

Brassica campestris L. ssp. *chinensis* (L.) Makino
白菜 04.147

Brassica campestris L. ssp. *chinensis* (L.) Makino
var. *communis* Tsen et Lee 普通白菜 04.148

Brassica campestris L. ssp. *chinensis* (L.) Makino
var. *parachinensis* Bailey 菜薹, *菜心
04.150

Brassica campestris L. ssp. *chinensis* (L.) Makino
var. *rosularis* Tsen et Lee 乌塌菜 04.149

Brassica campestris L. ssp. *chinensis* (L.) Makino
var. *tai-tsai* Hort. 薹菜 04.152

Brassica campestris L. ssp. *pekinensis* (Lour.)
Olsson 大白菜 04.146

Brassica campestris L. ssp. *rapifera* Metzg. 芜菁,
*蔓菁 04.140

Brassica campestris L. var. *purpurea* Bailey 紫菜
薹, *红菜薹 04.151

Brassica juncea (L.) Czern. et Coss. 芥菜型油菜
03.013, 芥菜 04.162

Brassica juncea (L.) Czern. et Coss. var.
megarrhiza Tsen et Lee 根芥菜, *大头菜
04.163

Brassica napobrassica (L.) Mill. 芜菁甘蓝, *洋
蔓菁 04.141

Brassica napus L. 甘蓝型油菜 03.014

Brassica oleracea L. 甘蓝 04.153

Brassica oleracea L. var. *acephala* DC. 羽衣甘蓝,
*饲用甘蓝 04.161

Brassica oleracea L. var. *botrytis* L. 花[椰]菜,
*菜花 04.157

Brassica oleracea L. var. *bullata* DC. 皱叶甘蓝
04.154

Brassica oleracea L. var. *capitata* L. 结球甘蓝,

*卷心菜, *洋白菜 04.155

Brassica oleracea L. var. *caulorapa* DC. 球茎甘蓝
04.160

Brassica oleracea L. var. *gemmifera* (DC.) Thell.
抱子甘蓝 04.156

Brassica oleracea L. var. *italica* Plenck 青花菜,
*绿菜花 04.158

breeder's seed 原原种 07.305

breeding for disease resistance 抗病育种 07.276

breeding for double low [erucic acid and glucosinolate]
content in rapeseed [油菜]双低育种 07.275

breeding for pest resistance 抗虫育种 07.279

breeding for quality 品质育种 07.273

breeding for single low [erucic acid or glucosinolate]
content in rapeseed [油菜]单低育种 07.274

breeding for stress tolerance 抗逆育种 07.280

breeding nursery 育种圃 07.252

breeding true 纯育, *稳定遗传 07.242

Bremsstrahlung 韧致辐射 15.052

Brevicoryne brassicae L. 甘蓝蚜 11.201

Brevipalpus obovatus Donnadieu 茶短须螨 11.235

brick tea 砖茶 05.110

bridge grafting 桥接 10.109

brightness 亮度 15.170

broad bean 蚕豆 02.053

broadbean weevil 蚕豆[红脚]象 11.229

broadcast 撒施 09.210

broadcasting 撒播 10.058

broccoli 青花菜, *绿菜花 04.158

broiler house 肉鸡舍 14.110

broomcorn millet 黍 02.048

brown mustard 芥菜 04.162

brown planthopper 褐飞虱 11.167

brown rice 糙米 05.012

brown root rot 褐根病 11.411

brown rot 褐腐 11.337

brown soil 棕壤 09.052

Bruchus pisorum (L.) 豌豆象 11.228

Bruchus rufimanus Boheman 蚕豆[红脚]象
11.229

brussels sprouts 抱子甘蓝 04.156

Bt 苏云金杆菌 11.044

buckwheat 荞麦 02.028

buddha bamboo 佛肚竹 04.446

budding 芽接 10.103

bud mutation 芽变 07.044

bud pollination 蕾期授粉 07.261

bud selection 芽选择 07.237

bud sport 芽变 07.044

bud stage 蕾期 06.056

budwood 接穗 10.101

bulk density of soil 土壤容重 09.118

bulk method 混合法，*集团法 07.248

bulk selection 混合选择，*集团选择 07.265

bunch type peanut 丛生型花生 03.007

burclover 金花菜 04.224

burn 灼伤 11.314

Buxus sempervirens L. 锦熟黄杨 04.424

C

cabbage 甘蓝 04.153

cabbage aphid 甘蓝蚜 11.201

cabbage type rape 甘蓝型油菜 03.014

cabbage webworm 菜螟 11.204

cage release 笼内释放 15.101

cake fertilizer 饼肥 09.244

calamondin 四季桔 04.053

calcareous soil 石灰性土 09.076

Calceolaria hybrida Hort. 蒲包花 04.353

calcium superphosphate 过磷酸钙 09.272

Calendula officinalis L. 金盏菊 04.290

calibration curve 校正曲线 08.104

california burclover 金花菜 04.224

california poppy 花菱草 04.298

callery pear 豆梨，*山梨 04.010

Callistephus chinensis Nees. 翠菊 04.284

Callosobruchus chinensis (L.) 绿豆象 11.230

Camellia japonica L. 山茶 04.428

Camellia oleifera Abel. 油茶 03.025

Camellia sinensis (L.) Kuntze 茶 03.063

canal mud 河泥 09.255

Canarium album Raeusch. 橄榄，*青果 04.086

Canarium pimela Koenig 乌榄 04.087

Canavalia ensiformis (L.) DC. 矮刀豆，*立刀豆 04.180

Canavalia gladiata (Jacq.) DC. 刀豆 04.181

canker 溃疡病 11.321

Cannabis sativa L. 大麻 03.043

Canna generalis Bailey 大花美人蕉 04.368

Canna indica L. 美人蕉 04.367

canned fruit 水果罐头 05.126

canned vegetable 蔬菜罐头 05.135

canning 罐藏 05.163

canonical correlation 典范相关 08.110

canopy reflectance 树冠反射 15.173

canton lemon 檬檬，*广东柠檬 04.051

cape jasmine 栀子 04.431

capillary capacity 毛管容量 09.156

capillary conductivity 毛管传导度 09.159

capillary force 毛管力 09.154

capillary fringe 毛管上限 09.157

capillary moisture 毛管水 09.153

capillary porosity 毛管孔[隙]度 09.158

capillary potential 毛管势 09.155

Capsella bursa-pastoris (L.) Medic. 荠菜 04.219

Capsicum annuum L. 辣椒 04.168

Capsicum annuum L. var. *grossum* (L.) Sendt. 甜椒 04.169

carambola 阳桃，*五敛子 04.091

carbon cycle 碳循环 09.195

carcinogen 致癌源 12.038

carcinogenic effect 致癌效应 12.032

Carex meyeriana Kunth. 乌拉草 03.049

Carica papaya L. 番木瓜 04.099

carnation 香石竹，*康纳馨 04.329

Carposina niponensis Walshingham 桃小食心虫 11.209

carrier 载体 11.120，带毒者 11.292

carrot 胡萝卜 04.139

Carthamus tinctorius L. 红花 03.021

Carya cathayensis Sarg. 山核桃 04.079

Carya pecan Engl. et Graebn. 长山核桃，*薄壳山核桃 04.080

cashew 腰果 04.104

cassava　木薯　02.052

Castanea mollissima Blume　[板]栗　04.081

castor bean　蓖麻　03.019

Casuarina equisetifolia L.　木麻黄　04.406

catalyst　催化剂　11.099

cathay hickory　山核桃　04.079

cation exchange capacity　阳离子交换量　09.198

Cattleya bowringiana Hort.　卡特兰　04.336

cauliflower　花[椰]菜，＊菜花　04.157

caustic refining　碱炼　05.079

CEC　阳离子交换量　09.198

Cedrus deodara（D. Don）G. Don　雪松　04.379

celeriac　根芹菜　04.144

celery　芹菜，＊旱芹　04.209

cell culture　细胞培养　07.073

cell engineering　细胞工程　07.063

cell-line　细胞系　07.292

cellular affinity　细胞亲和力　07.125

Celosia cristata L.　鸡冠花　04.296

Celsius thermometric scale　摄氏温标　13.153

Centaurea cyanus L.　矢车菊　04.288

center of diversity　变异中心　07.005

center of origin of crop　作物起源中心　07.004

cereal　谷类作物　01.068

Cerenkov radiation　切连科夫辐射　15.053

Ceroplastes pseudoceriferus Green　茶角蜡蚧
　11.238

Chaenomeles lagenaria（Loisel.）Koidz.　贴梗海棠
　04.416

Chaenomeles sinensis（Thouin）Koehne.　木瓜
　04.019

Chalcodermus marshalli Bondar　可可象虫　11.245

champac michelia　黄兰　04.410

Chao soil　潮土　09.055

characteristic value　特征值　08.121

characteristic vector　特征矢量，＊特征向量
　08.123

chayote　佛手瓜，＊拳头瓜　04.197

check　对照　08.016

chemical control　化学防治　11.011

chemical fertilizer　化学肥料　09.257

chemical mutagen　化学诱变剂　15.078

chemical oxygen demand　化学需氧量　12.102

chemotaxis　趋化性　11.153

chemotherapy　化学治疗　11.074

chernozem　黑钙土　09.054

cherry　[中国]樱桃　04.032

Chiao Tou　藠头，＊薤　04.206

chickpea　鹰嘴豆　02.060

Chieh-qua　节瓜，＊毛瓜　04.193

Chilean strawberry　智利草莓　04.037

chilling injury　低温冷害　13.187

Chilo infuscatellus Snellen　粟灰螟　11.179

Chilo suppressalis（Walker）　二化螟　11.163

China-aster　翠菊　04.284

China rose　月季　04.418

China squash　[中国]南瓜，＊倭瓜　04.188

Chinese aloe　芦荟　04.349

Chinese arbor-vitae　[侧]柏　04.391

Chinese arrowhead　慈姑　04.243

Chinese artichoke　甘露儿，＊螺丝菜　04.238

Chinese broccoli　芥蓝　04.159

Chinese cabbage group　白菜类蔬菜　04.127

Chinese cabbage-pak-choi　白菜　04.147

Chinese cabbage-pe-tsai　大白菜　04.146

Chinese chestnut　[板]栗　04.081

Chinese chive　韭菜　04.205

Chinese date　枣　04.068

Chinese flowering apple　海棠花　04.417

Chinese gooseberry　[中华]猕猴桃　04.073

Chinese horsechestnut　七叶树　04.394

Chinese ixora　龙船花　04.432

Chinese jute　苘麻　03.046

Chinese kale　芥蓝　04.159

Chinese lace-bark pine　白皮松　04.389

Chinese mahogany　香椿　04.255

Chinese mallow　冬寒菜，＊野葵菜　04.220

Chinese milk vetch　紫云英　09.226

Chinese orchid　春兰　04.335

Chinese peony　芍药　04.332

Chinese pine　油松　04.388

Chinese pink　石竹　04.281

Chinese plum　[中国]李　04.026

Chinese pulsatilla　白头翁　04.331

Chinese pumpkin　[中国]南瓜，＊倭瓜　04.188

Chinese quince　木瓜　04.019

Chinese redwood 水杉 04.385

Chinese scholar tree ［国］槐 04.393

Chinese sugar cane 竹蔗 03.055

Chinese sweetgum 枫香，＊枫树 04.395

Chinese toon 香椿 04.255

Chinese torreya 香榧，＊榧子 04.084

Chinese tulip tree 鹅掌楸 04.396

Chinese water chestnut 荸荠，＊马蹄 04.244

Chinese water pine 水松 04.382

Chinese white pear 白梨 04.006

Chinese wisteria 紫藤 04.438

chinese yam 普通山药，＊家山药 04.232

chisel plow 凿式犁 14.027

chive 细香葱，＊四季葱 04.203

Chlorophytum comosum (Thunb.) Jacques 吊兰 04.341

chlorosis 缺绿症 11.327

Chromatomyia horticola (Goureau) 豌豆潜叶蝇 11.205

chromosome engineering 染色体工程 07.064

chronic injury 慢性伤害 11.284

chronic irradiation 慢性辐照 15.084

chronic symptom 周期性症状 11.290

Chrysanthemum coronarium L. 茼蒿 04.218

Cicer arietinum L. 鹰嘴豆 02.060

Cichorium endivia L. 苦苣 04.229

cineraria 瓜叶菊 04.334

cinnamon soil 褐土 09.053

cistron 顺反子 07.083

citron 枸橼，＊香橼 04.056

citronella grass 香茅 03.020

Citrullus lanatus (Thunb.) Mansf. 西瓜 04.187

Citrus aurantifolia Swingle 来檬，＊赖母 04.052

Citrus aurantium L. 酸橙 04.046

Citrus aurantium L. var. *amara* Engl. 代代花 04.433

citrus fruit fly 柑桔大实蝇，＊柑蛆 11.218

Citrus grandis (L.) Osbeck. 柚，＊抛 04.048

Citrus hongheensis YLDL. 红河橙 04.055

Citrus hystrix DC. 马蜂橙 04.054

Citrus ichangensis Swingle 宜昌橙 04.047

Citrus limon (L.) Burm. f. 柠檬 04.050

Citrus limonia Osbeck. 檬檬，＊广东柠檬 04.051

Citrus medica L. 枸橼，＊香橼 04.056

Citrus medica L. var. *sarcodactylis* (Noot.) Swingle 佛手 04.057

Citrus microcarpa Bge. 四季桔 04.053

Citrus paradisi Macf. 葡萄柚 04.049

citrus red mite 柑桔红蜘蛛 11.219

Citrus reticulata Blanco. ［宽皮］桔 04.043

citrus rust mite 柑桔锈螨 11.220

Citrus sinensis Osbeck. 甜橙，＊广柑 04.045

Citrus unshiu Marc. 温州蜜柑 04.044

clarificant 净化剂 11.102

Clausena lansium (Lour.) Skeels 黄皮，＊黄弹子 04.060

clay soil 粘土 09.085

cleaning 清理 05.002

Cleome spinosa L. 醉蝶花，＊蜘蛛花 04.297

climate change 气候变化 13.032

climatic adaptation 气候适应，＊气候驯化 13.031

climatic anomaly 气候异常 13.034

climatic belt 气候带 13.027

climatic cabinate 人工气候箱 13.051

climatic chart 气候图 13.028

climatic cultivation limit 气候栽培界限 13.037

climatic damage 气候灾害 13.038

climatic element 气候要素 13.029

climatic factor 气候因子，＊气候因素 13.030

climatic fertility 气候肥力 13.039

climatic map 气候图 13.028

climatic potential productivity 气候生产潜力 13.041

climatic productivity 气候生产力 13.040

climatic resources 气候资源 13.036

climatic type 气候型 13.035

climatic variability 气候变率 13.033

climatic variation 气候变化 13.032

climatic zone 气候带 13.027

climatograph 气候图 13.028

Clivia miniata Reg. ［大花］君子兰 04.342

clonal rootstock 无性系砧木 10.097

clone 克隆，＊无性繁殖系 07.224

close breeding 近交，＊近亲交配 07.166

cloud amount 云量 13.209

cloudiness 降水 13.210

clover 三叶草 09.233

club root 根肿病 11.322

cluster analysis 聚类分析 08.058

clustering 聚类 15.184

Cnaphalocrocis medinalis Guenée 稻纵卷叶螟 11.166

C/N ratio 碳氮比 09.196

coated fertilizer 包衣肥料, *包膜肥料 09.182

cockscomb 鸡冠花 04.296

cocoa 可可 03.065

cocoa pruner 可可象虫 11.245

coconut 椰子 03.029

Cocos nucifera L. 椰子 03.029

COD 化学需氧量 12.102

codling moth 苹果蠹蛾 11.206

coefficient of determination 决定系数 08.101

coefficient of humidity 湿润系数 13.269

coefficient of respiration 呼吸系数 06.028

coefficient of variation 变异系数 08.097

co-factor 辅助因子 07.101

Coffea arabica L. 咖啡 03.064

coffee 咖啡 03.064

coffee bean weevil 咖啡豆象 11.242

coffee berryborer 咖啡果小蠹 11.240

coffee borer 咖啡虎天牛 11.244

coffee leafminer 咖啡潜叶蛾 11.239

coffee mealy bug 咖啡粉蚧 11.243

coffee shot-hole borer 咖啡枝小蠹 11.241

cold air advection 寒流 13.191

cold air current 寒流 13.191

cold bed 冷床 10.085

cold climate with dry winter 冬干寒冷气候 13.147

cold climate with moisture winter 冬湿寒冷气候 13.148

cold damage 低温冷害 13.187

Cold Dew 寒露 13.077

Cold Dew wind 寒露风 13.244

cold injury 冷害 06.034

cold in the late spring 倒春寒 13.192

cold mortality 冻死率 13.259

cold preservation 冷藏, *低温保藏 05.159

cold resistance 抗寒性 06.041

cold storage 冷藏库 14.105

cold waterlogged paddy field 冷浸田 09.046

cold wave 寒潮 13.190

cole vegetables 甘蓝类蔬菜 04.128

Colocasia esculenta (L.) Schott 芋[头], *芋艿 04.235

color infrared negative film 彩红外负片 15.180

colza oil 菜籽油 05.094

combine 联合收割机, *康拜因 14.071

combined seed and fertilizer drill 施肥播种机 14.050

combine harvester 联合收割机, *康拜因 14.071

Commelina communica L. 鸭跖草 04.352

commercial seed 推广种[子] 07.308

commercial variety 推广品种 07.303

common banana 芽蕉, *高脚蕉 04.088

common bean 菜豆, *四季豆 04.171

[common] beet 甜菜 03.058

common box 锦熟黄杨 04.424

common camellia 山茶 04.428

common cattail 蒲菜, *香蒲 04.250

common Chinese cabbage-pak-choi 普通白菜 04.148

common flowering quince 贴梗海棠 04.416

[common] four-o'clock 紫茉莉, *草茉莉 04.304

common garden canna 大花美人蕉 04.368

common head cabbage 结球甘蓝, *卷心菜, *洋白菜 04.155

[common] olive 油橄榄 03.027

common pear [西]洋梨 04.008

common primrose 报春花 04.295

common rush 灯心草 03.051

common stock 紫罗兰 04.302

common vetch 箭舌豌豆 09.227

compatibility 亲和性 07.197

compatible 亲和 07.117

compensation point of carbon dioxide 二氧化碳补偿点 13.097

competitive ability 竞争能力 15.100

complete fertilizer 完全肥料 09.179

complete randomized design　完全随机设计　08.035

complex fertilizer　复合肥料　09.185

composite variety　混系品种　07.281

compost　堆肥　09.218

compound solar heating system　复合太阳能加热系统　14.186

comprehensive utilization　综合利用　12.137

computer aided mapping　机助制图　15.227

condiment vegetables　香辛类蔬菜　04.126

conditioning　水分调节　05.028

confounding design　混杂设计　08.040

consultative service system　咨询服务系统　15.219

contact insecticide　触杀剂　11.107

contaminant　污染物　12.021

contamination　污染　12.020

Contarinia tritici (Kirby)　麦黄吸浆虫　11.172

continental climate　大陆[性]气候　13.138

continuous cropping　连作　10.002

continuous distribution　连续分布　07.136

continuous variable　连续[性]变量　08.054

contour farming　梯田农业　01.031

contour map　地形图　15.201

control efficiency　防治效果　11.069

control index　经济阈值，*防治指标　11.150

controlled atmosphere storage　气调贮藏，*CA贮藏　05.149

controlled pollination　控制授粉　07.262

control program　防治规划　12.049

Convallaria majalis L.　铃兰　04.355

convectional rain　对流性雨　13.230

convergent cross　聚合杂交　07.181

cooking　蒸炒　05.064

cool summer　冷夏　13.186

cool-summer damage due to delayed growth　延迟型冷害　13.188

cool-summer damage due to impotency　障碍型冷害　13.189

cool temperate belt　寒温带　13.127

cool temperate zone　寒温带　13.127

Coptotermes curvignathus Holmgren　橡胶白蚁　11.253

Corchorus capsularis L.　黄麻　03.039

cordon euryale　芡，*鸡头　04.245

core enzyme　核心酶　07.086

Coreopsis tinctoria Nutt.　蛇目菊，*金钱菊　04.291

coriander　芫荽　04.216

Coriandrum sativum L.　芫荽　04.216

corn　玉米　02.034

corn combine　玉米联合收割机　14.076

corn flour　玉米粉　05.047

cornflower　矢车菊　04.288

corn grits　玉米糁，*玉米楂　05.048

corn northern leaf blight　玉米大斑病　11.400

corn oil　玉米油　05.097

corn picker　玉米摘穗机　14.075

corn poppy　虞美人　04.293

[corn] silking　[玉米]抽丝　06.065

corn southern leaf blight　玉米小斑病　11.401

corn thresher　玉米脱粒机　14.082

corn weevil　玉米象　11.222

Coronilla varia L.　[多变]小冠花　09.234

correction　校正　08.081

correlation coefficient　相关系数　08.099

correlation index　相关指数　08.106

Corylus avellana L.　欧[洲]榛　04.083

Corylus heterophylla Fisch.　榛[子]　04.082

cosmos　波丝菊　04.289

Cosmos bipinnatus Cav.　波丝菊　04.289

Cotinus coggygria Scop.　黄栌　04.403

cotton　棉[花]　03.032

cotton aphid　棉蚜　11.185

cotton boll　棉铃　06.016

cotton bollworm　棉铃虫　11.189

cotton cleaner　清花机　14.088

cotton gin　轧花机　14.087

cotton leaf bug　棉盲蝽　11.187

cotton leafhopper　棉叶蝉　11.188

cotton leafroller　棉大卷叶螟　11.191

cotton picker　摘棉机　14.079

cottonseed oil　棉籽油　05.095

cottonycushion scale　吹绵蚧　11.221

α-counter　α计数器　15.038

counting rate　计数率　15.040

count per minute　每分钟计数　15.041

covariance　协方差　08.105

cover crop 覆盖作物 01.066

covered smut 坚黑穗病 11.403

cowpea 豇豆 04.173

cow vetch 兰花苕子 09.229

CPM 每分钟计数 15.041

crab-apple 沙果，*花红 04.013

crab cactus 蟹爪仙人掌 04.344

cracking 破碎 05.061

Crataegus pinnatifida Bge. 山楂 04.016

Crataegus pinnatifida Bge. var. *major* N. E. Brown. 山里红 04.017

crawler tractor 链轨式拖拉机 14.016

cream separator 奶油分离器 14.099

crepe 绉片 05.125

Crinum asiaticum L. 文殊兰 04.343

critical day-length 临界昼长 13.105

critical humidity 临界湿度 13.267

critical moisture point 临界湿度 13.267

critical period of growth 临界生长期 06.049

crop 作物 01.044

crop climatic adaptation 作物气候适应性 13.054

crop climatic ecotype 作物气候生态型 13.053

crop growing 作物栽培 10.024

crop inventory 作物清查 15.206

crop meteorology 作物气象 13.058

cropping index 复种指数 10.008

cropping system 种植制度 10.009

crop science 作物[科]学 01.039

cross 杂交 07.148

crossability 可交配性 07.208

cross breeding 杂交育种 07.149

cross compatibility 杂交亲和性 07.201

cross fertile 杂交可育 07.209

cross incompatibility 杂交不亲和性 07.202

cross infection· 交叉侵染 11.275

cross plowing 交叉犁耕 10.034

cross pollination 异花授粉 07.256

cross pollutant 交叉污染物 12.026

Crotalaria juncea L. 柽麻 09.231

crown grafting 冠接 10.108

crown vetch [多变]小冠花 09.234

crude fiber 粗纤维 05.106

crude oil 毛油 05.071

crude rubber 生胶 05.123

crumb structure 块状结构 09.102

crushing 破碎 05.061

cryopreservation 超低温保存 07.011

cucumber 黄瓜 04.182

Cucumis melo L. 甜瓜 04.183

Cucumis melo L. var. *conomon* Makino 越瓜，*梢瓜 04.186

Cucumis melo L. var. *flexuosus* Naud. 菜瓜 04.185

Cucumis sativus L. 黄瓜 04.182

Cucurbita ficifolia Bouché 黑子南瓜，*无花果叶瓜 04.199

Cucurbita maxima Duch. ex Lam. 笋瓜，*印度南瓜 04.189

Cucurbita moschata Duch. [中国]南瓜，*倭瓜 04.188

Cucurbita pepo L. 西葫芦，*美洲南瓜 04.190

cucurbits 瓜类蔬菜 04.132

cultivar 栽培品种 07.294

cultivator 中耕机 14.039

cultivator-hiller 中耕培土机 14.042

cultural control 栽培防治 11.007

culture 栽培 10.021

curing 腌制 05.157

curing preservation 腌渍保藏 05.152

curled mallow 皱叶冬寒菜，*葵菜 04.221

currant 穗醋栗 04.041

cutaway disk harrow 缺口圆盘耙 14.038

cut flower 切花 04.279

cutleaf coneflower 金光菊 04.318

cutworm 地老虎 11.160

cyanamide nitrogen fertilizer 氰氨态氮肥 09.268

cybrid 胞质杂种 07.187

Cycas revoluta Thunb. 苏铁，*铁树 04.386

Cyclamen persicum Mill. 仙客来，*兔耳花 04.371

Cydia inopinata Heinrich 苹小食心虫 11.207

Cydia molesta (Busck) 梨小食心虫 11.208

Cydia pomonella (L.) 苹果蠹蛾 11.206

Cydonia oblonga Mill. 榲桲 04.020

Cylas formicarius (Fabricius) 甘薯小象虫 11.183

Cymbidium goeringii Rchb. f. 春兰 04.335

Cymbopogon citratus (DC.) Stapf. 香茅 03.020

Cynara scolymus L. 朝鲜蓟 04.260

cypressvine starglory 羽叶茑萝 04.311

cytomixis 细胞融合 07.123

cytoplasmic incompatibility 细胞质不亲和性 07.205

cytoplasmic male sterile 细胞质雄性不育 07.214

cytoplasmic mutation [细]胞质突变 07.043

D

Dahlia pinnata Cav. 大丽菊 04.354

Dahurian larch [兴安]落叶松 04.380

daily mean temperature 日平均温度 13.149

daily range 日较差, * 日振幅 13.100

daily variation 日变化 13.099

dairy farm 奶牛场 14.112

dAMP 脱氧腺苷酸 07.131

dampening 着水 05.030

damping-off 猝倒病 11.323

data 数据 08.049

data code 数据编码 15.223

data compression 数据压缩 15.196

data construction 数据结构 15.224

data format 数据格式 15.197

date 棕枣, * 海枣 04.096

dateplum 君迁子, * 软枣 04.067

Daucus carota L. 胡萝卜 04.139

Davidia involucrata Baill. 珙桐, * 鸽子树 04.401

David peach 山桃 04.024

dayflower 鸭跖草 04.352

day length 昼长 13.101

daylily 黄花菜, * 金针菜 04.256

day-night rhythm 昼夜节律 13.102

day without frost 无霜日 13.249

dCMP 脱氧胞苷酸 07.132

deacidification 脱酸 05.080

deactivation of enzymes 杀青 05.109

dead heart 枯心 11.144

decay constant 衰变常数 15.122

decay curve 衰变曲线 15.123

decay product 衰变产物 15.124

decay rate 衰变率 15.125

deciduous fruit tree 落叶果树 04.002

decission support system 决策支持系统 15.218

decontamination 去污 15.067

deep placement 深施 09.211

deep plowing 深耕 10.039

deep water rice 深水稻 02.003

defense reaction 保卫反应 11.281

degeneracy 简并[性] 07.102

degree-day 度日 13.175

degree of freedom 自由度 08.074

degumming 脱胶 05.078

dehydrated vegetable 脱水蔬菜 05.138

dehydration 脱水 14.162

delavay rhododendron 马缨杜鹃 04.421

deletion 缺失 07.114

Delphinium ajacis L. 飞燕草, * 洋翠雀 04.300

denaturation 变性 07.099

Dendranthema morifolium (Ramat.) Tzvel. 菊花 04.315

dendrobium 密花石斛 04.338

Dendrobium densiflorum Wallich 密花石斛 04.338

density-dependent factor 密度制约因子 11.128

density-independent factor 非密度制约因子 11.129

density slicing 密度分割 15.189

dent corn 马齿[型]玉米 02.036

deordorization 脱臭 05.076

deoxyadenylic acid 脱氧腺苷酸 07.131

deoxycytidylic acid 脱氧胞苷酸 07.132

deoxyguanylic acid 脱氧鸟苷酸 07.133

deoxyribonucleic acid 脱氧核糖核酸, * DNA 07.130

dependent variable 依变量 08.052

depth of freezing 冻结深度 13.256

derived-line method 派生系统法 07.270

desalinization 脱盐 09.089

desalting 脱盐 09.089

desertification 荒漠化 12.120

desertization 沙漠化 12.119

detaching 松粉 05.035

determinate growth 有限生长 06.081

development stage estimation 生育期预测 15.208

deviation from mean 离均差 08.070

dewaxing 脱蜡 05.083

DF 自由度 08.074

dGMP 脱氧鸟苷酸 07.133

diallel cross 双列杂交 07.179

diamond-back moth 小菜蛾 11.203

Dianthus barbatus L. 须苞石竹, *美国石竹 04.282

Dianthus caryophyllus L. 香石竹, *康纳馨 04.329

Dianthus chinensis L. 石竹 04.281

diapause 滞育 11.123

Dicentra spectabilis (L.) Lem. 荷包牡丹 04.320

Dichocrocis punctiferalis Guenée 桃蠹螟 11.215

dieback 梢枯 11.315

dielectric heating 介电加热 14.167

diffusion coefficient 扩散系数 09.166

digital filter 数字滤波器 15.183

digital image 数字图象 15.182

diked field 围田 09.037

dill 莳萝 04.228

dilution coefficient 稀释系数 12.030

Dimocarpus longan Lour. 龙眼, *桂圆 04.093

Dioscorea alata L. 田薯, *大薯 04.233

Dioscorea batatas Decne 普通山药, *家山药 04.232

Diospyros kaki L. f. 柿 04.066

Diospyros lotus L. 君迁子, *软枣 04.067

directional selection 定向选择 07.229

direct seeding 直播 10.057

discontinuous distribution 间断分布 07.137

discrete variable 间断[性]变量 08.055

discriminant function 判别函数 08.087

discrimination of plant species 植物种类识别 15.177

disease cycle 病害循环 11.262

disease diagnosis 疾病诊断 15.106

disease-escaping 避病性 11.270

disease index 发病指数 11.260

disease monitoring 病害监测 11.263

disease resistance 抗病性 06.043

disease tolerance 耐病性 11.271

disinfectant 消毒剂 11.096

disintegration constant 衰变常数 15.122

disintigration per minute 每分钟衰变 15.042

disk harrow 圆盘耙 14.035

disk plow 圆盘犁 14.026

disposal of refuse 垃圾处置 12.135

disposition of farm machineries 农机配备 14.005

disruptive selection 歧化选择 07.231

dissolved oxygen 溶解氧 12.101

distance isolation 空间隔离 07.310

distant grafting 远缘嫁接 10.114

distant hybrid 远缘杂种 07.284

distribution system 配水系统 14.142

ditch compost 草塘泥 09.254

ditching plow 开沟犁 14.033

diurnal variation 日变化 13.099

DNA 脱氧核糖核酸, *DNA 07.130

DNA cross-linking DNA 交联 07.135

DNA recombination DNA 重组 07.134

DO 溶解氧 12.101

dogbane 罗布麻 03.047

Dolichos lablab L. 扁豆 04.175

domestic quarantine 国内检疫 11.005

domestic sewage 生活污水 12.088

dominance effect 显性效应 07.034

donor 供体 07.140

dormancy 休眠, *蛰伏 11.122

dosage 剂量 11.077

dose 剂量 11.077

dose effect 剂量效应 07.033

dose-effect curve 剂量效应曲线 11.089

dose fractionation 剂量划分 11.081

dose rate 剂量率 11.080

dosimeter 剂量计 11.078

dosimetry 剂量测定 11.082

double cropping 二熟 10.011

double cropping rice 双季稻 02.009

double cross 双交 07.160

double cross hybrid 双交种 07.288

double working 二重接 10.106

dough stage 蜡熟 06.060

dove tree 珙桐, *鸽子树 04.401

downy mildew 霜霉病 11.329

DPM 每分钟衰变 15.042

dragon spruce 云杉 04.387

drainage 排水 14.137

dressing 追施 09.209

drill 条播机 14.045

drilling 条施 09.212, 条播 10.060

drilling width 播幅 10.061

drip irrigation 滴灌 14.133

drooping silene 矮雪轮 04.305

drought 干旱 13.196

drought tolerant crop 耐旱作物 01.061

drummond phlox 福禄考 04.313

dry ashing 干灰化 15.070

dry-hot wind 干热风 13.204

drying preservation 干[制保]藏 05.162

dry land 旱地 09.018

dryland farming 旱地农业 01.035

Dryocoetes coffeae Egg 咖啡枝小蠹 11.241

dry precipitation 干沉降 12.078

dry rot 干腐 11.336

dry-seeded rice 水稻旱播 10.065

dry vegetable 干菜 05.139

dry weight 干重 07.337

DSS 决策支持系统 15.218

duplication 复制 07.115

duration of frost-free period 无霜期 13.250

durian 榴莲, *韶子 04.102

Durio zibethinus L. 榴莲, *韶子 04.102

durum wheat 硬粒小麦 02.016

duster 喷粉机 14.063

dusting 喷粉 11.071

dwarf 矮化 11.306

dwarf banana 香蕉, *矮脚蕉 04.089

dwarfing culture 矮化栽培 10.030

dwarfing rootstock 矮化砧 10.100

dye crop 染料作物 01.078

E

earliness 早熟性 06.087

early frost 早霜 13.245

early generation test 早代测验 07.227

early rice 早稻 02.005

earth temperature 地温 13.170

ear-to-row method 穗行法 07.249

ear-to-row test 穗行试验 08.022

easter lily [麝]香百合 04.363

Echinocactus grusonii Hildm. 金琥 04.375

ecological agricultural model 生态农业模式 12.072

ecological agriculture 生态农业 01.027

ecological balance 生态平衡 12.059

ecological crisis 生态危机 12.061

ecological disturbance 生态失调 12.060

ecological equilibrium 生态平衡 12.059

ecological simulation 生态模拟 15.222

economic crop 经济作物 01.071

economic injury level 经济允许水平 11.149

economic threshold 经济阈值, *防治指标

11.150

ecosphere 生态圈 12.050

ectoparasite 外寄生物 11.368

Ectropis grisescens Warreh 茶尺蠖 11.233

edaphology 农业土壤学 01.013

edge enhancement 边缘增强 15.194

edible amaranth 苋菜 04.214

edible burdock 牛蒡 04.143

edible fungi 食用菌类 04.137

edible snake gourd 蛇[丝]瓜 04.198

edible vegetable oil 食用植物油 05.088

effective accumulated temperature 有效积温

13.168

effective precipitation 有效降水量 13.212

effective radiation 有效辐射 13.119

effective rainfall 有效雨量 13.217

effective temperature 有效温度 13.158

effective tiller 有效分蘖 06.008

efficiency for solar energy utilization 光能利用率

13.110

egg parasite 卵寄生物 11.050

eggplant 茄子 04.167

Eichhornia crassipes (Mart.) Solms. 水葫芦 09.239

eigenvalue 特征值 08.121

Elaeagnus angustifolia L. 沙枣，＊桂香柳 04.070

Elaeis quineensis Jacq. 油棕 03.026

electric fence 电围栏 14.100

electric hover 电育雏伞 14.102

electrocorona seed cleaner 电晕种子清选机 14.197

electron beam irradiation 电子束辐照 15.013

electron spin resonnance 电子自旋共振 15.021

Eleocharis dulcis (Burm. f.) Trin. ex Henschel 荸荠，＊马蹄 04.244

elephant-foot yam [花]魔芋，＊蒟蒻 04.237

Eleusine coracana (L.) Gaertn. 穇[子]，＊龙爪稷 02.049

ELISA 酶联免疫吸收分析 15.030

ELISA kit ELISA 药盒 15.037

elongation stage 拔节期 06.052

eluviation 淋滤，＊淋溶 09.173

emasculation 去雄 07.253

emblic 余甘子，＊油柑 04.110

embryo culture 胚培养 07.070

embryo grafting 胚嫁接 07.093

emergency crop 救荒作物 01.057

Empoasca biguttula Shiraki 棉叶蝉 11.188

Empoasca pirisuga Matsumura 茶小绿叶蝉 11.237

emulsifier 乳化剂 11.117

endive 苦苣 04.229

End of Heat 处暑 13.074

endomixis 内融合 07.124

endoparasite 内寄生物 11.369

English daisy 雏菊，＊长命菊 04.283

English grain aphid 麦长管蚜 11.175

English ivy 常春藤 04.442

enrichment 强化 05.086

entoleting 撞击杀虫 05.042

environmental appraisal 环境评价 12.008

environmental assessment 环境评价 12.008

environmental capacity 环境容量 12.006

environmental control for agricultural building 农业建筑环境控制 14.119

environmental deterioration 环境恶化 12.010

environmental forecasting 环境预测 12.014

environmental guidline 环境准则 12.007

environmental hazard 环境危害 12.009

environmental index 环境指数 12.012

environmental parameter 环境参数 12.013

environmental resources 环境资源 12.004

environmental simulation 环境模拟 12.015

environmental standard 环境标准 12.005

environmental toxicity 环境毒性 12.011

enzyme engineering 酶工程 07.061

enzyme-linked immunosorbent assay 酶联免疫吸收分析 15.030

epiphyllum 昙花 04.347

Epiphyllum oxypetalum (DC.) Haw. 昙花 04.347

epiphytology 植物流行病学 11.317

equatorial climate 赤道气候 13.140

equipluves 等雨量线 13.218

eradicant 铲除剂 11.097

erect type peanut 直立型花生 03.006

Eriobotrya japonica Lindl. 枇杷 04.018

Eriosoma lanigerum (Hausmann) 苹果绵蚜 11.211

eroded soil 侵蚀土壤 09.081

Eschscholzia californica Cham. 花菱草 04.298

ESR 电子自旋共振 15.021

essential element 必需元素 09.259

essential oil [香]精油 05.089

establishing 定苗 10.076

estimate 估[计]值 08.132

estimation 估计 08.082

Etiella zinckenella (Treitschke) 豆荚螟 11.194

etiology 病原学 11.258

eucommia 杜仲 03.068

Eucommia ulmoides Oliv. 杜仲 03.068

Eugenia jambos L. 蒲桃 04.103

Euonymus fortunei (Turcz.) Hand.-Mazz. 扶芳藤 04.441

Euonymus japonicus Thunb. 大叶黄杨 04.426

euploid 整倍体 07.047

Euproctis pseudoconspersa Strand 茶毛虫 11.231

European corn borer 欧洲玉米螟 11.178

European grape 欧洲葡萄 04.063

European pear ［西]洋梨 04.008

European plum 欧洲李, ＊洋李 04.027

European red mite 苹果红蜘蛛 11.213

Euryale ferox Salisb. 芡, ＊鸡头 04.245

evaporation from land surface 地面蒸发 13.274

evaporation index 蒸发指数 13.277

evaporation suppressor 蒸发抑制剂 13.281

evapotranspiration 蒸散 13.279

evening primrose 月见草, ＊夜来香 04.328

evergreen fruit tree 常绿果树 04.003

exchangeable base 交换性盐基 09.199

exchangeable potassium 交换性钾 09.200

exchange capacity 交换量 09.197

expected mean square 期望均方 08.073

expected value 期望值 08.128

experimental design 试验设计 08.006

experimental error 试验误差 08.077

experimental planting plan 试验种植计划书 08.005

experimental plot 试验小区 08.007

exposure dose 辐照量 15.115

exposure rate 辐照率 15.114

exposure-to-dose conversion coefficient 辐照量剂量转换系数 15.016

ex situ conservation 异地保存 07.012

extensive agriculture 粗放农业 01.032

extensive farming 粗放农业 01.032

extinction coefficient 消光系数 13.114

extrusion 挤压膨化 05.167

extrusion processing 挤压加工 14.158

F

F₁ 杂种第一代 07.152

F₂ 杂种第二代 07.153

faba bean 蚕豆 02.053

Fagopyrum esculentum Moench 荞麦 02.028

Fagopyrum tataricum (L.) Gaertn. 苦荞[麦] 02.029

Fahrenheit thermometric scale 华氏温标 13.154

fallout 落下灰 15.068

fallow 休闲 10.004

fallow land 休耕地 09.023

false color 假彩色 15.181

family 家系 07.244

farm implement 农机具 14.011

farming system 耕作制, ＊农作制 10.001

farmland capital construction 农田基本建设 14.151

farmyard manure 农家肥 09.217

farrowing house 猪产房 14.116

fasciation 带化 11.310

fast neutron 快中子 15.127

fa-tsai 发菜 04.266

fattening house 育肥猪舍 14.117

feature extraction 特征提取 15.190

fecundity 生殖力 11.124

feeding deterrent 取食抑制剂 11.035

feeding habit 取食习性, ＊食性 11.135

feeding stimulant 取食刺激剂 11.034

female parent 母本 07.145

female sterile 雌性不育 07.216

fennel 茴香 04.215

fermentation 发酵 05.111

fermentation engineering 发酵工程 07.062

fertigation 加肥灌溉 09.202

fertile land 肥地 09.026

[fertility] restoring gene [育性]恢复基因 07.030

fertilizer application 施肥 09.201

fertilizer demand 需肥量 09.178

fertilizer distributor 施肥机 14.057

fertilizer effect 肥料效应 09.248

fertilizer efficiency 肥料效率 09.177

fertilizer grade 肥料品位 09.258

fertilizer placement 施肥位置 09.207

fertilizer requirement 需肥量 09.178

fertilizer source 肥源 09.247

fiber crop　纤维作物　01.072

Ficus carica L.　无花果　04.072

Ficus elastica Roxb.　橡皮树　04.407

γ-field　γ圃　15.010

field crop　大田作物　01.045

field culture　露地栽培　10.028

field ditch　毛渠　14.149

field ecosystem　农田生态系统　09.033

field experiment　田间试验　08.013

field gene bank　种质圃　07.015

field management　田间管理　10.072

field microclimate　农田小气候　13.049

field pea　紫花豌豆　02.055

field-pond system　基塘系统　12.074

field release　田间释放　15.102

field safeguarding forest　农田防护林　12.068

field technique　田间技术　08.014

field water requirement　田间需水量　09.152

fig　无花果　04.072

fig-leaf gourd　黑子南瓜，＊无花果叶瓜　04.199

filbert　欧[洲]榛　04.083

filial generation　子代　07.147

filtration　过滤　05.074

filtration irrigation　渗灌　14.134

fine manipulation of green tea leaves　做青　05.113

finger citron　佛手　04.057

finger millet　穆[子]，＊龙爪稷　02.049

Firmiana simplex (L.) W. F. Wight　梧桐
　04.397

First Frost　霜降　13.078

first frost　初霜　13.247

first plowing　初耕　10.037

fixed model　固定模型　08.113

flag leaf　旗叶　06.011

flag smut　秆黑粉病　11.394

flaking　轧胚　05.063

flat peach　蟠桃　04.022

flax　亚麻　03.042

fleck　斑点　11.296

flood　洪涝　13.197

flood-freezing injury　冻涝害　13.257

flooding irrigation　漫灌　14.128

flood land　河漫滩地　09.030

floral diagram　花图式　04.278

floriculture　花卉栽培　10.027

Florist's chrysanthemum　菊花　04.315

flour blending　面粉搭配，＊配粉　05.041

flour mill　磨粉机　14.086

flour milling　制粉　05.024

flour treatment　面粉处理　05.040

floury product separation　糠秕分离　05.017

flower arrangement　花卉布置　04.272

flower bud dropping　落蕾　06.068

flower bug　花蝽　11.053

flower decoration　花卉装饰　04.273

flowering almond　榆叶梅　04.414

flowering Chinese cabbage　菜薹，＊菜心　04.150

flowering peach　碧桃　04.400

flowering stage　开花期　06.057

flower thinning　疏花　10.123

flower vegetables　花菜类蔬菜　04.124

fluid-bed drying　流化床干燥　05.142

fluidized-bed drying　流化床干燥　05.142

flume　渡槽　14.157

fluorescence　荧光　15.131

fodder beet　饲用甜菜　03.061

Foeniculum vulgare Mill.　茴香　04.215

fogger　喷烟机　14.065

foliar application　叶面施肥　09.204

following crop　后作[物]　10.016

food chain　食物链　11.142

food crop　食用作物　01.067

food irradiation technique　食品辐照技术　15.089

food preservation　食品保藏　15.088

forage crop　饲料作物　01.086

forecast　预测　11.016，预报　11.017

forecast of damage　危害程度预测　11.022

forecast of distribution　分布预测　11.019

forecast of emergence period　发生期预测　11.020

forecast of emergence size　发生量预测　11.021

forecast of epiphytotic　植物病害流行预测　11.264

foreign seeds extraction　精选　05.032

forest conservation　森林保护　12.065

Fortunella japonica (Thunb.) Swingle　圆金柑
　04.058

Fortunella margarita (Lour.) Swingle　金桔，＊罗浮，＊牛奶金桔　04.059

foundation seed　原种　07.306

foundation seed nursery　原种圃　07.307

fowl dung　禽肥　09.221

fox grape　美洲葡萄　04.064

foxtail millet　粟　02.047

Fragaria chiloensis Duch.　智利草莓　04.037

fragrant plantain lily　玉簪　04.322

frameshift　移码　07.112

francket groundcherry　酸浆　04.170

freesia　小苍兰，＊香雪兰　04.360

Freesia hybrida L. H. Bailey　小苍兰，＊香雪兰　04.360

freeze drying　冷冻干燥　05.147

freeze preservation　冻藏，＊冷冻保藏　05.161

freezing injury　冻害　06.036

freezing rain　冻雨　13.228

freezing temperature　冻结温度　13.161

French marigold　孔雀草，＊红黄草　04.286

frequency distribution　频数分布　08.084

Fresh Green　清明　13.065

fresh weight　鲜重　07.336

frigid belt　寒带　13.128

frigid zone　寒带　13.128

fringed iris　蝴蝶花　04.324

frost flower　荷兰菊　04.317

frost-free day　无霜日　13.249

frost-free season　无霜期　13.250

frost heaving　冻拔　13.260

frost hole　霜穴　13.252

frost hollow　成霜洼地，＊霜洼　13.253

frost injury　霜害　06.035

frost-killing　冻死，＊霜冻致死　13.258

frostless zone　无霜带　13.251

frost pocket　成霜洼地，＊霜洼　13.253

frozen rain　冻雨　13.228

frozen soil　冻土　09.090

fruice　果汁　05.127

fruit bearing habit　结果习性　06.074

fruit bearing shoot　结果枝　06.004

fruit dropping　落果　06.071

fruit essence　水果香精　05.134

fruit growing　果树栽培　10.025

fruiting period　结果期　06.076

fruit jam　果酱　05.129

fruit jelly　果冻　05.130

fruit juice　果汁　05.127

fruit nectar　果肉饮料　05.128

fruit nursery stock　果树苗木　04.005

fruit paste　果泥　05.131

fruit pulp　果泥　05.131

fruit science　果树学　04.001

fruit setting　座果　06.073

fruit spur　短果枝　06.005

fruit squash　果肉饮料　05.128

fruit thinning　疏果　10.122

fruit vegetables　果菜类蔬菜　04.125

fruit vinegar　果醋　05.133

fruit wine　果酒　05.132

F-test　*F* 检验　08.126

fuel-saving stove　省柴灶　14.189

full bearing period　盛果期　06.077

full ripe　完熟　06.062

full-sib mating　全同胞交配　07.170

full stand　全苗　10.074

fumigant　熏蒸剂　11.098

function　函数　08.086

functional leaf　功能叶　06.012

fungicide　杀菌剂　11.094

fungus　菌物　11.339

furrow　犁沟　10.046

furrow application　沟施　09.213

furrow irrigation　沟灌　14.129

fusarium wilt　枯萎病　11.398

fused calcium magnesium phosphate　钙镁磷肥　09.273

F-value　*F* 值　08.130

G

Gaillardia pulchella Foug.　天人菊　04.316

gall　瘿瘤　11.330

gametic selection 配子选择 07.238

gametophytic self-incompatibility system 配子体自交不亲和系统 07.206

gantry cultivating system 桥式耕作系统 14.020

Garcinia mangostana L. 山竹子，*倒捻子 04.107

garden balsam 凤仙花 04.294

garden beet 菜用甜菜 03.060

Gardenia jasminoides Ellis 栀子 04.431

garden nasturtium 旱金莲，*金莲花 04.319

garden rhubarb 食用大黄 04.262

garden sorrel 酸模 04.263

garland chrysanthemum 茼蒿 04.218

garlic 大蒜 04.207

gasification 气化 14.178

gemnivirus 联体病毒 11.360

gene bank 基因库 07.028

gene bank accession 基因库材料 07.016

gene library 基因文库 07.017

gene pool 基因源 07.029

general combining ability 一般配合力 07.233

genetic drift 遗传漂变 07.024

genetic engineering 遗传工程，*基因工程 07.060

genetic erosion 遗传侵蚀，*遗传冲刷 07.019

genetic gain 遗传获得量 07.246

genetic integrity 遗传完整性 07.018

genetic resources 遗传资源 07.010

gene transfer 基因转移 07.036

genic male sterile line 核雄性不育系 07.219

genic sterility 基因性不育 07.037

geographic information system 地理信息系统 15.217

geoisotherms 等地温线 13.174

geometrical attenuation 几何衰减 15.119

geometric correction 几何校正 15.204

geometric mean 几何[平]均数 08.061

geothermal gradient 地温梯度 13.173

geothermoenergy 地热能 14.176

germination rate 发芽率 07.333

germination test 发芽试验 07.332

germination vigor 发芽势 07.334

germplasm 种质 07.001

germplasm resources *种质资源 07.010

germplasm storage 种质储存 07.094

ginger 姜 04.234

ginkgo 银杏，*白果 04.085

Ginkgo biloba L. 银杏，*白果 04.085

ginned cotton 皮棉 05.104

GIS 地理信息系统 15.217

Gladiolus hybridus Hort. 唐菖蒲，*剑兰 04.369

glaze 雨凇 13.241

gley horizon 潜育层 09.096

globe amaranth 千日红 04.312

gloxinia 大岩桐 04.350

gluten 面筋 05.045

glutinous rice 糯稻 02.013，糯米 05.020

glutinous sorghum 糯高粱 02.044

Glycine max (L.) Merr. 大豆，*黄豆 03.001

Glycine soja Sieb. et Zucc. 野生大豆 03.002

Glyptostrobus lineatus (Poir.) Druce 水松 04.382

golden-ball cactus 金琥 04.375

golden larch 金钱松 04.381

Gomphrena globosa L. 千日红 04.312

gooseberry 醋栗 04.040

Gossypium arboreum L. 亚洲棉 03.035

Gossypium barbadense L. 海岛棉 03.034

Gossypium herbaceum L. 草棉，*非洲棉 03.036

Gossypium hirsutum L. 陆地棉 03.033

gourd vegetables 瓜类蔬菜 04.132

grafting 嫁接 10.094

grafting affinity 嫁接亲和力 10.111

grafting chimaera 嫁接嵌合体 10.113

graft union 嫁接结合部 10.112

grain crop 谷类作物 01.068

grain drier 谷物干燥机 14.091

Grain in Ear 芒种 13.069

Grain Rain 谷雨 13.066

gramineous green manure 禾本科绿肥 09.225

granary 粮仓 14.104

granary weevil 谷象 11.224

granular fertilizer 颗粒肥料 09.183

granular-fertilizer distributor 施颗粒肥机 14.058

granular insecticide 颗粒杀虫剂 11.106

grape 葡萄 04.062

grapefruit 葡萄柚 04.049

grape phylloxera 葡萄根瘤蚜 11.216

grassland climate 草原气候 13.136

grassland farming 草地农业 01.038

gravity selection 重力分级 05.027

gravity separation 比重分选 05.007

gray 戈瑞 15.044

Greater Cold 大寒 13.084

Greater Heat 大暑 13.072

Greek-Latin square design 希腊拉丁方设计 08.038

greenbug 麦二叉蚜 11.176

greenhouse 温室 14.106

γ-greenhouse γ温室 15.009

greenhouse carbon dioxide enrichment 温室二氧化碳加浓 14.120

greenhouse culture 温室栽培 10.125

greenhouse effect 温室效应 13.177

greenhouse heating 温室加热 14.121

greenhouse management 温室管理 10.124

greenhouse ventilation 温室通风 14.122

green manure 绿肥 09.223

green manure crop 绿肥作物 01.085

greenness index 绿度值 15.212

green peach aphid 桃蚜, ＊烟蚜 11.195

greenstripe common bamboo 黄金间碧玉竹 04.447

green tea 绿茶 05.107

grey desert soil 灰漠土 09.059

grey level 灰度 15.169

grey scale 灰度 15.169

grinding 碾磨 05.034

grists 玉米糁, ＊玉米楂 05.048

gross-crop rotation 草田轮作 10.007

ground beetle 步甲 11.052

ground inversion 地面逆温 13.172

ground temperature 地面气温 13.171

growing period 生长期 06.048

growth habit 生长习性 06.080

growth rate 生长率 06.083

guard row 保护行 08.018

guava 番石榴 04.100

guayule 银胶菊 03.069

gummosis 流胶病 11.328

Gy 戈瑞 15.044

H

habitat 生境 12.063

hail 雹 13.242

hail damage 雹害 13.198

hairy vetch 毛叶苕子 09.228

half-open shed 半开放式棚 14.114

half-sib mating 半同胞交配 07.171

Hami melon 哈密瓜 04.184

hammer mill 锤式粉碎机 14.090

hand tractor 手扶式拖拉机 14.017

haploid breeding 单倍体育种 07.268

hardening 锻炼 06.031

hardening of seedling 蹲苗 10.077

hard wheat 硬质小麦 02.021

hardy vegetable 耐寒蔬菜 04.120

harmful side effect 有害副作用 15.118

harmonic mean 调和[平]均数 08.062

harrowing 耙地 10.048

harvesting 收割 10.081

hatcher 孵卵机 14.101

hawthorn 山楂 04.016, 山里红 04.017

hawthron spider mite 山楂红蜘蛛 11.214

hay rake 搂草机 14.093

hay stacker 堆草机 14.094

hazard analysis 危害分析 15.069

head-feed rice combine 半喂入水稻联合收割机 14.078

heading stage 抽穗期 06.054, 结球期 06.067

head lettuce 结球莴苣 04.211

heat balance 热量平衡 13.185

heat conductivity 导热率 13.181

heat drying 加温干燥 07.339

heat resources 热量资源 13.184

heat tolerance 耐热性 06.037

heat tolerant vegetable 耐热蔬菜 04.117

heat wave 热浪 13.183

heavenly bamboo 南天竹 04.434

heavy rain 大雨 13.224

Heavy Snow 大雪 13.081

heavy soil 粘重土壤 09.082

Hedera helix L. 常春藤 04.442

Helianthus annuus L. 向日葵 03.018

Helianthus tuberosus L. 菊芋,＊洋姜 04.240

Helichrysum bracteatum (Venten.) Andr. 麦秆菊 04.285

Helicoverpa armigera (Hübner) 棉铃虫 11.189

Helicoverpa assulta Guenée 烟青虫 11.196

Hellula undalis Fabricius 菜螟 11.204

Hemerocallis fulva L. 萱草 04.326

hemp 大麻 03.043

herbicide 除草剂 11.113

heritability 遗传力,＊遗传率 07.023

Hessian fly 黑森瘿蚊 11.173

heterobeltiosis 超亲优势 07.157

heteroecism 转主寄生 11.364

heterogeneity 异质性 07.121

heterokaryosis 异核现象 07.103

heterosis 杂种优势 07.155

Hevea brasiliensis (H. B. K.) Muell.-Arg. ［巴西］橡胶树,＊三叶橡胶树 03.067

Hibiscus cannabinus L. 红麻 03.040

high-frequency drying 高频干燥 05.144

high-temperature short-time processing 短时高温加工 14.164

hill-drop planter 穴播机 14.047

hilling 培土 10.080

hill seeding 点播 10.059

hillside land 山田 09.041

hill spacing 穴距 10.070

hill upland 山田 09.041

Himalayan cedar 雪松 04.379

hindu lotus 莲藕 04.241

histogram 柱形图 08.067

Hodgsonia macrocarpa (Bl.) Cogn. 油渣果 03.024

hoeing 锄地 10.078

hole application 穴施 09.214

holoenzyme 全酶 07.085

Holsts snapweed 何氏凤仙,＊玻璃翠 04.351

homogeneity 同质性 07.120

homogeneity test 同质性检验 08.030

homogeneous set 同类群 15.185

honey clover 白花草木樨 09.230

honeysuckle 金银花 04.439

Honghe papeda 红河橙 04.055

hongqing 烘青 05.118

Hopkin's bioclimatic law 霍普金生物气候律 13.052

Hordeum vulgare L. ［皮］大麦 02.022

Hordeum vulgare L. ssp. *distichon* (L.) Koern. 二棱大麦 02.023

Hordeum vulgare L. ssp. *intermedium* (L.) Koern. 中间型大麦 02.025

Hordeum vulgare L. ssp. *vulgare* (L.) Orlov. 多棱大麦 02.024

Hordeum vulgare L. var. *nudum* Hook. f. 裸大麦,＊元麦,＊青稞 02.026

horizontal resistance 水平抗性 11.032

horned holly 枸骨 04.436

horse bean 蚕豆 02.053

horse-radish 辣根 04.259

horsetail beefwood 木麻黄 04.406

horticultural crop 园艺作物 01.083

horticulture 园艺学 01.003

host 寄主 11.363

Hosta plantaginea (Lam.) Asch. 玉簪 04.322

host plant 寄主植物 11.134

host range 寄主范围 11.366

host selection 寄主选择性 11.062

host specificity 寄主专一性 11.061

hot bed 温床 10.086

hot bed culture 温床栽培 10.088

hot damage 热害 13.195

hot pepper 辣椒 04.168

hot spot [in mutation] 突变易发点,＊突变热点 07.041

hsien rice 籼稻 02.011

humid climate 湿润气候,＊潮湿气候 13.144

humidification 增湿作用 13.270

humid temperate climate 湿润温和气候 13.146

humification 腐殖化 09.094

humus 腐殖质 09.093

husked rice separation 谷糙分离 05.011

husking 脱壳 05.008，砻谷 05.009

husk separation 谷壳分离 05.010

hyacinth 风信子 04.356

Hyacinthus orientalis L. 风信子 04.356

hybrid 杂种 07.151

hybrid combination 杂交组合 07.154

hybrid corn 杂交玉米 02.042

hybridization 杂交育种 07.149

hybrid rice 杂交[水]稻 02.014

hybrid sorghum 杂交高粱 02.045

hybrid sterility 杂种不育性 07.210

hybrid vigor 杂种优势 07.155

hydration 水化 05.077

hydrogenation 氢化，* 加氢作用 05.085

hydromelioration 水利土壤改良 14.124

hydroponics 水培 10.032

hygroscopic coefficient 吸湿系数 13.271

hyperparasitism 重寄生 11.042

hyperplasia 增生 11.307

hypersensitivity 过敏性 11.267

hypertrophy 疯长，* 过度生长 11.308

hypothesis test 假设检验 08.032

hythergraph 温度雨量图，* 温湿图 13.176

I

Icerya purchasi Maskell 吹绵蚧 11.221

Ichang papeda 宜昌橙 04.047

ichneumon fly 姬蜂 11.060

IDA 同位素稀释分析 15.033

identification 识别 15.176

ideotype 理想株型 07.232

Ilex cornuta Lindl. ex Paxt. 枸骨 04.436

image composition 图象合成 15.195

image interpretation 图象判读，* 图象解译 15.164

image processing 图象处理 15.163

immune 免疫 11.382

immunity 免疫性 11.383

Impatiens balsamina L. 风仙花 04.294

Impatiens wallerana Hook. f. 何氏凤仙，* 玻璃翠 04.351

imperfect fungus 半知菌 11.341

imperial japanese morning glory 大花牵牛，* 大喇叭花 04.310

imported cabbageworm 菜粉蝶 11.202

improved variety 改良品种 07.302

improvement of soil fertility 土壤培肥 09.072

inbred line 自交系 07.222

inbreeding 近交，* 近亲交配 07.166

inbreeding coefficient 近交系数 07.173

inbreeding depression 近交退化 07.174

incompatibility 不亲和性 07.198

incubation period 潜育期 11.294

incubator 孵卵机 14.101

independent variable 自变量 08.051

indeterminate growth 无限生长 06.082

India canna 美人蕉 04.367

Indian azalea 杜鹃 04.420

Indian fig 仙人掌 04.374

Indian meal moth 印度谷螟 11.226

India-rubber fig 橡皮树 04.407

indica rice 籼稻 02.011

indicator organism 指示生物 12.080

individual plant selection 单株选择 07.236

induced radioactivity 诱发放射性 15.134

industrial crop 工业原料作物 01.070

ineffective tiller 无效分蘖 06.009

infection 侵染 11.272

infectious disease 侵染性病害 11.255

infectivity 侵染性 11.273

infertile land 瘠地 09.027

infiltration 入渗 09.171

infiltration rate 入渗率 09.172

infrared drying 红外线干燥 05.143

infrared heating 红外线加热 14.195

infrared scanning 红外扫描 15.161

injury 伤害 11.283

injury by warm winter 暖冬害 13.193

inorganic fertilizer 无机肥料 09.256

inorganic waste water　无机废水　12.087

insect disinfestation　杀虫　15.091

insect gall　虫瘿　11.143

insecticide　杀虫剂　11.095

insect mass-rearing plant　养虫工厂　15.104

insect survey　虫情调查　11.018

in situ conservation　原地保存　07.013

integrated control　综合防治　11.012

integrated pest management　有害生物综合治理　11.013

integrating dosimeter　积分剂量计　11.079

intensity of illumination　光照强度　13.106

intensive agriculture　集约农业　01.033

intensive farming　集约农业　01.033

interaction　交互作用　08.080

intercropping　间作　10.018

intercrossing　互交　07.172

intergeneric cross　属间杂交　07.175

intermating　互交　07.172

intermedium barley　中间型大麦　02.025

intermitant irradiation　间歇辐照　15.082

inter-mutant hybrid　突变体间杂交种　15.087

international quarantine　国际检疫　11.006

interspecific cross　种间杂交　07.176

interstock　中间砧　10.099

intertillage crop　中耕作物　01.058

intervarietal cross　品种间杂交　07.177

intervarietal hybrid　品种间杂种　07.285

introduced variety　引进品种　07.304

introgressive hybridization　渐渗杂交　07.182

intron　内含子　07.080

inverse-square law　平方反比定率　15.142

inversion　倒位　07.116

in vitro conservation　离体保存　07.014

in vitro mutagenesis　离体突变发生　15.076

ion-implantation　离子注入　15.015

ionization chamber　电离室　15.045

ionization density　电离密度　15.047

ionization track　电离径迹　15.048

ionizing radiation　电离辐射　15.046

ion pair　离子对　15.049

IPM　有害生物综合治理　11.013

Ipomoea aquatica Forsk.　蕹菜，＊空心菜　04.213

Ipomoea batatas Lam.　甘薯　02.051

Ipomoea hederacea Jacq.　牵牛花　04.309

Ipomoea nil（L.）Roth.　大花牵牛，＊大喇叭花　04.310

iris　鸢尾　04.323

Iris ensata Thunb.　马蔺　04.325

Iris japonica Thunb.　蝴蝶花　04.324

Iris tectorum Maxim.　鸢尾　04.323

irradiance　辐照度　15.172

irradiation chamber　辐照室　15.006

irradiation plant　辐照工厂　15.007

irradiation processing　辐照加工　14.159

irregular lime concretions　砂姜　09.095

irrigated land　水浇地　09.019

irrigation farming　灌溉农业　01.034

irrigation system of sewage　污水灌溉系统　12.097

isochion　等雪[量]线　13.237

isodose curve　等剂量曲线　11.090

isohyet　等雨量线　13.218

isophane　等物候线　13.091

isophenological line　等物候线　13.091

isopluvial　等雨量线　13.218

isotac　等解冻线　13.263

isotherm　等温线　13.152

isothyme　等蒸发量线　13.276

isotope　同位素　15.032

isotope abundance　同位素丰度　15.073

isotope dilution analysis　同位素稀释分析　15.033

isotope enrichment　同位素富集度　15.074

isotope exchange　同位素交换　15.034

isotope kit　同位素药盒　15.036

isotope separation　同位素分离　15.035

ivyleaf cyclamen　仙客来，＊兔耳花　04.371

Ixora chinensis Lam.　龙船花　04.432

J

jack bean　矮刀豆，＊立刀豆　04.180

jack fruit　菠萝蜜，＊木菠萝　04.098

Japanese white pine　日本五针松　04.390

japonica rice　粳稻　02.012

Jasminum sambac (L.) Ait.　茉莉　04.430

Jerusalem artichoke　菊芋，＊洋姜　04.240

Ji-tsai　荠菜　04.219

Juglans regia L.　核桃，＊胡桃　04.078

jujube fruit borer　枣粘虫　11.217

jujube leaf roller　枣粘虫　11.217

Juncus effusus L.　灯心草　03.051

K

kafir lily　[大花]君子兰　04.342

kairomone　利它素　11.038

kale　羽衣甘蓝，＊饲用甘蓝　04.161

karez　坎儿井　14.136

karyolysis　核[溶]解　07.119

karyomixis　核融合　07.118

karyotype　核型　07.046

kelp　海带，＊昆布　04.251

kenaf　红麻　03.040

keng rice　粳稻　02.012

kidney bean　菜豆，＊四季豆　04.171

killing temperature　致死温度　13.164

king begonis　毛叶秋海棠　04.346

kiwi fruit　[中华]猕猴桃　04.073

kohlrabi　球茎甘蓝　04.160

L

labeled compound　标记化合物　15.059

labeled DNA probe　标记DNA探针　15.063

labeled insect　标记昆虫　15.060

labeling technique　标记技术　15.058

lablab　扁豆　04.175

lacewing fly　草蛉，＊蚜狮　11.047

lac operon　乳糖操纵子　07.079

Lactuca sativa L.　莴苣，＊生菜　04.210

Lactuca sativa L. var. *asparagina* Bailey　莴笋　04.212

Lactuca sativa L. var. *capitata* L.　结球莴苣　04.211

ladybird beetle　瓢虫　11.046

Lagenaria siceraria (Molina) Standl.　瓠瓜　04.191

lagoon　氧化塘　12.100

LAI　叶面积指数　06.015

Laminaria japonica Aresch.　海带，＊昆布　04.251

land　土地　09.001

land area　土地面积　09.009

land capability　土地生产能力　09.006

land classification　土地分级　09.011

land cover classification　土地覆盖分类　15.188

land development　土地开发　09.012

land evaluation　土地评价　09.017

land exhaustion　土地耗竭　09.028

land grading　土地分级　09.011

land improvement　土地改良　09.015

land leveling　土地平整　14.152

land management　土地管理　09.014

land mapping unit　土地制图单元　15.202

land on fallow rotation　轮休地　09.031

land plan　土地规划　09.003

land preparation　整地　10.050

land quality　土地质量　09.005

landrace　地方品种　07.301

land reclamation　土地开垦　09.013

land resources　土地资源　09.010

Landsat　陆地卫星　15.144

landscape design　园林设计，＊造园设计　04.274

landscape gardening　造园，＊庭园布置　04.275

land suitability　土地适宜性　15.205

land treatment system　土地处理系统　12.114

land type　土地类型　09.004

land use　土地利用　09.002

land utilization　土地利用　09.002

land utilization rate　土地利用率　09.016

largefruit hodgsonia 油渣果 03.024

Larix gmelinii (Rupr.) Rupr. ex Kuzen. ［兴安］落叶松 04.380

laser micro-irradiation 激光微束辐照 15.014

last frost 终霜 13.248

last snow 终雪 13.235

late frost 晚霜 13.246

lateness 晚熟性 06.088

latent heat flux 潜热通量 13.179

latent infection 潜伏侵染 11.277

latent period 潜伏期 11.293

lateral canal 斗渠 14.147

late rice 晚稻 02.007

late spring coldness 倒春寒 13.192

latex 胶乳 05.122

Lathyrus odoratus L. ［麝］香豌豆 04.301

Latin square design 拉丁方设计 08.037

laver ［普通］紫菜 04.252

lawn planting 草坪栽植 04.277

law of chance 随机定律 08.133

layer house 蛋鸡舍 14.111

LD50 半数致死量 11.088

leaching 淋洗 09.175

leaching loss 淋失 09.174

leaching requirement 淋洗定额 09.176

leaf age 叶龄 06.013

leaf area 叶面积 06.014

leaf area index 叶面积指数 06.015

leaf beet 叶甜菜，＊莙荙菜 04.217

leaf mustard 叶芥菜 04.165

leaf spot 叶斑 11.297

leaf vegetables 叶菜类蔬菜 04.123

leakage 渗漏 09.167

least significant difference 最小显著差数 08.127

leek 韭葱，＊扁叶葱 04.204

legal control 法规防治 11.003

legislative control 法规防治 11.003

legume 豆科作物 01.069

Leguminivora glycinivorella (Matsumura) 大豆食心虫 11.193

leguminous green manure 豆科绿肥 09.224

leguminous vegetables 豆类蔬菜 04.131

lemon 柠檬 04.050

Lens culinaris Medic. 小扁豆，＊兵豆 02.059

lentil 小扁豆，＊兵豆 02.059

Lentinus edodes (Berk.) Sing. 香菇 04.269

lesion 枯斑 11.300

Lesser Cold 小寒 13.083

Lesser Fullness 小满 13.068

lesser grain borer 谷蠹 11.225

Lesser Heat 小暑 13.071

less-tillage system 少耕法 14.024

LET 传能线密度，＊线性能量转换 15.050

lethal dose 致死剂量 11.087

lettuce 莴苣，＊生菜 04.210

levant cotton 草棉，＊非洲棉 03.036

leveling 平地 10.051

level of significance of difference 差异显著平准 08.119

life table 生命表 11.130

ligase 连接酶 07.090

light and temperature potential productivity 光温生产潜力 13.113

light compensation point 光补偿点 13.112

light filter 滤光片 13.115

light resources 光资源 13.109

light saturation point 光饱和点 13.111

Light Snow 小雪 13.080

light soil 轻质土壤 09.080

light trap 诱虫灯 14.067

light treatment 光照处理 13.108

Lilium lancifolium Thunb. 卷丹 04.365

Lilium longiflorum Thunb. ［麝］香百合 04.363

Lilium regale E. H. Wils. 王百合 04.364

lily 百合 04.257

lily magnolia 木兰，＊紫玉兰 04.413

lily-of-the-valley 铃兰 04.355

lima bean pod borer 豆荚螟 11.194

lime 来檬，＊赖母 04.052

linberry 红豆越桔 04.076

line 家系 07.244，品系 07.291

linear additive model 线性可加模型 08.116

linear correlation 线性相关，＊直线相关 08.109

linear energy transfer 传能线密度，＊线性能量转

换 15.050

linear regression 线性回归，＊直线回归 08.094

line selection 家系选择 07.245

linters 棉绒 05.105

Linum usitatissimum L. 亚麻 03.042

Liquidambar formosana Hance 枫香，＊枫树 04.395

liquid ammonia applicator 液氨施肥机 14.059

liquid fertilizer 液体肥料 09.184

liquid scintillation counter 液体闪烁计数器 15.039

Liriodendron chinense (Hemsl.) Sarg. 鹅掌楸 04.396

litchi 荔枝 04.094

Litchi chinensis Sonn. 荔枝 04.094

loam soil 壤土 09.086

local climate 局地气候，＊地方气候 13.045

local lesion 局部枯斑 11.301

location 定位 15.192

Locusta migratoria manilensis (Meyen) 东亚飞蝗 11.161

lodging 倒伏 06.086

lodging resistance 抗倒伏性 06.044

Lolium multiflorum L. [多花]黑麦草 09.237

longan 龙眼，＊桂圆 04.093

long day crop 长日[照]作物 01.056

longday type 长日照型 13.104

Lonicera japonica Thunb. 金银花 04.439

Lonicera maackii (Rupe.) Maxim. 金银木 04.405

loose-skin orange [宽皮]桔 04.043

loquat 枇杷 04.018

loss assessment 损失估计 11.148

lotus [rhizome] 莲藕 04.241

lower limit 下限 08.066

low gossypol cotton 低酚棉 03.038

low ground-rattan 棕竹 04.444

low temperature damage in autumn 寒露风 13.244

low temperature drying 低温干燥 05.146

low-volume sprayer 低量喷雾机 14.061

Loxostege sticticalis (L.) 草地螟 11.200

lucerne 紫[花]苜蓿，＊苜蓿 09.242

Luffa acutangula (L.) Roxb. 棱角丝瓜 04.195

luffa-angled loofah 棱角丝瓜 04.195

Luffa cylindrica (L.) Roem. [普通]丝瓜，＊水瓜 04.194

luffa-smooth loofah [普通]丝瓜，＊水瓜 04.194

lunar calendar 阴历，＊农历 13.057

Lycopersicon esculentum Mill. 番茄，＊西红柿 04.166

Lycoris radiata (L'Her.) Herb. 石蒜，＊龙爪花 04.359

lysimeter 渗水采集器 09.170

M

M_1 [in mutation] 突变第一代 07.190

M_2 [in mutation] 突变第二代 07.191

macadamia nut 澳洲坚果 04.112

Macadamia ternifolia F. Muell. 澳洲坚果 04.112

macroclimate 大气候 13.042

magarine 人造奶油 05.090

magnetic separation 磁选 05.006

Magnolia denudata Desr. [白]玉兰 04.398

Magnolia grandiflora L. 广玉兰，＊荷花玉兰 04.408

Magnolia liliflora Desr. 木兰，＊紫玉兰 04.413

maidenhair tree 银杏，＊白果 04.085

main canal 干渠 14.145

main effect 主效应 08.131

maintainer line 保持系 07.221

maize 玉米 02.034

maize oil 玉米油 05.097

maize weevil 玉米象 11.222

major gene resistance 主效基因抗[病]性 07.277

malabar spinach 落葵，＊木耳菜 04.222

male parent 父本 07.144

male sterile 雄性不育 07.213

male sterile gene 雄性不育基因 07.035

male sterile line 雄性不育系 07.218

malesterile technique 雄性不育技术 15.098

malt 麦芽 05.056

malting barley 啤酒大麦 02.027

Malus asiatica Nakai 沙果，*花红 04.013

Malus baccata (L.) Borkh. 山荆子，*山定子 04.015

Malus domestica Borkh. 苹果 04.012

Malus prunifolia (Willd.) Borkh. 楸子，*海棠果 04.014

Malus spectabilis (Ait.) Borkh. 海棠花 04.417

Malva crispa L. 皱叶冬寒菜，*葵菜 04.221

Malva verticillata L. 冬寒菜，*野葵菜 04.220

Mangifera indica L. 杧果 04.095

mango 杧果 04.095

mangosteen 山竹子，*倒捻子 04.107

Manihot esculenta Crantz 木薯 02.052

manure spreader 撒粪机 14.056

marginal effect 边际效应 08.019

marine climate 海洋[性]气候 13.139

masked symptom 隐症 11.291

mass selection 混合选择，*集团选择 07.265

mass spectrography 质谱法 15.024

mat grass 席草 03.050

mathematical model 数学模型 08.115

mathematical simulation 数学模拟 08.117

Matthiola incana R. Br. 紫罗兰 04.302

maturing stage 成熟期 06.058

Mauritius papeda 马蜂橙 04.054

maximum growth temperature 最高生长温度 13.163

maximum hygroscopicity 最大吸湿水，*最大吸湿度 13.272

maximum permissible concentration 最高允许浓度 12.045

maximum tolerated dose 最高耐受剂量 12.046

Mayetiola destructor (Say) 黑森瘿蚊 11.173

meal treatment 粕处理 05.069

mean [平]均数 08.059

mean square 均方 08.072

measuring dam 量水坝 14.155

measuring flume 量水槽 14.156

measuring weir 量水堰 14.154

mechanical control 机械防治 11.010

mechanical ventilation drying 机械通风干燥 05.141

mechanism of resistance 抗性机制 11.026

mechanized farming 机械化栽培 10.022

median 中[位]数 08.064

median lethal dose 半数致死量 11.088

median tolerance limit 半数耐受极限 12.047

Medicago falcata L. 黄花苜蓿，*野苜蓿 09.243

Medicago hispida Gaertn. 金花菜 04.224

Medicago sativa L. 紫[花]苜蓿，*苜蓿 09.242

medicinal crop 药用作物 01.080

mei 梅 04.029

Meiyu 梅雨 13.227

Melanaphis sacchari (Zehntner) 高粱蚜 11.180

Melilotus albus Desr. 白花草木樨 09.230

melon 甜瓜 04.183

melon aphid 棉蚜 11.185

membrane technology 膜技术 14.160

Mentha haplocalyx Briq. var. *piperascens* (Malinv.) Wu et Li 薄荷 03.022

Meromyza saltatrix L. 麦秆蝇 11.174

messenger RNA 信使 RNA 07.129

Metasequoia glyptostroboides Hu et Cheng 水杉 04.385

metaxenia 果实直感 07.139

Michelia alba DC. 白兰花 04.409

Michelia champaca L. 黄兰 04.410

Michelia figo (Lour.) Spreng. 含笑 04.429

micro-autoradiography 微放射性自显影[术] 15.025

microbial insecticide 微生物杀虫剂 11.121

microclimate 小气候 13.043

microcomputer data acquisition and processing system 微机数据采集加工系统 14.201

microcomputer information system 微机信息系统 14.200

micro-dosimetry 微剂量测定 11.083

microelement 微量元素 09.277

micronutrient fertilizer 微量元素肥料 09.276

micropropagation 微体繁殖 07.092

microwave drying 微波干燥 05.145

microwave remote sensing 微波遥感 15.145

mid-season rice 中稻 02.006

mild symptom 和性症状 11.289

milker 挤奶器 14.098

milking parlor 挤奶台 14.097

milky ripe 乳熟 06.059

milled foxtail millet 小米 05.050

milled glutinous broomcorn millet 黍米 05.051

milled long-grain nonglutinous rice 籼米 05.018

milled medium to short-grain nonglutinous rice 粳米 05.019

milled nonglutinous broomcorn millet 稷米 05.052

millet borer 粟灰螟 11.179

millet downy mildew 谷子白发病 11.405

millet shoot fly 粟芒蝇 11.182

mineral nitrogen 矿质氮 09.261

minimum lethal dose 最低致死量 12.048

minimum tillage 少耕 10.044

minor gene resistance 微效基因抗[病]性 07.278

mioga ginger 襄荷, *阳藿 04.261

Mirabilis jalapa L. 紫茉莉, *草茉莉 04.304

miscella treatment 混合油处理 05.068

mis-repair 修复错误 15.138

mist sprayer 弥雾机 14.064

miticide 杀螨剂 11.092

mitochondrial complementation 线粒体互补 07.156

mixed cropping 混作 10.020

mixed fertilizer 混合肥料 09.180

mixed model 混合模型 08.114

mixed pollination 混合授粉 07.260

MLD 最低致死量 12.048

mobile irradiator 移动辐照器 15.008

mock orange 海桐 04.435

mode 众数 08.063

moderation 慢化 15.133

modified atmosphere storage 自发气调贮藏, *MA 贮藏 05.150

modified pedigree method 改良系谱法 07.271

moist index 湿润指数 13.268

moisture index 湿润指数 13.268

mold 霉 11.303, 霉菌 11.343

mold control 控制发霉 15.093

mole criket 蝼蛄 11.157

molecular hybridization *in situ* 原位分子杂交

07.067

mole plow 暗管塑孔犁 14.032

Momordica charantia L. 苦瓜 04.196

monoclone antibody 单克隆抗体 11.374

monophagy 单食性 11.139

monthly agrometeorological bulletin 农业气象月报 13.009

monthly mean temperature 月平均温度 13.150

morning glory 牵牛花 04.309

Morus alba L. 桑 03.066

mosaic 花叶病 11.332, 镶嵌图 15.203

Moth orchid 蝴蝶兰 04.339

mottle 斑驳 11.295

mouldboard plow 铧式犁 14.025

mound layering 直立压条 10.092

mountain climate 山地气候 13.134

mountain region farming 山区农业 01.037

mountain-valley breeze 山谷风 13.203

mounted implement 悬挂式农具 14.013

mower 割草机 14.092

MPC 最高允许浓度 12.045

mRNA 信使 RNA 07.129

MST 雄性不育技术 15.098

Mt. baihuashan mountainash 百华花楸 04.404

MTD 最高耐受剂量 12.046

Mudan 牡丹 04.422

mulberry 桑 03.066

mulberry clearwing moth 桑透翅蛾 11.247

mulberry longicorn 桑天牛 11.246

mulberry psylla 桑木虱 11.252

mulberry small weevil 桑象虫 11.250

mulberry tussock moth 桑毛虫 11.248

mulberry white caterpillar 桑蟥 11.251

multidate 多时相 15.162

multiflora bean 红花菜豆, *多花菜豆 04.178

multiflora rose 野蔷薇 04.419

multiline variety 多系品种 07.282

multiparasitism 多寄生 11.043

multiple correlation 复相关 08.108

multiple cropping 多熟 10.013, 复种 10.014

multiple cross 复合杂交 07.180

multiple Latin square design 复拉丁方设计 08.039

multiple regression 多元回归 08.092

multiple resistance 多元抗性 11.025

multiplication plot 繁殖区 07.309

multi-resistance 多元抗性 11.025

multi-rowed barley 多棱大麦 02.024

multispectral scanner 多光谱扫描仪 15.148

multi-storied agriculture 立体农业 01.030

mummy 僵果病 11.333

mung bean 绿豆 02.056

Musa nana Lour. 香蕉，＊矮脚蕉 04.089

Musa paradisiaca L. 大蕉，＊甘蕉 04.090

Musa sapientum L. 芽蕉，＊高脚蕉 04.088

mustard type rape 芥菜型油菜 03.013

mustard vegetables 芥菜类蔬菜 04.129

mutagen 诱变剂 07.195

mutagenesis 突变发生 15.075

mutagenic effect 诱变效应 07.196

mutant 突变体 07.188

mutant bank 突变体种质库 15.086

mutation 突变 07.038

mutational site 突变点 07.040

mutation breeding 诱变育种 07.194

mutation frequency 突变频率 07.045

mutation spectrum 突变谱 07.189

muton 突变子 07.039

mycorhiza 菌根 09.287

Myrica rubra Sieb. et Zucc. 杨梅 04.092

Mythimna separata (Walker) 粘虫 11.162

Myzus persicae (Sulzer) 桃蚜，＊烟蚜 11.195

N

nabid 拟猎蝽 11.055

naked barley 裸大麦，＊元麦，＊青稞 02.026

naked barley flour 裸大麦粉，＊青稞面 05.055

naked oats 裸燕麦，＊莜麦 02.033

naked oats flour 莜麦粉 05.054

Nandina domestica Thunb. 南天竹 04.434

Nanking cherry 毛樱桃，＊山豆子 04.035

Narcissus tazetta L. var. *chinensis* Roem. 水仙 04.370

Nasturtium officinale R. Br. 豆瓣菜，＊西洋菜 04.247

natural-draft drying 自然通风干燥 05.140

natural enemy 天敌 11.039

natural fertility 自然肥力 09.245

natural reserve 自然保护区 12.064

natural rubber 天然[橡]胶 05.121

natural season 自然季节 13.059

natural selection 自然选择 07.002

necrosis 坏死 11.312

nectarine 油桃 04.025

negative accumulated temperature 负积温 13.167

negative taxis 负趋性 11.152

negative temperature 负温度 13.160

Nelumbo nucifera Gaertn. 莲藕 04.241

nematocide 杀线虫剂 11.091

nematode 线虫 11.351

Neottopteris nidus (L.) J. Sm. 鸟巢蕨 04.377

Nephelium lappaceum L. 红毛丹 04.106

Nephotettix cincticeps (Uhler) 黑尾叶蝉 11.169

Nerium indicum Mill. 夹竹桃 04.425

net photosynthesis 净光合作用 06.025

neutralization ＊中和 05.079

neutral soil 中性土 09.074

neutron activation analysis 中子活化分析 15.026

neutron generator 中子发生器 15.011

neutron moisture gauge 中子湿度测量仪 15.128

new pteris fern 鸟巢蕨 04.377

New Zealand spinach 番杏 04.223

Nicotiana rustica L. 黄花烟草 03.053

Nicotiana tobacum L. 烟草 03.052

night soil 人粪尿 09.220

Nilaparvata lugens Stål 褐飞虱 11.167

nitragin 根瘤菌剂 09.288

nitrate fertilizer 硝态氮肥 09.266

nitrate nitrogen 硝态氮 09.262

nitrification 硝化作用 09.284

nitrification inhibitor 硝化抑制剂 09.285

nitrogen assimilation 氮同化 09.186

nitrogen cycle 氮循环 09.194

nitrogen fertilizer 氮肥 09.264

nitrogen fixation 固氮作用 09.281

nitrogen immobilization 氮固持 09.187

nitrogen liberation 氮释放 09.190

nitrogen loss 氮损失 09.191

nitrogen mineralization 氮矿化 09.189

nitrogen recovery 氮回收 09.192

nitrogen status 氮状况 09.188

nitrogen turnover 氮周转 09.193

^{15}N methodology 氮－15方法学 15.064

NMR 核磁共振 15.020

nocturnal inversion 夜间逆温 13.157

non-infectious disease 非侵染性病害 11.256

nonirrigable rice field 非灌溉稻田 09.044

nonlinear regression 非线性回归 08.095

non-persistent virus 非持久性病毒 11.362

nonpoint source 非点源 12.023

non-preference 不选择性 11.027

non-radioactive tracer 非放射性示踪物 15.062

non-recurrent parent 非轮回亲本 07.164

non-structural soil 无结构土壤 09.078

nopalxochia 令箭荷花 04.345

Nopalxochia ackermannii (Haw.) F. M. Kunth.

令箭荷花 04.345

normal curve 正态曲线 08.103

normal distribution 正态分布 08.085

Nostoc flagelliforme Born. et Flah. 发菜 04.266

no-tillage system 免耕法 14.023

NR 天然[橡]胶 05.121

nuclear agricultural science 核农学 15.001

nuclear distintegration 核衰变 15.019

nuclear emulsion 核乳胶 15.126

nuclear energy level 核能级 15.018

nuclear fission 核裂变 15.112

nuclear fusion 核聚变 15.113

nuclear magnetic resonnance 核磁共振 15.020

nuclear technique 核技术 15.022

nucleic acid 核酸 07.126

nucleo-cytoplasmic hybrid 核质杂种 07.186

nucleo-cytoplasmic interaction 核质互作 07.185

nucleotide 核苷酸 07.127

nucleus transplantation 核移植 07.105

null hypothesis 无效假设，*零假设 08.033

nursery 秧田 09.043

Nymphaea tetragona Georgi 睡莲 04.373

O

oasis 绿洲 09.038

oats 燕麦 02.032

oats flakes 燕麦片 05.053

obligate parasite 专性寄生物 11.371

ocean climate 海洋[性]气候 13.139

Ocimum basilicum L. 罗勒 04.226

Oenanthe javanica (Bl.) DC. 水芹 04.249

Oenothera biennis L. 月见草，*夜来香 04.328

oestrus detection 发情探测 15.108

ohmic heating 电阻加热 14.166

oil and fat refining 油脂精炼 05.072

oil-bearing crop 油料作物 01.075

oil extraction by water substitution 水代法取油
05.066

oil palm 油棕 03.026

oil press 榨油机 14.089

oilseed decortication 油料脱皮 05.060

oilseed hulling 油料剥壳 05.059

oil tea 油茶 03.025

okra 黄秋葵 04.264

Olea europaea L. 油橄榄 03.027

oleander allemanda 黄蝉 04.427

oleaster 沙枣，*桂香柳 04.070

oligophagy 寡食性 11.140

onion 洋葱，*葱头 04.201

Oolong 乌龙茶 05.115

Oolong tea 乌龙茶 05.115

oomycetes 卵菌 11.345

opaque-2 mutant [corn] 奥帕克－2[玉米]突变体
07.293

open ditch 明沟 14.139

open pollination 自由授粉 07.255

operon 操纵子 07.078

opium poppy 罂粟 03.023

optimal temperature 最适温度 13.159

optimization 优化 08.118

Opuntia ficus-indica (L.) Mill. 仙人掌 04.374

orange daylily 萱草 04.326

organ culture 器官培养 07.072

organelle transplantation 细胞器移植 07.106

organic agriculture 有机农业 01.029

organic fertilizer 有机肥料 09.216

organic nitrogen 有机氮 09.260

organic waste water 有机废水 12.086

orgoraphic[al] rain 地形雨 13.231

oriental cherry 樱花 04.399

oriental fruit moth 梨小食心虫 11.208

oriental pickling melon 越瓜, *梢瓜 04.186

oriental tobacco budworm 烟青虫 11.196

origin of crop 作物起源 07.003

ornamental horticulture 观赏园艺 04.271

ornamental plants 观赏植物 04.280

Orseolia oryzae (Wood-Mason) 稻瘿蚊 11.170

orthodox seed 正常型种子 07.020

orthogonal coefficient 正交系数 08.098

orthogonal experiment 正交试验 08.042

orthogonal polynomial 正交多项式 08.088

Oryza glutinosa Lour. 糯稻 02.013

Oryza sativa L. [水]稻 02.001

Oryza sativa L. ssp. *hsien* Ting 籼稻 02.011

Oryza sativa L. ssp. *keng* Ting 粳稻 02.012

Osmanthus fragrans (Thunb.) Lour. 桂花, *木樨 04.411

osmotic pressure 渗透压 09.163

osmotic suction 渗透吸力 09.164

Ostrinia furnacalis Guenée 亚洲玉米螟 11.177

Ostrinia nubilalis (Hübner) 欧洲玉米螟 11.178

outbreeding 远交 07.167

outcross 异交 07.169

oval kumquat 金桔, *罗浮, *牛奶金桔 04.059

overlap 重叠 15.191

overwintering control 越冬防治 11.014

overwintering crop 越冬作物 01.054

Oxalis rubra St. Hil. 红花酢浆草 04.327

oxygen deficit preservation 缺氧保藏 05.160

oxygen effect 氧效应 15.139

P

Pachyrhizus erosus (L.) Urban. 豆薯, *凉薯 04.236

packer 镇压器 14.044

paddy field 水稻田 09.045

paddy separation 谷糙分离 05.011

paddy soil 水稻土 09.058

paddy stem borer 三化螟 11.164

Paeonia lactiflora Pall. 芍药 04.332

Paeonia suffruticosa Andr. 牡丹 04.422

pairing method 对比法 08.034

palm oil 棕榈油 05.100

pan-fired 炒青 05.120

panicle [spike] primordium differentiation stage 幼穗分化期 06.055

Panicum miliaceum L. 黍 02.048

Panonychus citri (McGregor) 柑桔红蜘蛛 11.219

Panonychus ulmi (Koch) 苹果红蜘蛛 11.213

pansy 三色堇 04.307

Papaver rhoeas L. 虞美人 04.293

Papaver somniferum L. 罂粟 03.023

papaya 番木瓜 04.099

paphiopedilum 兜兰 04.337

Paphiopedilum insigne Pfitz. 兜兰 04.337

Paradoxecia pieli Lieu 桑透翅蛾 11.247

parameter 参数 08.111

Parametriotes theae Kusnetzov 茶梢蛀蛾 11.234

Para rubber tree [巴西]橡胶树, *三叶橡胶树 03.067

parasexual hybridization 准性杂交 07.066

parasite 寄生性天敌 11.041, 寄生物 11.367

parasitic disease 寄生性病害 11.257

parasitic fly 寄生蝇 11.049

parasitic wasp 寄生蜂 11.048

parasitism 寄生性 11.138

parboiled rice 蒸谷米 05.021

parentage 系谱 07.243

parental generation 亲代 07.143

parsley　香芹菜　04.225

parsnip　欧洲防风　04.145

Parthenium argentatum Gray　银胶菊　03.069

parthenogenesis　孤雌生殖　07.225

partial correlation　偏相关　08.107

partial regression　偏回归　08.090

partial sterility　部分不育性　07.217

passive solar heating　被动式太阳能加热　14.184

passport data　种质基本资料　07.022

Pastinaca sativa L.　欧洲防风　04.145

path coefficient　通径系数　08.102

pathogen　病原　11.259

pathogenesis　病程　11.261

pathogenicity　致病性　11.268

pattern of spatial distribution　分布型　11.131

pea　豌豆　02.054

peach　桃　04.021

peach fruit borer　桃小食心虫　11.209

peach pyralid moth　桃蛀螟　11.215

pea leafminer　豌豆潜叶蝇　11.205

peanut　[落]花生　03.005

peanut butter　花生酱　05.102

peanut digger　花生挖掘机　14.073

peanut oil　花生油　05.092

pearleaf crabapple　楸子，＊海棠果　04.014

pearl millet　珍珠粟　02.050

peat　泥炭　09.252

peat soil　泥炭土　09.060

pea weevil　豌豆象　11.228

pecan　长山核桃，＊薄壳山核桃　04.080

Pectinophora gossypiella（Saunders）　棉红铃虫
　11.190

pedigree　系谱　07.243

pedigree method　系谱法　07.247

Pegomya hyoscyami（Panzer）　甜菜潜叶蝇　11.199

penetration depth　渗透深度，＊穿透深度　09.165

Penjing　盆景　04.276

Pennisetum typhoideum Rich.　珍珠粟　02.050

pentad　候　13.103

pepo　西葫芦，＊美洲南瓜　04.190

[pepper] mint　薄荷　03.022

percent of infestation　被害率　11.146

percent of loss　损失率　11.147

percolation　渗漏　09.167

percolation rate　渗漏率　09.168

percolation water　渗漏水　09.169

perennial crop　多年生作物　01.048

perennial sea-island cotton　多年生海岛棉，＊离核
木棉，＊联核木棉　03.037

perennial vegetable crop　多年生蔬菜作物　04.116

Perileucoptera coffeella Guerin　咖啡潜叶蛾
　11.239

Perilla frutescens（L.）Britt.　紫苏　04.227

periodicity of fruiting　结果周期性　06.075

permiable soil　通透性土壤　09.079

perpetual snow　积雪　13.236

Persea americana Mill.　油梨，＊鳄梨　04.105

Persian walnut　核桃，＊胡桃　04.078

persimmon　柿　04.066

persistent virus　持久性病毒　11.361

pest　有害生物　11.002

pest and disease monitoring　病虫害监测　15.213

pesticide pollution　农药污染　12.121

pesticide residue　农药残留　12.122

pesticide resistance　抗药性　11.068

Petroselinum crispum（Mill.）Nym. ex A. W. Hill
香芹菜　04.225

Phalaenopsis amabilis Bl.　蝴蝶兰　04.339

Phaseolus angularis Wight　[红]小豆，＊赤豆
02.057

Phaseolus calcaratus Roxb.　饭豆　02.058

Phaseolus coccineus L.　红花菜豆，＊多花菜豆
04.178

Phaseolus limensis Macf.　大莱豆　04.177

Phaseolus lunatus L.　小莱豆　04.176

Phaseolus radiatus L.　绿豆　02.056

Phaseolus vulgaris L.　菜豆，＊四季豆　04.171

phasic development　阶段发育　06.018

phenogram　物候图　13.087

phenological calendar　物候历，＊自然历　13.055

phenological observation　物候观测　13.090

phenological phase　物候期　13.089

phenology　物候学　13.085

phenology law　物候学定律　13.086

phenophase　物候期　13.089

phenospectrum　物候谱　13.088

pheromone 外激素 11.132

Phlox drummondii Hook. 福禄考 04.313

Phoenix dactylifera L. 棕枣，＊海枣 04.096

phoenix tree 梧桐 04.397

phosphorus fertilizer 磷肥 09.271

photoperiod 光周期 06.023

photoperiodism 光周期现象 06.024

photostage 光照阶段 13.107

photosynthetic active radiation 光合有效辐射，＊有
效生理辐射 13.120

photosynthetic efficiency 光合效率 06.027

photosynthetic intensity 光合强度 06.026

phototaxis 趋光性 11.154

Phragmites communis (L.) Trin. 芦苇 03.048

Phthorimaea operculella (Zeller) 马铃薯块茎蛾
11.184

phycomycetes 藻状菌 11.347

Phyllanthus emblica L. 余甘子，＊油柑 04.110

Phyllocoptruta oleivora (Ashmead) 柑桔锈螨
11.220

Phyllostachys nigra (Lodd. ex Lindl.) Munro 紫竹
04.448

Physalis alkekengi L. var. *franchetii* (Mast.)
Makino 酸浆 04.170

physical control 物理防治 11.009

physical mutagen 物理诱变因素 15.077

physiological disease 生理病害 06.046

physiological drought 生理干旱 06.047

physiological maturity 生理成熟 06.089

phytocoenosium 植物群落 12.056

phytophagy 植食性 11.136

phytoplankton 浮游植物 12.058

phytotoxin 毒植物素 11.353

phytotron 人工气候室 13.050

Picea asperata Mast. 云杉 04.387

picker-baler 捡拾压捆机 14.095

picking period 采摘期 06.078

pickled with grains 糟渍 05.156

pickling 酸渍 05.155

Pieris rapae L. 菜粉蝶 11.202

pig farm 养猪场 14.115

pile fermentation 渥堆 05.114

pinching 摘心 10.117

pineapple 菠萝，＊凤梨 04.097

pink bollworm 棉红铃虫 11.190

pink tea rust mite 茶橙瘿螨 11.236

Pinus bungeana Zucc. 白皮松 04.389

Pinus parviflora Sieb. et Zucc. 日本五针松
04.390

Pinus tabulaeformis Carr. 油松 04.388

pioneer crop 先锋作物 01.064

pistache 阿月浑子 04.111

Pistacia vera L. 阿月浑子 04.111

Pistia stratiotes L. 水浮莲 09.240

Pisum sativum L. 豌豆 02.054

Pisum sativum L. var. *arvense* Poir. 紫花豌豆
02.055

Pisum sativum L. var. *macrocarpon* Ser. 食荚豌
豆 04.174

Pittosporum tobira (Thunb.) Ait. 海桐 04.435

pixel 象元 15.168

plain coreopsis 蛇目菊，＊金钱菊 04.291

plankton 浮游生物 12.057

planned-preventive maintenance system 计划预防维
修制 14.008

planning of agricultural mechanization 农业机械化规
划 14.004

plan of land utilization 土地规划 09.003

plantain banana 大蕉，＊甘蕉 04.090

plant breeding 作物育种[学] 01.041

plant disease 植物病害 11.254

plant genetics 作物遗传[学] 01.040

planting density 种植密度 10.067

planting time 播种期 10.055

plant introduction 植物引种 07.009

plant morphology 作物形态[学] 01.042

plant pathology 植物病理学 01.007

plant physiology 作物生理[学] 01.043

plant protection 植物保护 11.001

plant quarantine 植物检疫 11.004

plant spacing 株距 10.069

plant thinner 间苗机 14.041

plant-to-row method 株行法 07.250

plant-to-row test 株行试验 08.023

plastic house culture 暖棚栽培 10.126

plastic mulching 地膜覆盖 10.063

plastic tunnel　塑料大棚　14.107

plateau climate　高原气候　13.135

Platycladus orientalis（L.）Franco　[侧]柏　04.391

Plodia interpunctella（Hübner）　印度谷螟　11.226

plot arrangement　小区排列　08.010

plowing　翻耕　10.042

plowing width　犁幅宽度　10.047

plow layer　耕作层　09.097

plow pan　犁底层　09.098

plum rain　梅雨　13.227

Plutella xylostella（L.）　小菜蛾　11.203

pod dropping　落荚　06.070

poison bait　毒饵　11.064

poison bulb　文殊兰　04.343

polar climate　极地气候　13.141

polarity　极性　07.098

polder land　圩田　09.042

polder reclamation　围垦地　09.029

Polianthus tuberosa L.　晚香玉　04.362

pollen culture　花粉培养　07.068

pollen mentor　花粉蒙导　07.269

pollen sterility　花粉不育性　07.215

pollination　授粉　07.254

pollutant　污染物　12.021

pollution　污染　12.020

pollution level　污染水平　12.034

pollution monitoring　污染监测　12.035

pollution prediction　污染预测　12.036

pollution source　污染源　12.022

polyanthus narcissus　水仙　04.370

polycross　多系杂交　07.183

polygram　折线图　08.068

polynomial regression　多项式回归　08.093

polyphagy　多食性　11.141

pomegranate　石榴　04.071

pomology　果树学　04.001

Poncirus trifoliata（L.）Raf.　枳，＊枸桔　04.061

pond cypress　池杉　04.384

pop corn　爆粒玉米　02.037

population　群体　07.263，总体　08.043

population density　群体密度　15.099

population improvement　群体改良　07.264

Porphyra vulgaris L.　[普通]紫菜　04.252

Porthesia similis（Fuessly）　桑毛虫　11.248

Portulaca grandiflora Hook.　半支莲，＊龙须牡丹　04.292

post-irradiation　后辐照　15.081

potasium fertilizer　钾肥　09.274

potato　马铃薯，＊土豆　04.230

potato digger　马铃薯挖掘机　14.072

potato late blight　马铃薯晚疫病　11.407

potato tuberworm　马铃薯块茎蛾　11.184

pot culture experiment　盆栽试验　08.020

potential evaporation　潜在蒸发，＊蒸发潜力　13.275

potential evapotranspiration　潜在蒸散，＊蒸散势，＊可能蒸散　13.280

potential fertility　潜在肥力　09.246

potherbs and leafy salad vegetables　绿叶菜和生食叶菜类　04.134

pot marigold　金盏菊　04.290

poultry dung　禽肥　09.221

powdery mildew　白粉病　11.334

power take-off　动力输出轴　14.021

prairie climate　草原气候　13.136

prairie milk vetch　沙打旺，＊地丁，＊麻豆秧　09.235

precipitation　沉淀　05.073，降水　13.210

precipitation efficiency　降水效率　13.215

precipitation evaporation ratio　降水蒸发比　13.278

precipitation intensity　降水强度　13.214

precision planter　精密播种机　14.048

predacious mite　捕食性螨　11.051

predatism　捕食性　11.137

predator　捕食性天敌　11.040

pre-irradiation　前辐照　15.080

preliminary cleaning　初清　05.003

presenility　早衰　06.029

presowing treatment　播前处理　10.054

pressing　压榨　05.065，镇压　10.062

pretreatment of oil bearing materials　油料预处理　05.058

previous crop　前作[物]　10.015

primary infection　初侵染　11.274

primary pollutant　原生污染物，＊一次污染物

12.024

primary source of infection　初侵染源　11.279

primase　引发酶　07.088

primitive farming　原始农业　01.025

Primula malacoides Franch.　报春花　04.295

principle of agroclimatic analogy　农业气候相似原理　13.022

privet mite　茶短须螨　11.235

probability　概率，＊几率　08.083

procumbent juniper　铺地柏　04.392

productivity of land　土地生产力　09.007

progeny　后代　07.146

progeny test　后代测验　07.226

prognosis　预测　11.016

promotor　启动子　07.075

propagation by division　分枝繁殖　10.089

propagation by layering　压条繁殖　10.090

propagation coefficient　繁殖系数　07.312

proso millet　黍　02.048

protectant　保护剂　11.103

protected culture　保护地栽培　10.029

protocorm　原球茎　07.091

protoplast culture　原生质体培养　07.074

pruning　修剪，＊整枝　10.119

Prunus americana Marsh.　美洲李　04.028

Prunus amygdalus Stokes　扁桃，＊巴旦杏　04.031

Prunus armeniaca L.　杏　04.030

Prunus avium L.　[欧洲]甜樱桃　04.033

Prunus cerasus L.　[欧洲]酸樱桃　04.034

Prunus davidiana (Carr.)Franch.　山桃　04.024

Prunus domestica L.　欧洲李，＊洋李　04.027

Prunus mira Koehne.　光核桃　04.023

Prunus mume Sieb. et Zucc.　梅　04.029

Prunus persica (L.) Batsch　桃　04.021

Prunus persica (L.) Batsch var. *duplex* Rehd.　碧桃　04.400

Prunus persica L. var. *compressa* Bean　蟠桃　04.022

Prunus persica L. var. *nucipersica* Schneider　油桃　04.025

Prunus pseudocerasus Lindl.　[中国]樱桃　04.032

Prunus salicina Lindl.　[中国]李　04.026

Prunus serrulata Lindl.　樱花　04.399

Prunus tomentosa Thunb.　毛樱桃，＊山豆子　04.035

Prunus triloba Lindl.　榆叶梅　04.414

Pseudaulacaspis pentagona (Targioni-Tozzetti)　桑白盾蚧　11.249

Pseudococcus coffeae Newst.　咖啡粉蚧　11.243

Pseudolarix kaempferi (Lindl.) Gord.　金钱松　04.381

Psidium guajava L.　番石榴　04.100

Psophocarpus tetragonolobus (L.) DC.　四棱豆，＊翼豆　04.179

Pteridium aquilinum (L.) Kuhn. var. *latiusculum* (Desv.) Underw.　蕨菜　04.265

Pteris multifida Poir.　凤尾蕨　04.376

PTO　动力输出轴　14.021

public nuisance　公害　12.019

puddling　耖地　10.049

Pueraria thomsonii Benth.　[粉]葛　04.239

puffing　膨化，＊爆花　05.168

Pulsatilla chinensis Reg.　白头翁　04.331

pulse size analyser　脉冲幅度分析仪　15.031

pummelo　柚，＊抛　04.048

Punica granatum L.　石榴　04.071

pure line breeding　纯系育种　07.150

pure line selection　纯系育种　07.150

purification　清粉　05.037

purity testing　纯度测定　07.323

purple common perilla　紫苏　04.227

purple medick　紫[花]苜蓿，＊苜蓿　09.242

purple soil　紫色土　09.051

purple tsai-tai　紫菜薹，＊红菜薹　04.151

purple zebrina　吊竹梅，＊吊竹兰　04.333

purplish rice borer　大螟　11.165

pygmy waterlily　睡莲　04.373

pyrolysis　热解　14.179

Pyrus betulaefolia Bge.　杜梨，＊棠梨　04.011

Pyrus bretschneideri Rehd.　白梨　04.006

Pyrus calleryana Dcne.　豆梨，＊山梨　04.010

Pyrus communis L.　[西]洋梨　04.008

Pyrus pyrifolia (Burm. f.) Nakai　沙梨　04.007

Pyrus ussuriensis Maxim.　秋子梨　04.009

Q

Quadraspidiotus perniciosus（Comstock） 梨圆蚧 11.212

qualitative inheritance　质量遗传　07.027

quality evaluation　质量评价　12.018

quality standard　质量标准　12.017

Quamoclit pennata（Lam.）Bojer.　羽叶茑萝 04.311

quantitative inheritance　数量遗传　07.026

quenching gas　猝灭气体　15.071

quince　榅桲　04.020

R

radiation biology　辐射生物学　15.002

radiation damage　辐射损伤　15.056

radiation genetics　辐射遗传学　15.003

radiation-induced mutant　辐射诱发突变体　15.085

radiation intensity　辐射强度　15.116

radiation preservation　辐射保藏　05.164

radiation protection　辐射防护　15.057

radiation treatment　辐射处理　05.151

radicidation　辐射灭菌　15.097

radily available　速效　09.249

radioactive contamination　放射性污染　15.065

radioactive tracer　放射性示踪物　15.061

radioactive waste disposal　放射性废物处理　15.066

radiobiology　放射生物学　15.004

radioecology　放射生态学　15.005

radioimmunoassay　放射免疫分析　15.027

radioimmunoelectrophoresis　放射免疫电泳　15.029

radiolysis　辐射分解　15.117

radiometer　辐射计　15.149

radioresistance　辐射抗性　15.055

radiosensitivity　辐射敏感性　15.054

radiotherapy　放射治疗　15.140

radish　萝卜　04.138

rainfall [amount]　雨量　13.216

rainfall distribution　雨量分布　13.221

rainfall duration　降雨持续时间　13.222

rainfall erosion　雨蚀[作用]　13.223

rainfed farming　雨养农业　01.036

rainfed rice field　非灌溉稻田　09.044

rainmaking　人工降雨　13.232

Rain Water　雨水　13.062

rainy day　雨日　13.219

rainy season　雨季　13.220

raise seedling　育苗　10.083

raise seedling in hot bed　温床育苗　10.087

rambutan　红毛丹　04.106

ramdom variable　随机变量　08.053

ramie　苎麻　03.041

random error　随机误差　08.079

randomized arrangement　随机排列　08.012

randomized block　随机区组　08.008

random mating　随机交配　07.142

random model　随机模型　08.112

random sample　随机样本　08.045

random sampling　随机抽样　08.047

range　极差　08.069

rape　油菜，＊芸薹　03.011

rapeseed oil　菜籽油　05.094

Raphanus sativus L.　萝卜　04.138

raspberry　树莓，＊木莓　04.038

raster data　栅格数据　15.199

ratoon rice　再生稻　02.010

raw fiber　粗纤维　05.106

raw rubber　生胶　05.123

γ-ray densitometer　γ射线密度测量仪　15.129

γ-ray pasteurization　γ射线巴氏灭菌消毒法 15.094

γ-ray sterilization　γ射线灭菌　15.095

RBE　相对生物效应　15.051

recalcitrant seed　异常型种子　07.021

recipient　受体　07.141

reciprocal cross　正反交　07.165

recognizability 识别能力 15.178

recon 重组子, *交换子 07.082

recurrent parent 轮回亲本 07.163

recurrent selection 轮回选择 07.266

red bean [红]小豆, *赤豆 02.057

red soil 红壤 09.049

red tide 赤潮 12.098

reduced-tillage system 少耕法 14.024

red wheat blossom midge 麦红吸浆虫 11.171

reed 芦苇 03.048

refined oil 精炼油, *精制油 05.087

reflectivity 反射率 15.174

regional test 区域试验 08.027

regionlization of land 土地区划 09.008

registration 配准 15.166

regression 回归 08.089

regression coefficient 回归系数 08.100

regression line 回归线 08.096

relative biological effectiveness 相对生物效应 15.051

relative humidity 相对湿度 13.265

relay cropping 套作 10.019

releasing factor 释放因子 07.084

renaturation 复性 07.100

renewable energy source 可再生能源 14.172

renewable resources 可再生资源 12.133

renewal of farm machinery 农机更新 14.010

repair cost 修理成本 14.009

repair process 修复过程 15.137

repellent 拒虫剂 11.110

replication 重复 08.017

replicon 复制子 07.077

reproduction rate 繁殖率 11.125

reproductive isolation 生殖隔离 07.223

residual effect 后效 09.250, 残效 11.066

residual toxicity 残毒 11.067

residue 残留 11.065, 残留物 12.037

resistance 抗性 11.380

resistance to insects 抗虫性 11.023

resolution 分辨率 15.175

resolving ability 分辨力 15.136

resolving time 分辨时间 15.135

restoring line [育性]恢复系 07.220

restriction endonuclease 限制[性内切核酸]酶 07.089

reverse osmosis 反渗透 14.161

reverse transcriptase 逆[转]录酶 07.087

reversible plow 双向犁 14.029

Rhapis humilis Bl. 棕竹 04.444

Rheum rhaponticum L. 食用大黄 04.262

rhododendron 杜鹃 04.420

Rhododendron delavayi Franch. 马缨杜鹃 04.421

Rhododendron simsii Planch. 杜鹃 04.420

Rhyzopertha dominica (Fabricius) 谷蠹 11.225

RIA 放射免疫分析 15.027

ribonucleic acid 核糖核酸, *RNA 07.128

rice [水]稻 02.001

rice bacterial leaf blight 稻白叶枯病 11.388

rice bakanae disease 稻恶苗病 11.389

rice bean 饭豆 02.058

rice blast 稻瘟病 11.391

rice bran 米糠 05.022

rice bran oil 米糠油 05.096

rice cooling 凉米 05.015

rice field 水稻田 09.045

rice gall midge 稻瘿蚊 11.170

rice hull 稻壳 05.023

rice huller 砻谷机 14.083

rice husk 米糠 05.022

rice leaf folder 稻纵卷叶螟 11.166

rice leafhopper 黑尾叶蝉 11.169

rice leaf roller 稻纵卷叶螟 11.166

rice mill 碾米机 14.084

rice milling 碾米 05.013

rice polisher 精米机 14.085

rice polishing 擦米 05.014

rice seedling puller 水稻拔秧机 14.055

rice transplanter 水稻插秧机 14.054

rice weevil 米象 11.223

rice whitening 碾米 05.013

rice white tip 稻干尖线虫病 11.390

Ricinus communis L. 蓖麻 03.019

ridge plowing 垄耕 10.036

rime 雾凇 13.240

ring spot 环斑 11.302

RNA 核糖核酸，＊RNA 07.128

robber fly 食虫虻 11.058

rocket larkspur 飞燕草，＊洋翠雀 04.300

rock phosphate 磷矿粉 09.275

rodenticide 杀鼠剂 11.112

rod-row test 秆行试验 08.024

rogueing 田间去杂 07.314

roller 镇压器 14.044

rolling 揉捻 05.112

rolling and cutting 揉切 05.117

Rondotia menciana Moore 桑蟥 11.251

root crop 块根作物 01.081

root grafting 根接 10.105

root mustard 根芥菜，＊大头菜 04.163

root nematode disease 根线虫病 11.404

root nodule 根瘤 09.286

root planter 块根播种机 14.053

root/shoot ratio 根冠比 06.001

rootstock 砧木 10.095

root vegetables 根菜类蔬菜 04.121

Rosa banksiae Ait. 木香 04.437

Rosa chinensis Jacq. 月季 04.418

Rosa multiflora Thunb. 野蔷薇 04.419

Rosa roxburghii Tratt. 刺梨 04.042

Rosa rugosa Thunb. 玫瑰 04.415

roseapple 蒲桃 04.103

rosepink zephyr-lily 韭莲，＊菖蒲莲 04.358

rosette stage 莲座期 06.066

rot 腐烂 11.335

rotary harrow 旋转耙 14.037

rotary hoe 旋转锄 14.043

rotary plow 旋耕机 14.034

rotary tillage 旋耕 10.043

rotary tiller 旋耕机 14.034

rotatable design 旋转设计 08.041

rotation 轮作 10.003

rotation cycle 轮作周期 10.006

rotation sequence 轮作顺序 10.005

round kumquat 圆金柑 04.058

roundpod jute 黄麻 03.039

rowcrop cultivator 行间中耕机 14.040

row spacing 行距 10.068

roxburgh rose 刺梨 04.042

royal lily 王百合 04.364

royal palm 王棕，＊大王椰子 04.445

Roystonea regia (H. B. K.) O. F. Cook 王棕，
＊大王椰子 04.445

rubber crop 橡胶作物 01.079

rubber sheet 胶片 05.124

rubber termite 橡胶白蚁 11.253

Rudbeckia laciniata L. 金光菊 04.318

rugosa rose 玫瑰 04.415

Rumex acetosa L. 酸模 04.263

ruminant productivity 反刍动物生产力 15.105

runoff 径流 14.150

rural building 农业建筑 14.103

rural electrification 农村电气化 14.191

rural energy source 农村能源 14.171

rural environment 农村环境 12.003

russet 锈斑 11.299

rust 锈菌 11.342

rustica tobacco 黄花烟草 03.053

rutabaga 芜菁甘蓝，＊洋蔓菁 04.141

rye 黑麦 02.030

ryegrass ［多花］黑麦草 09.237

S

Sabina procumbens (Endl.) Iwata et Kusaka 铺地
柏 04.392

Saccharum officinarum L. 甘蔗 03.054

Saccharum sinensis Roxb. 竹蔗 03.055

safflower 红花 03.021

safflower oil 红花籽油 05.098

Sagittaria sagittifolia L. 慈姑 04.243

sago cycas 苏铁，＊铁树 04.386

sail reaper 摇臂收割机 14.068

saline tolerance 耐盐性 06.039

salinization 盐化 09.087

salting 盐渍 05.153

salt tolerant crop 耐盐作物 01.063

Salvia splendens Ker.-Gawl. 一串红 04.306

sample 样本 08.044

sampling 抽样，*取样 08.046

sampling error 抽样误差 08.078

sand pear 沙梨 04.007

sand soil 砂土 09.084

sandstorm ［风］沙暴 13.206

sanitary sewage 生活污水 12.088

San Jose scale 梨圆蚧 11.212

Sapium sebiferum (L.) Roxb. 乌桕 03.030

sapodilla 人心果 04.108

saprophyte 腐生物 11.372

SAR 合成孔径雷达 15.147

satsuma mandarin 温州蜜柑 04.044

saturated humidity 饱和湿度 13.266

saturation point of carbon dioxide 二氧化碳饱和点 13.096

savanna climate 热带稀树草原气候，*萨瓦纳气候 13.137

savoy cabbage 皱叶甘蓝 04.154

scab 疮痂 11.313

scane line 扫描线 15.158

scarlet runner bean 红花菜豆，*多花菜豆 04.178

scarlet sage 一串红 04.306

scented tea 花薰茶 05.116

Schizaphis graminum (Rondani) 麦二叉蚜 11.176

scion 接穗 10.101

scion bud 接芽 10.102

Scirpophaga incertulas (Walker) 三化螟 11.164

scorch 灼伤 11.314

screening 筛选 05.004

sea-island cotton 海岛棉 03.034

sea-land breeze 海陆风 13.202

sea tangle 海带，*昆布 04.251

Secale cereale L. 黑麦 02.030

Sechium edule Swartz. 佛手瓜，*拳头瓜 04.197

secondary center of origin 次级起源中心 07.006

secondary infection 再侵染 11.276

secondary pollutant 次生污染物，*二次污染物 12.025

secondary source of infection 再侵染源 11.280

second plowing 复耕 10.038

sedimentary irrigation 淤灌 14.127

sediments 沉积物 12.131

seed admixture 种子混杂物 07.324

seed bed 苗床 10.084

seed-borne disease 种传病害 11.387

seed broadcaster 撒播机 14.046

seed cake 饼肥 09.244

seed cleaning 种子清选 07.343

seed cotton 籽棉 05.103

seed disinfection 种子消毒 07.344

seed dormancy 种子休眠 07.346

seed dresser 拌种机 14.066

seed dressing 拌种 07.345

seed fertilizer 种肥 09.215

seed granary 种子仓库 07.342

seed identification 种子鉴定 07.320

seeding date 播种期 10.055

seeding rate 播量 10.056

seed inspection 种子检验 07.318

seedling blight 苗立枯病 11.399

seedling emergence 出苗 10.073

seedling rootstock 实生砧 10.096

seedling stage 苗期 06.050

seed longevity 种子寿命 07.317

seed moisture content 种子含水量 07.327

seed plumpness 种子饱满度 07.326

seed purification 种子提纯 07.313

seed quarantine 种子检疫 07.319

seed reservation 种子储备 07.335

seed specific weight 种子比重 07.329

seed storage 种子贮藏 07.341

seed testing 种子测定 07.321

seed test weight 种子容重 07.328

seed uniformity 种子整齐度 07.325

seed vitality 种子活力 07.330

seed volume-weight 种子容重 07.328

seepage 渗出 09.162

selection 选择 07.228

selection differential 选择差 07.235

selection index 选择指数 07.239

selection intensity 选择强度 07.240

selection response 选择响应 07.241

selective farm mechanization 选择性农业机械化 14.003

selective insecticide 选择性杀虫剂 11.105

self-compatibility 自交亲和性 07.199

self compatible line 自交亲和系 07.203

selfed seed 自交种子 07.286

self-fertility 自交可育性 07.211

self-fertilization 自花受精 07.258

self-incompatibillity 自交不亲和性 07.200

self incompatible line 自交不亲和系 07.204

selfing 自交 07.168

self-pollination 自花授粉 07.257

self-propelled chassis 自走底盘 14.019

self-purification 自净作用 12.126

self-sterility 自交不育性 07.212

semi-arid climate 半干旱气候 13.143

semi-hardy vegetable 半耐寒蔬菜 04.119

semi-mounted implement 半悬挂式农具 14.014

semiparasite 半寄生物 11.370

semiwinterness 半冬性 06.022

Senecio cruentus DC. 瓜叶菊 04.334

senescence 衰老 06.030

sensible heat flux 显热通量 13.178

sensitive crop 敏感作物 12.081

sensitization 敏化 15.132

separator 清选机 14.081

sero-monitoring 血清监测 15.107

sero-surveillance 血清监测 15.107

sesame 芝麻 03.017

sesame oil 芝麻油 05.093

sesame paste ·芝麻酱 05.101

Sesamia inferens Walker 大螟 11.165

Sesamum indicum L. 芝麻 03.017

sesbania 田菁 09.232

Sesbania cannabina (Retz.) Pers. 田菁 09.232

Setaria italica (L.) Beauv. 粟 02.047

sewage irrigation 污水灌溉 12.090

sewage reclamation and reuse 污水改良与再用 12.089

sex pheromone 性外激素 11.133

sex ratio 性比 11.127

Shajiang 砂姜 09.095

shallot 胡葱, *火葱 04.202

shallow plowing 浅耕 10.040

Shaqing 杀青 05.109

shattering resistance 抗裂荚[落粒]性 06.045

shelf-life extension 货架期延长 15.096

shelling 脱壳 05.008，砻谷 05.009

shelter belt 防护林带 12.067

shelter forest 防护林 12.066

shepherd's purse 荠菜 04.219

shiitake fungus 香菇 04.269

shoaly land 湖田 09.039

shock symptom 急性症状 11.288

shooting stage 拔节期 06.052

short day crop 短日[照]作物 01.055

shot-hole 穿孔 11.316

shower 阵雨 13.225

shrubby flase indigo 紫穗槐 09.236

shuttle breeding 穿梭育种 07.272

Siberian crabapple 山荆子, *山定子 04.015

Siberian hazelnut 榛[子] 04.082

sickle alfalfa 黄花苜蓿, *野苜蓿 09.243

side-looking airborne radar 机载侧视雷达 15.146

sifting 筛理 05.036

sign 病征 11.286

sign test 符号检验 08.124

silage combine 青饲联合收割机 14.096

silage harvester 青饲联合收割机 14.096

Silene pendula L. 矮雪轮 04.305

silk tree 合欢 04.402

singkwa 棱角丝瓜 04.195

single cropping 一熟 10.010

single cropping rice 单季稻 02.008

single cross 单交 07.159

single cross hybrid 单交种 07.287

single seed descent 单粒传法 07.267

Sinningia speciosa (Lodd.) Hiern. 大岩桐 04.350

sisal hemp 剑麻 03.044

Sitobion avenae (Fabricius) 麦长管蚜 11.175

Sitodiplosis mosellana (Gehin) 麦红吸浆虫 11.171

Sitophilus granarius (L.) 谷象 11.224

Sitophilus oryzae (L.) 米象 11.223

Sitophilus zeamais Motschulsky 玉米象 11.222

Sitotroga cerealella (Olivier) 麦蛾 11.227

SLAR 机载侧视雷达 15.146

slime mold 粘菌 11.344

slipperwort 蒲包花 04.353

sloping field 坡田 09.034

slow rate system 慢速渗滤系统 12.096

slow release fertilizer 缓释肥料 09.181

sludge 污泥 12.129

slurry scraper 刮粪机 14.118

small lima bean 小菜豆 04.176

smoke-dried preservation 烟熏保藏 05.158

smoke-drying 熏干 14.169

smoke tree 黄栌 04.403

smoothing 糖地 10.052

smooth pit peach 光核桃 04.023

smut 黑粉菌 11.346

snake melon 菜瓜 04.185

snapdragon 金鱼草 04.299

snow barrier 雪障 13.239

snow cover 积雪 13.236

snow damage 雪害 13.238

snow day 雪日 13.234

snowstorm 雪暴 13.233

soaking rain 透雨 13.226

softening 软化 05.062

soft rot 软腐 11.338

soft wheat 软质小麦 02.020

Sogatella furcifera (Horvath) 白背飞虱 11.168

soil acidity 土壤酸度 09.115

soil aeration 土壤通气 09.131

soil aggregate 土壤团聚体 09.104

soil air 土壤空气 09.130

soil alkalinity 土壤碱度 09.116

soil amelioration 土壤改良 09.070

soil available water 土壤有效水 09.133

soil-borne disease 土传病害 11.385

soil capillarity 土壤毛[细]管作用 09.107

soil characteristics 土壤特性 09.063

soil colloid 土壤胶体 09.117

soil condition 土壤条件 09.065

soil conditioner 土壤改良剂 09.071

soil consistancy 土壤结持度 09.113

soil contamination 土壤污染 12.110

soil crust 土壤结皮 09.103

soil decontamination 土壤净化 12.112

soil degradation 土壤退化 12.117

soil density 土壤紧实度 09.114

soil disposal 土壤处置 12.115

soil disposal system 土壤处置系统 12.116

soil drainage 土壤排水 09.127

soil ecology 土壤生态学 12.108

soil ecosystem 土壤生态系统 09.062

soil environment 土壤环境 12.109

soil erosion 土壤侵蚀 12.118

soil evaporimeter 土壤蒸发计 13.282

soil fertility 土壤肥力 09.068

soil free water 土壤自由水 09.136

soil freezing 土壤冻结 09.129

soil gravitational water 土壤重力水 09.137

soil heat flux 土壤热通量, *地中热流 13.180

soil heterogeneity 土壤不匀性 09.106

soil humus 土壤腐殖质 09.067

soil hygroscopic water 土壤吸湿水 09.135

soil improvement 土壤改良 09.070

soil improving crop 养地作物 01.065

soil inavailable water 土壤无效水 09.134

soil insect 地下害虫 11.156

soilless culture 无土栽培 10.031

soil-lifting frost 冻拔 13.260

soil moisture 土壤水[分] 09.121, 土壤湿度, *墒情 13.273

soil moisture content 土壤含水量 09.123

soil moisture regime 土壤水[分]状况 09.124

soil moisture stress 土壤水[分]胁迫 09.125

soil organic matter 土壤有机质 09.066

soil organisms 土壤生物 09.061

soil permeability 土壤渗透性 09.108

soil physical properties 土壤物理性质 09.105

soil-plant-atmosphere continuum 土壤-作物-大气连续体 14.125

soil porosity 土壤孔隙度 09.112

soil productivity 土壤生产力 09.069

soil quality assessment 土壤质量评价 12.113

soil resistance 土壤结持性 09.120

soil respiration 土壤呼吸 09.064

soil solution 土壤溶液 09.128

soil specific heat 土壤比热 09.132

soil structure 土壤结构 09.099

soil suction 土壤吸力 09.126

soil survey 土壤调查 15.207

soil temperature 土壤温度 09.111

soil texture 土壤质地 09.083

soil tilth 土壤耕性 09.109

soil treatment 土壤处理 11.063

soil water 土壤水[分] 09.121

soil water content 土壤含水量 09.123

soil water potential 土壤水势 09.122

soil water regime 土壤水[分]状况 09.124

soil wind erosion 土壤风蚀 13.205

soil zonality 土壤地带性 09.048

solanaceous vegetables 茄果类蔬菜 04.130

Solanum melongena L. 茄子 04.167

Solanum tuberosum L. 马铃薯, *土豆 04.230

solar calendar 阳历, *公历 13.056

solar cell 太阳能电池 14.190

solar energy 太阳能 14.175

solar infrared radiation 太阳红外辐射 13.117

solar radiation 太阳辐射, *日射 13.116

solar ultraviolet radiation 太阳紫外辐射 13.118

solar water heating system 太阳能热水系统 14.183

sole cropping 单作 10.017

solid phase RIA 固相放射免疫分析 15.028

solid waste 固体废物 12.128

solonchak 盐土 09.056

solonetz 碱土 09.057

solonization 碱化 09.088

solvent extraction 浸出 05.067

solvent recovery 溶剂回收 05.070

somatic hybridization 体细胞杂交 07.065

somatogamy 体细胞接合 07.122

Sophora japonica L. [国]槐 04.393

Sorbus pohuashanensis (Hance) Hedl. 百华花楸 04.404

sorghum 高粱 02.043

sorghum aphid 高粱蚜 11.180

Sorghum bicolor (L.) Moench 甜高粱, *糖高粱, *芦粟 02.046

sorghum rice 高粱米 05.049

sorghum shoot fly 高粱芒蝇 11.181

Sorghum vulgare Pers. 高粱 02.043

sorgo 甜高粱, *糖高粱, *芦粟 02.046

sorting of granular material 颗粒物料分选 14.196

source of infection 侵染源 11.278

sour cherry [欧洲]酸樱桃 04.034

sour orange 酸橙 04.046, 代代花 04.433

southern magnolia 广玉兰, *荷花玉兰 04.408

soybean 大豆, *黄豆 03.001

soybean aphid 大豆蚜 11.192

soybean meal 大豆粉 05.057

soybean oil 大豆油 05.091

soybean pod borer 大豆食心虫 11.193

spacer 间隔 07.113

spacial data 空间数据 15.225

spatial data 空间数据 15.225

spatial information 空间信息 15.154

specific combining ability 特殊配合力 07.234

specific gravity of soil 土壤比重 09.119

spectral information 光谱信息 15.155

spectral measurement 光谱测量 15.157

spectral range 光谱范围 15.156

spice crop 调料作物 01.077

spider lily 石蒜, *龙爪花 04.359

spike density 穗密度 06.017

Spilonota lechriaspis Meyrick 苹果顶芽卷叶蛾 11.210

spinach 菠菜 04.208

spinach leafminer 甜菜潜叶蝇 11.199

Spinacia oleracea L. 菠菜 04.208

spindle tree 大叶黄杨 04.426

spine date 酸枣, *棘 04.069

spiny spiderflower 醉蝶花, *蜘蛛花 04.297

split application 分次施肥 09.205

split dose 分次剂量 11.085

split plot design 裂区设计 08.036

sporophytic self-incompatibility system 孢子体自交不亲和系统 07.207

sprayer 喷雾机 14.060

spraying 喷施 09.203, 喷雾 11.070

spreader 展着剂 11.118

spreading type peanut 匍匐型花生 03.008

spring corn 春玉米 02.040

Spring Equinox 春分 13.064

spring frost 晚霜 13.246

springness 春性 06.020

spring rape 春油菜 03.015

spring sown crop 春[播]作物 01.049

spring soybean 春大豆 03.003

spring vetch 箭舌豌豆 09.227

spring wheat 春[小]麦 02.018

sprinkling irrigation 喷灌 14.132

sprout inhibition 抑制发芽 15.092

squall 飑 13.243

squash 笋瓜, *印度南瓜 04.189

SS 平方和 08.071

SSD 单粒传法 07.267

SSP 过磷酸钙 09.272

stabilizing agent 稳定剂 11.116

stable manure 厩肥 09.219

stable nuclide 稳定[性]核素 15.111

Stachys sieboldii Miq. 甘露儿, *螺丝菜 04.238

standard deviation 标准差 08.075

standard error 标准误差 08.076

starch 淀粉 05.044

statistic 统计量 08.048

steaming 蒸汽蒸馏 05.075

steam tea 蒸青 05.119

stem grafting 枝接 10.104

stem/leaf ratio 茎叶比 06.010

stem mustard 茎芥菜 04.164

stem-pitting 茎纹病 11.325

stem vegetables 茎菜类蔬菜 04.122

Stephanoderes coffeae Haged 咖啡果小蠹 11.240

steppe climate 草原气候 13.136

stepwise regression 逐步回归 08.091

stereoscope 立体镜 15.171

sterilization 灭菌 11.093

stevia 甜[叶]菊 03.062

Stevia rebaudiana Bertoni 甜[叶]菊 03.062

stion 砧穗组合 10.121

stock-scion interaction 砧穗相互作用 10.110

stomach insecticide 胃毒杀虫剂 11.109

stone mulch field 砂田 09.040

storage period 贮藏期 07.340

strain 品系 07.291

stratification 层积处理 07.347, 分层 15.167

strawberry 草莓 04.036

straw flower 麦秆菊 04.285

straw mulching 蒿秆覆盖 10.064

straw mushroom 草菇 04.270

straw stiffness 茎秆强度 06.085

stripe 条纹病 11.402

striped rice borer 二化螟 11.163

stripe rust 条锈病 11.392

stripping field 带条田 09.036

structural soil 有结构土壤 09.077

stubble breaker 灭茬犁 14.031

stubble cane 宿根蔗 03.056

stubbling 灭茬 10.033

stunt 矮化 11.306

suakwa [普通]丝瓜, *水瓜 04.194

subhumid climate 半湿润气候 13.145

subirrigation 地下灌溉 14.135

sublateral canal 农渠 14.148

submain canal 支渠 14.146

subsoil 心土 09.091

subsoiling 深松耕 10.041

subsoil plow 心土犁 14.030

substitution 代换 07.109

substitution line 代换系 07.050

subtropical crop 亚热带作物 01.060

subtropical zone 亚热带, *副热带 13.132

subtropic rain forest climate 亚热带雨林气候, *副热带雨林气候 13.133

subtropics 亚热带, *副热带 13.132

successive selection 连续选择 07.230

suction potential 吸水势 09.161

sugar-apple 番荔枝 04.101

sugar beet 糖用甜菜 03.059

sugarbeet harvester 甜菜收获机 14.074

sugarbeet leafminer 甜菜潜叶蝇 11.199

sugarbeet weevil 甜菜象虫 11.198

sugar cane 甘蔗 03.054

sugarcane aphid 高粱蚜 11.180

sugarcane borer 甘蔗螟 11.197

sugaring 糖渍 05.154

sugar palm 桄榔, *糖棕 03.057

sugar pod garden pea 食荚豌豆 04.174

sugar [yielding] crop　糖料作物　01.074

summer corn　夏玉米　02.041

summer harvesting crop　夏收作物　01.052

Summer Solstice　夏至　13.070

summer sown crop　夏播作物　01.050

summer soybean　夏大豆　03.004

sum of square　平方和　08.071

sumplementary pollination　辅助授粉　07.315

sunflower　向日葵　03.018

sunn　柽麻　09.231

sun plant　半支莲，*龙须牡丹　04.292

sunscald　日灼病　11.324

sunscorch　日灼病　11.324

sunshine duration　日照时数，*日照时间　13.098

sunshine hours　日照时数，*日照时间　13.098

supervised classification　监督分类　15.186

surface air temperature　地面气温　13.171

surface inversion　地面逆温　13.172

surface irrigation　地面灌溉　14.126

surface soil　表土　09.092

survival curve　存活曲线　15.141

survival rate　存活率　11.126

suscept　感病体　11.265

susceptibility　[易]感虫性　11.024，感病性　11.266

suspended solid　悬浮固体　12.127

sustainable agriculture　持续农业　01.028

swamp cypress　落羽杉　04.383

swather　割晒机　14.070

swede type rape　甘蓝型油菜　03.014

sweet basil　罗勒　04.226

sweet cherry　[欧洲]甜樱桃　04.033

sweet corn　甜玉米　02.039

sweet orange　甜橙，*广柑　04.045

sweet osmanthus　桂花，*木樨　04.411

sweet pea　[麝]香豌豆　04.301

sweet pepper　甜椒　04.169

sweet potato　甘薯　02.051

sweet potato black rot　甘薯黑斑病　11.406

sweet potato weevil　甘薯小象虫　11.183

sweet-scented oleander　夹竹桃　04.425

sweet sop　番荔枝　04.101

sweet sorghum　甜高粱，*糖高粱，*芦粟　02.046

sweet viburnum　珊瑚树，*法国冬青　04.412

swiss chard　叶甜菜，*莙荙菜　04.217

sword bean　刀豆　04.181

sword iris　马蔺　04.325

sword lily　唐菖蒲，*剑兰　04.369

Syllepte derogata (Fabricius)　棉大卷叶螟　11.191

symbiotic nitrogen fixation　共生固氮作用　09.283

symptom　症状　11.287

synergist　增效剂　11.114

synergistic effect　协同效应　12.031

synthetic aperture radar　合成孔径雷达　15.147

synthetic variety　综合种　07.283

syrphus fly　食蚜蝇　11.057

systematic arrangement　顺序排列　08.011

systemic insecticide　内吸杀虫剂　11.108

system of farm machineries　农业机器系统　14.006

system of fertilization　施肥制度　09.206

T

table beet　根甜菜，*紫菜头　04.142

table-land culture　台地栽培　10.023

tachina fly　寄蝇　11.056

Tagetes erecta L.　万寿菊　04.287

Tagetes patula L.　孔雀草，*红黄草　04.286

tai-tsai　薹菜　04.152

tallow tree　乌桕　03.030

tamarind　酸豆，*罗望子　04.109

Tamarindus indica L.　酸豆，*罗望子　04.109

tampala　三色苋，*雁来红　04.303

tandem plowing　套耕　10.035

tara vine　软枣猕猴桃　04.074

target theory　靶学说　15.017

taro　芋[头]，*芋艿　04.235

tartarian aster　紫菀　04.330

tartarian buckwheat　苦荞[麦]　02.029

taxis　趋性　11.151

Taxodium ascendens Brongn.　池杉　04.384

Taxodium distichum (L.) Rich. 落羽杉 04.383

tea 茶 03.063

tea caterpillar 茶毛虫 11.231

tea gall 茶饼病 11.409

tea geometrid 茶尺蠖 11.233

tea lesser leafhopper 茶小绿叶蝉 11.237

tea oil 茶[籽]油 05.099

tea-seed oil 茶[籽]油 05.099

tea shoot borer 茶梢蛀蛾 11.234

tea tussock moth 茶毛虫 11.231

tea waxscale 茶角蜡蚧 11.238

temperate belt 温带 13.124

temperate climate 温带气候 13.125

temperate rainy climate 温带多雨气候 13.126

temperate zone 温带 13.124

temperature inversion 逆温 13.155

temperature inversion layer 逆温层 13.156

tempering 润麦 05.031

temporary planting 假植 10.071

ten-day agrometeorological bulletin 农业气象旬报 13.010

teratogenesis 致畸性 12.039

terminator 终止子 07.076

terrace building 构筑梯田 14.153

terrace farming 梯田农业 01.031

terrace field 梯田 09.035

terrain analysis 地域分析 15.200

terrestrial ecosystem 陆地生态系统 12.052

χ^2-test χ^2 检验 08.028

test cross 测交 07.158

test of goodness of fit 适合性检验 08.031

test of independence 独立性检验 08.029

test of significance 显著性检验 08.120

test region 试验区 08.003

test site 试验点 08.002

Tetradacus citri Chen 柑桔大实蝇,*柑蛆 11.218

Tetragonia tetragonioides (Pall.) O. Kuntze 番杏 04.223

Tetranychus urticae Koch 棉红蜘蛛,*棉叶螨, *二点红蜘蛛 11.186

Tetranychus viennensis Zacher 山楂红蜘蛛 11.214

textile crop 纤维作物 01.072

texture 纹理 15.193

thaw 解冻 13.262

Theobroma cacao L. 可可 03.065

thermal balance 热量平衡 13.185

thermal column 热柱 15.012

thermal death point 致死温度 13.164

thermal infrared 热红外 15.160

thermal radiation 热辐射 13.122

thermoluminescent dosimetry 热释光剂量测定, *热致发光剂量测定 11.084

thermoperiod 温周期 13.151

the year's harvest forecast 年景预报 13.012

thigmotaxis 趋触性 11.155

thin-layer chromatography 薄层色谱法,*薄层层析 15.023

thinning 间苗 10.075

thinning out 疏剪 10.120

thomson kudzu [粉]葛 04.239

three-way cross hybrid 三系杂种 07.289

thresher 脱粒机 14.080

threshing 脱粒 10.082

threshold 阈[值] 12.044

thunderstorm 雷暴[雨] 13.229

tiger-lily 卷丹 04.365

tile drainage 陶管排水 14.141

tillage implement 耕作机具 14.022

tiller 分蘖 06.006

tillering ability 分蘖力 06.084

tillering node 分蘖节 06.007

tillering stage 分蘖期 06.051

time isolation 时间隔离 07.311

timopheevi wheat 提莫菲维小麦 02.017

tissue culture 组织培养 07.071

TL50 半数耐受极限 12.047

TLC 薄层色谱法,*薄层层析 15.023

tobacco 烟草 03.052

TOC 总有机碳 12.104

TOD 总需氧量 12.105

tolerable crop 耐性作物 12.082

tolerance to insects 耐虫[害]性 11.030

tomato 番茄,*西红柿 04.166

tool-carrier 通用机架 14.018

Toona sinensis（A. Juss.）Roem.　香椿　04.255

tooth harrow　齿耙　14.036

top cross　顶交　07.161

topoclimate　地形气候　13.046

topo microclimate　地形小气候　13.048

topping off　打顶　10.116

topsoil plow　灭茬犁　14.031

top-working　高接　10.107

Torreya grandis Fort.　香榧，＊榧子　04.084

total organic carbon　总有机碳　12.104

total oxygen demend　总需氧量　12.105

totipotency　全能性　07.097

toxin　毒素　11.355

toxity　毒性　11.354

Toxoptera aurantii（Fonscolombe）茶二叉蚜
　11.232

trace element　痕量元素　09.278

Trachycarpus fortunei（Hook. f.）H. Wendl.　棕
　榈　04.443

tractor drawbar performance　拖拉机牵引特性
　14.007

traditional farming　传统农业　01.026

trailed implement　牵引式农具　14.012

training　整形　10.118

training sample　训练样本　15.151

training set　训练区　15.152

transduction　转导　07.108

transformation　转化　07.107

transgressive inheritance　超亲遗传　07.025

translocation　易位　07.111

translocation line　易位系　07.051

transmission　传播　11.282

transpiration　蒸腾　13.283

transpiration coefficient　蒸腾系数　13.286

transpiration efficiency　蒸腾效率　13.285

transpiration rate　蒸腾速率　13.284

transplantation　移植　07.104，移栽　10.066

transversion　颠换　07.110

treatment　处理　08.015

tree peony　牡丹　04.422

trench layering　开沟压条　10.091

Trichosanthes anguina L.　蛇[丝]瓜　04.198

trickle irrigation　滴灌　14.133

trifoliate orange　枳，＊枸桔　04.061

triple cropping　三熟　10.012

triticale　小黑麦　02.031

Triticum aestivum L.　小麦　02.015

Triticum durum Desf.　硬粒小麦　02.016

Triticum timopheevi[*i*] Zhuk.　提莫菲维小麦
　02.017

Tropaeolum majus L.　旱金莲，＊金莲花　04.319

tropic ageratum　藿香蓟　04.314

tropical crop　热带作物　01.059

tropical monsoon climate　热带季风气候　13.130

tropical rain forest climate　热带雨林气候　13.131

tropical storm　热带风暴　13.201

tropics　热带　13.129

true fungus　真菌　11.340

t-test　*t*检验　08.125

tube planter　块茎播种机　14.052

tuber and tuberous rooted vegetables　薯芋类蔬菜
　04.135

tuber crop　块茎作物　01.082

tuber grafting　块茎嫁接　10.115

tuber index　块茎指数　06.002

tuberose　晚香玉　04.362

tufted vetch　兰花苕子　09.229

tulip　郁金香　04.361

Tulipa gesneriana L.　郁金香　04.361

tumor　肿瘤　11.331

tung oil tree　油桐　03.031

turkey farm　火鸡场　14.113

turnip　芜菁，＊蔓菁　04.140

turnip type rape　白菜型油菜　03.012

t-value　*t*值　08.129

twenty-four solar terms　二十四节气　13.060

two-rowed barley　二棱大麦　02.023

two-spotted spider mite　棉红蜘蛛，＊棉叶螨，＊二
　点红蜘蛛　11.186

Typha latifolia L.　蒲菜，＊香蒲　04.250

typhoon　台风　13.200

Tzu Tsai　[普通]紫菜　04.252

U

ultrafiltration 超滤 14.163

ultra-high temperature processing 超高温加工 14.165

ultra low volume 超低容量 11.072

ultra low volume sprayer 超低容量喷雾机 14.062

ultra low volume spraying 超低容量喷雾 11.073

ultraviolet irradiation 紫外线辐照 14.194

ULV 超低容量 11.072

underground drainage 地下排水 14.138

underground pipe 暗管 14.140

uneffective precipitation 无效降水量 13.213

unstable structure 不稳定结构 09.100

unsupervised classification 非监督分类 15.187

upland 旱地 09.018

upland cotton 陆地棉 03.033

upland rice 陆稻，＊旱稻 02.004

upper limit 上限 08.065

ura sedge 乌拉草 03.049

urea 尿素 09.270

Ussurian grape 山葡萄 04.065

Ussurian pear 秋子梨 04.009

V

V₁ [in vegetative hybridization] 无性第一代 07.192

V₂ [in vegetative hybridization] 无性第二代 07.193

Vaccinium uliginosum L. 笃斯越桔，＊乌丝越桔 04.077

Vaccinium vitis-idaea L. 红豆越桔 04.076

Valencia type peanut 多粒型花生 03.010

vanda 万带兰 04.340

Vanda teres Lindl. 万带兰 04.340

variability 变异性 11.269

variable 变量 08.050

varietal purity 品种纯度 07.322

varietal yield test 品种比较试验 08.026

variety 栽培品种 07.294，品种 07.295

variety certification 品种审定 07.299

variety identification 品种鉴定 07.298

variety regionalization 品种区域化 07.296

variety registration 品种登记 07.300

variety replacement 品种更换 07.297

vector 传播介体 11.015

vector data 矢量数据 15.198

vegetable crop 蔬菜作物 01.084

vegetable gardening 蔬菜园艺 04.113

vegetable growing 蔬菜栽培 10.026

vegetable juice 蔬菜汁 05.136

vegetable leafminer 豌豆潜叶蝇 11.205

vegetable puree 蔬菜泥 05.137

vegetation 植被 12.054

vegetation index 植被指数 15.211

vegetative hybridization 无性杂交 07.184

vegetative propagation 无性繁殖 07.316

vegetative shoot 营养枝 06.003

venus-hair fern 铁线蕨 04.378

verdant zone 无霜带 13.251

Vernal Equinox 春分 13.064

vernalization 春化[作用] 06.019

Vernicia fordii (Hemsl.) Airy-Shaw 油桐 03.031

vertical resistance 垂直抗性 11.033

verticillium wilt 黄萎病 11.397

Viburnum odoratissimum Ker.-Gawl. 珊瑚树，＊法国冬青 04.412

Vicia cracca L. 兰花苕子 09.229

Vicia faba L. 蚕豆 02.053

Vicia sativa L. 箭舌豌豆 09.227

Vicia villosa Roth. 毛叶苕子 09.228

Vigna unguiculata (L.) Walp. ssp. *cylindrica* (L.) Van Eselt ex Verdc. 豇豆 04.173

Vigna unguiculata (L.) Walp. ssp. *sesquipedalis* (L.) Verdc. 长豇豆 04.172

Viola tricolor L. var. *hortensis* DC. 三色堇 04.307

virescent 变绿 11.304

Virginia type peanut 普通型花生 03.009

virgin land 生荒地 09.024

virion 病毒粒体 11.358

viroids 类病毒 11.359

virulence 毒力，＊致病力 11.356

virus 病毒 11.357

virus-free fruit tree 无病毒果树 04.004

visual interpretation 目视判读，＊目视解译 15.165

vitality test 活力测定 07.331

Viteus vitifoliae（Fitch） 葡萄根瘤蚜 11.216

Vitis amurensis Rupr. 山葡萄 04.065

Vitis labrusca L. 美洲葡萄 04.064

Vitis vinifera L. 欧洲葡萄 04.063

volumetric specific heat 容积比热 13.165

Volvariella volvacea（Bull. ex Fr.）Sing. 草菇 04.270

W

wampee 黄皮，＊黄弹子 04.060

warm season vegetable 喜温蔬菜 04.118

warping irrigation 淤灌 14.127

waste recycling 废物再循环 12.136

wastewater irrigation 污水灌溉 12.090

wastewater treatment 废水处理 12.099

water and soil conservation 水土保持 14.143

water and soil erosion 水土流失 14.144

water balance 水分平衡 09.141

water bamboo 茭白 04.242

water body 水体 15.214

water caltrop 菱[角] 04.246

water chestnut 菱[角] 04.246

water compensation 水分补偿 09.143

water conservation 水分保持 09.144

water consumption 耗水量 09.149

water consumption coefficient 耗水系数 09.150

water cress 豆瓣菜，＊西洋菜 04.247

water curtain 水帘 14.123

water cycle 水分循环 09.142

water deficit 水分亏缺 09.139

water dropwort 水芹 04.249

water fern 绿萍，＊红萍，＊满江红 09.238

water lettuce 水浮莲 09.240

waterlogged compost 草塘泥 09.254

waterlogging tolerance 耐渍性 06.038

waterlogging tolerant crop 耐涝作物 01.062

water management 水分管理 09.140

watermelon 西瓜 04.187

water peanut 水花生 09.241

water pollution 水污染 12.084

water pollution control 水污染控制 12.094

water pollution monitoring 水污染监测 12.095

water pollution source 水污染源 12.085

water quality analysis 水质分析 12.092

water quality assessment 水质评价 12.093

water quality standard for irrigation 灌溉水质标准 12.091

water regime 水分状况 09.138

water requirement 需水量 09.151

water retention capacity 保水能力 09.146

water-shield 莼菜 04.248

water spinach 蕹菜，＊空心菜 04.213

water-storage capacity 贮水量 09.148

water supply rate 水分供应率 09.160

water use coefficient 水分利用系数 09.145

wax gourd 冬瓜 04.192

waxy corn 糯玉米 02.038

weeding 除草 10.079

welsh onion 大葱 04.200

wet climate 湿润气候，＊潮湿气候 13.144

wet damage 湿害 13.194

weter hyacinth 水葫芦 09.239

wet precipitation 湿沉降 12.079

wetting agent 湿润剂 11.119

wheat 小麦 02.015

wheat blending 小麦搭配 05.029

wheat brushing 刷麦 05.033

wheat flour 小麦粉，＊面粉 05.043

wheat leaf rust 小麦叶锈病 11.395

wheat-rye hybrid　小黑麦　02.031

wheat scab　小麦赤霉病　11.396

wheat scouring　打麦　05.025

wheat stem maggot　麦秆蝇　11.174

wheat washing　洗麦　05.026

wheel tractor　轮式拖拉机　14.015

white-backed planthopper　白背飞虱　11.168

white Chinese olive　橄榄，＊青果　04.086

White Dew　白露　13.075

white-flowered gourd　瓠瓜　04.191

white grub　蛴螬　11.159

white head　白穗　11.145

white michelia　白兰花　04.409

white mulberry scale　桑白盾蚧　11.249

white muscardine fungi　白僵菌　11.045

white mushroom　白色双孢蘑菇　04.268

white rice grading　白米分级　05.016

white sweet clover　白花草木樨　09.230

whole-feed rice combine　全喂入水稻联合收割机
　14.077

wholesomeness　卫生性　15.090

wild brake　蕨菜　04.265

wild relatives　野生近缘种　07.008

wild rice　野生稻　02.002

wild soybean　野生大豆　03.002

wilt　萎蔫　11.311

wind damage　风害　13.199

wind energy　风能　14.177

wind fall　风折　13.207

wind mill　风力机　14.187

windmill palm　棕榈　04.443

window-box oxalis　红花酢浆草　04.327

wind resistance　抗风性　06.042

wind turbine generator　风力发动机　14.188

winged bean　四棱豆，＊翼豆　04.179

winged yam　田薯，＊大薯　04.233

wintercreeper euonymus　扶芳藤　04.441

winter hardiness　越冬性　06.033

winterization　冬化　05.084

winterness　冬性　06.021

winter rape　冬油菜　03.016

Winter Solstice　冬至　13.082

winter wheat　冬[小]麦　02.019

wireworm　金针虫　11.158

Wisteria sinensis（Sims）Sweet.　紫藤　04.438

woodear　[黑]木耳　04.267

woolly apple aphid　苹果绵蚜　11.211

workability of soil　土壤适耕性　09.110

working collections　种质短期保存材料，＊种质应
用材料　07.096

WTG　风力发动机　14.188

Wuta-tsai　乌塌菜　04.149

X

Xanthoceras sorbifolia Bge.　文冠果　03.028

xenia　胚乳直感　07.138

xerothermal period　干热期　13.182

Xylotrechus quadripes Chervolat　咖啡虎天牛
　11.244

Y

yam　薯蓣，＊山药　04.231

yam bean　豆薯，＊凉薯　04.236

yellow　黄化　11.305

yellow horn　文冠果　03.028

yellow rice borer　三化螟　11.164

yellow ripe　黄熟　06.061

yellow soil　黄壤　09.050

yellow wheat blossom midge　麦黄吸浆虫　11.172

yield estimation　估产　15.210

yield model　产量模式　15.209

youth-and-old-age　百日草，＊百日菊　04.308

yulan magnolia　[白]玉兰　04.398

Z

Zea mays L. 玉米 02.034

Zea mays L. var. *ceratina* Kulesh. 糯玉米 02.038

Zea mays L. var. *everta* Sturt. 爆粒玉米 02.037

Zea mays L. var. *indentata* Sturt. 马齿[型]玉米 02.036

Zea mays L. var. *indurata* Sturt. 硬粒玉米 02.035

Zea mays L. var. *saccharata* (Sturt.) Bailey 甜玉米 02.039

Zebrina pendula Schnizl. 吊竹梅, *吊竹兰 04.333

Zephyranthes candida Herb. 葱莲, *白花菖蒲莲 04.357

Zephyranthes grandiflora Lindl. 韭莲, *菖蒲莲 04.358

zero tillage 免耕 10.045

Zingiber mioga (Thunb.) Rosc. 蘘荷, *阳藿 04.261

Zingiber officinale Rosc. 姜 04.234

Zinnia elegans Jacq. 百日草, *百日菊 04.308

Zizania latifolia Turcz. 茭白 04.242

Zizyphus jujuba Mill. 枣 04.068

Zizyphus jujuba Mill. var. *spinosus* (Bge.) Hu 酸枣, *辣 04.069

Zygocactus truncatus (Haw.) K. Schum. 蟹爪仙人掌 04.344

汉 英 索 引

A

阿月浑子　pistache, *Pistacia vera* L.　04.111

矮刀豆　jack bean, *Canavalia ensiformis*（L.）DC.　04.180

矮化　dwarf, stunt　11.306

矮化栽培　dwarfing culture　10.030

矮化砧　dwarfing rootstock　10.100

＊矮脚蕉　dwarf banana, *Musa nana* Lour.　04.089

矮雪轮　drooping silene, *Silene pendula* L.　04.305

氨化泥炭　ammoniated peat　09.253

氨水　ammonia water　09.269

铵态氮　ammonium nitrogen　09.263

铵态氮肥　ammonium fertilizer　09.265

暗管　underground pipe　14.140

暗管塑孔犁　mole plow　14.032

奥帕克－2[玉米]突变体　opaque-2 mutant [corn]　07.293

澳洲坚果　macadamia nut, *Macadamia ternifolia* F. Muell.　04.112

B

疤斑　blotch　11.298

＊巴旦杏　almond, *Prunus amygdalus* Stokes　04.031

[巴西]橡胶树　Para rubber tree, *Hevea brasiliensis* (H. B. K.)Muell.-Arg.　03.067

拔节期　shooting stage, elongation stage　06.052

靶学说　target theory　15.017

耙地　harrowing　10.048

白背飞虱　white-backed planthopper, *Sogatella furcifera* (Horvath)　11.168

白菜　Chinese cabbage-pak-choi, *Brassica campestris* L. ssp. *chinensis* (L.) Makino　04.147

白菜类蔬菜　Chinese cabbage group　04.127

白菜型油菜　turnip type rape, *Brassica campestris* L.　03.012

白粉病　powdery mildew　11.334

＊白果　ginkgo, maidenhair tree, *Ginkgo biloba* L.　04.085

白花草木樨　white sweet clover, honey clover, *Melilotus albus* Desr.　09.230

＊白花菖蒲莲　autumn zephyr-lily, *Zephyranthes candida* Herb.　04.357

白化　albinism　11.309

白僵菌　white muscardine fungi, *Beauveria bassiana* (Bals.)　11.045

白兰花　white michelia, *Michelia alba* DC.　04.409

白梨　Chinese white pear, *Pyrus bretschneideri* Rehd.　04.006

白露　White Dew　13.075

白米分级　white rice grading　05.016

白皮松　Chinese lace-bark pine, *Pinus bungeana* Zucc.　04.389

白色双孢蘑菇　white mushroom, *Agaricus bisporus* (Lange) Sing.　04.268

白穗　white head　11.145

白头翁　Chinese pulsatilla, *Pulsatilla chinensis* Reg.　04.331

[白]玉兰　yulan magnolia, *Magnolia denudata* Desr.　04.398

百合　lily　04.257

百华花楸　Mt. baihuashan mountainash, *Sorbus pohuashanensis* (Hance) Hedl.　04.404

百日草　youth-and-old-age, *Zinnia elegans* Jacq.　04.308

＊百日菊　youth-and-old-age, *Zinnia elegans* Jacq.

04.308

斑驳　mottle　11.295

斑点　fleck　11.296

[板]栗　Chinese chestnut, *Castanea mollissima* Blume　04.081

拌种　seed dressing　07.345

拌种机　seed dresser　14.066

半冬性　semiwinterness　06.022

半干旱气候　semi-arid climate　13.143

半寄生物　semiparasite　11.370

半开放式棚　half-open shed　14.114

半耐寒蔬菜　semi-hardy vegetable　04.119

半湿润气候　subhumid climate　13.145

半数耐受极限　median tolerance limit, TL50　12.047

半数致死量　median lethal dose, LD50　11.088

半同胞交配　half-sib mating　07.171

半喂入水稻联合收割机　head-feed rice combine　14.078

半悬挂式农具　semi-mounted implement　14.014

半支莲　sun plant, *Portulaca grandiflora* Hook.　04.292

半知菌　imperfect fungus　11.341

胞质杂种　cybrid　07.187

＊包膜肥料　coated fertilizer　09.182

包衣肥料　coated fertilizer　09.182

孢子体自交不亲和系统　sporophytic self-incompatibility system　07.207

＊薄层层析　thin-layer chromatography, TLC　15.023

薄层色谱法　thin-layer chromatography, TLC　15.023

薄荷　[pepper] mint, *Mentha haplocalyx* Briq. var. *piperascens* (Malinv.) Wu et Li　03.022

＊薄壳山核桃　pecan, *Carya pecan* Engl. et Graebn.　04.080

雹　hail　13.242

雹害　hail damage　13.198

保持系　maintainer line　07.221

保护地栽培　protected culture　10.029

保护剂　protectant　11.103

保护行　guard row　08.018

保水能力　water retention capacity　09.146

保卫反应　defense reaction　11.281

饱和湿度　saturated humidity　13.266

抱子甘蓝　brussels sprouts, *Brassica oleracea* L. var. *gemmifera* (DC.) Thell.　04.156

报春花　common primrose, *Primula malacoides* Franch.　04.295

＊爆花　puffing　05.168

爆粒玉米　pop corn, *Zea mays* L. var. *everta* Sturt.　02.037

贝可　becquerel, Bq　15.043

被动式太阳能加热　passive solar heating　14.184

被害率　percent of infestation　11.146

本底计数　background counting　15.072

荸荠　Chinese water chestnut, *Eleocharis dulcis* (Burm. f.) Trin. ex Henschel　04.244

比重分选　gravity separation　05.007

碧桃　flowering peach, *Prunus persica* (L.) Batsch var. *duplex* Rehd.　04.400

蓖麻　castor bean, *Ricinus communis* L.　03.019

必需元素　essential element　09.259

避病性　disease-escaping　11.270

边际效应　marginal effect　08.019

边缘增强　edge enhancement　15.194

扁豆　lablab, *Dolichos lablab* L.　04.175

扁桃　almond, *Prunus amygdalus* Stokes　04.031

＊扁叶葱　leek, *Allium porrum* L.　04.204

变量　variable　08.050

变绿　virescent　11.304

变性　denaturation　07.099

变异系数　coefficient of variation　08.097

变异性　variability　11.269

变异中心　center of diversity　07.005

标记 DNA 探针　labeled DNA probe　15.063

标记化合物　labeled compound　15.059

标记技术　labeling technique　15.058

标记昆虫　labeled insect　15.060

标准差　standard deviation　08.075

标准误差　standard error　08.076

飑　squall　13.243

表土　surface soil　09.092

＊兵豆　lentil, *Lens culinaris* Medic.　02.059

饼肥　cake fertilizer, seed cake　09.244

病程　pathogenesis　11.261

病虫害监测　pest and disease monitoring　15.213

病毒　virus　11.357

病毒粒体　virion　11.358

病害监测　disease monitoring　11.263

病害循环　disease cycle　11.262

病原　pathogen　11.259

病原学　etiology, aetiology　11.258

病征　sign　11.286

* 玻璃翠　Holsts snapweed, *Impatiens wallerana* Hook. f.　04.351

菠菜　spinach, *Spinacia oleracea* L.　04.208

菠萝　pineapple, *Ananas comosus* (L.) Merr.　04.097

菠萝蜜　jack fruit, *Artocarpus heterophyllus* Lam.　04.098

播幅　drilling width　10.061

播量　seeding rate　10.056

播前处理　presowing treatment　10.054

播种期　seeding date, planting time　10.055

波段　band　15.159

波丝菊　cosmos, *Cosmos bipinnatus* Cav.　04.289

捕食性　predatism　11.137

捕食性螨　predacious mite　11.051

捕食性天敌　predator　11.040

不亲和性　incompatibility　07.198

不稳定结构　unstable structure　09.100

不选择性　non-preference　11.027

步甲　ground beetle　11.052

部分不育性　partial sterility　07.217

C

擦米　rice polishing　05.014

采摘期　picking period　06.078

彩红外负片　color infrared negative film　15.180

彩色合成仪　additive [color] viewer　15.150

菜豆　common bean, kidney bean, *Phaseolus vulgaris* L.　04.171

菜粉蝶　imported cabbageworm, *Pieris rapae* L.　11.202

菜瓜　snake melon, *Cucumis melo* L. var. *flexuosus* Naud.　04.185

* 菜花　cauliflower, *Brassica oleracea* L. var. *botrytis* L.　04.157

菜螟　cabbage webworm, *Hellula undalis* Fabricius　11.204

菜薹　flowering Chinese cabbage, *Brassica campestris* L. ssp. *chinensis* (L.) Makino var. *parachinensis* Bailey　04.150

* 菜心　flowering Chinese cabbage, *Brassica campestris* L. ssp. *chinensis* (L.) Makino var. *parachinensis* Bailey　04.150

菜用甜菜　garden beet, *Beta vulgaris* L. var. *esculenta* Gürke　03.060

菜籽油　rapeseed oil, colza oil　05.094

穇[子]　finger millet, *Eleusine coracana* (L.) Gaertn.　02.049

参数　parameter　08.111

蚕豆　broad bean, faba bean, horse bean, *Vicia faba* L.　02.053

蚕豆[红脚]象　broadbean weevil, *Bruchus rufimanus* Boheman　11.229

残毒　residual toxicity　11.067

残留　residue　11.065

残留物　residue　12.037

残效　residual effect　11.066

操纵子　operon　07.078

糙米　brown rice　05.012

草地螟　beet webworm, *Loxostege sticticalis* (L.)　11.200

草地农业　grassland farming　01.038

草菇　straw mushroom, *Volvariella volvacea* (Bull. ex Fr.) Sing.　04.270

草蛉　lacewing fly　11.047

草莓　strawberry　04.036

草棉　levant cotton, African cotton, *Gossypium herbaceum* L.　03.036

* 草茉莉　[common] four-o'clock, *Mirabilis jalapa* L.　04.304

草木灰　ash　09.251

草坪栽植　lawn planting　04.277

草塘泥　waterlogged compost, ditch compost

09.254

草田轮作 gross-crop rotation 10.007

草原气候 grassland climate, prairie climate, steppe climate 13.136

[侧]柏 Chinese arbor-vitae, *Platycladus orientalis* (L.) Franco 04.391

测交 test cross 07.158

层积处理 stratification 07.347

茶 tea, *Camellia sinensis* (L.) Kuntze 03.063

茶饼病 tea gall 11.409

茶橙瘿螨 pink tea rust mite, *Acaphylla theae* (Watt) 11.236

茶尺蠖 tea geometrid, *Ectropis grisescens* Warreh 11.233

茶短须螨 privet mite, *Brevipalpus obovatus* Donnadieu 11.235

茶二叉蚜 black citrus aphid, *Toxoptera aurantii* (Fonscolombe) 11.232

茶角蜡蚧 tea waxscale, *Ceroplastes pseudoceriferus* Green 11.238

茶毛虫 tea caterpillar, tea tussock moth, *Euproctis pseudoconspera* Strand 11.231

茶梢蛀蛾 tea shoot borer, *Parametriotes theae* Kusnetzov 11.234

茶小绿叶蝉 tea lesser leafhopper, *Empoasca pirisuga* Matsumura 11.237

茶[籽]油 tea oil, tea-seed oil 05.099

差异显著平准 level of significance of difference 08.119

铲除剂 eradicant 11.097

产量模式 yield model 15.209

*菖蒲莲 rosepink zephyr-lily, *Zephyranthes grandiflora* Lindl. 04.358

常春藤 English ivy, *Hedera helix* L. 04.442

常绿果树 evergreen fruit tree 04.003

长豇豆 asparagus bean, *Vigna unguiculata* (L.) Walp. ssp. *sesquipedalis* (L.) Verdc. 04.172

*长命菊 English daisy, *Bellis perennis* L. 04.283

长日照型 longday type 13.104

长日[照]作物 long day crop 01.056

长山核桃 pecan, *Carya pecan* Engl. et Graebn. 04.080

超低容量 ultra low volume, ULV 11.072

超低容量喷雾 ultra low volume spraying 11.073

超低容量喷雾机 ultra low volume sprayer 14.062

超低温保存 cryopreservation 07.011

超高温加工 ultra-high temperature processing 14.165

超滤 ultrafiltration 14.163

超亲遗传 transgressive inheritance 07.025

超亲优势 heterobeltiosis 07.157

秒地 puddling 10.049

朝鲜蓟 artichoke, *Cynara scolymus* L. 04.260

*潮湿气候 humid climate, wet climate 13.144

潮土 Chao soil 09.055

炒青 pan-fired 05.120

沉淀 precipitation 05.073

沉积物 sediments 12.131

成对杂交 biparental cross 07.178

成熟期 maturing stage 06.058

成霜洼地 frost hollow, frost pocket 13.253

槿麻 sunn, *Crotalaria juncea* L. 09.231

持久性病毒 persistent virus 11.361

持续农业 sustainable agriculture 01.028

池杉 pond cypress, *Taxodium ascendens* Brongn. 04.384

齿耙 tooth harrow 14.036

赤潮 red tide 12.098

赤道气候 equatorial climate 13.140

*赤豆 red bean, adsuki bean, *Phaseolus angularis* Wight 02.057

重叠 overlap 15.191

重复 replication 08.017

重寄生 hyperparasitism 11.042

DNA重组 DNA recombination 07.134

重组子 recon 07.082

虫情调查 insect survey 11.018

虫瘿 insect gall 11.143

抽穗期 heading stage 06.054

抽苔 bolting 06.064

抽样 sampling 08.046

抽样误差 sampling error 08.078

初耕 first plowing 10.037

初侵染 primary infection 11.274

初侵染源 primary source of infection 11.279
初清 preliminary cleaning 05.003
初霜 first frost 13.247
出苗 seedling emergence 10.073
锄地 hoeing 10.078
雏菊 English daisy, *Bellis perennis* L. 04.283
除草 weeding 10.079
除草剂 herbicide 11.113
触杀剂 contact insecticide 11.107
处理 treatment 08.015
处暑 End of Heat 13.074
穿孔 shot-hole 11.316
穿梭育种 shuttle breeding 07.272
*穿透深度 penetration depth 09.165
传播 transmission 11.282
传播介体 vector 11.015
传能线密度 linear energy transfer, LET 15.050
传统农业 traditional farming 01.026
吹绵蚧 cottonycushion scale, *Icerya purchasi* Maskell 11.221
锤式粉碎机 hammer mill 14.090
垂直抗性 vertical resistance 11.033
春[播]作物 spring sown crop 01.049
春大豆 spring soybean 03.003
春分 Vernal Equinox, Spring Equinox 13.064
春化[作用] vernalization 06.019
春兰 Chinese orchid, *Cymbidium goeringii* Rchb. f. 04.335
春[小]麦 spring wheat 02.018
春性 springness 06.020
春油菜 spring rape 03.015

春玉米 spring corn 02.040
纯度测定 purity testing 07.323
纯系育种 pure line breeding, pure line selection 07.150
纯育 breeding true 07.242
莼菜 water-shield, *Brasenia schreberi* J. F. Gmel. 04.248
磁选 magnetic separation 05.006
雌性不育 female sterile 07.216
慈姑 Chinese arrowhead, *Sagittaria sagittifolia* L. 04.243
刺梨 roxburgh rose, *Rosa roxburghii* Tratt. 04.042
次级起源中心 secondary center of origin 07.006
次生污染物 secondary pollutant 12.025
葱莲 autumn zephyr-lily, *Zephyranthes candida* Herb. 04.357
葱蒜类蔬菜 allium vegetables, alliums 04.133
*葱头 onion, *Allium cepa* L. 04.201
丛生型花生 bunch type peanut 03.007
粗放农业 extensive agriculture, extensive farming 01.032
粗纤维 raw fiber, crude fiber 05.106
醋栗 gooseberry 04.040
猝倒病 damping-off 11.323
猝灭气体 quenching gas 15.071
催化剂 catalyst 11.099
翠菊 China-aster, *Callistephus chinensis* Nees. 04.284
存活率 survival rate 11.126
存活曲线 survival curve 15.141

D

打顶 topping off 10.116
打麸 bran finishing 05.039
打麦 wheat scouring 05.025
大白菜 Chinese cabbage-pe-tsai, *Brassica campestris* L. ssp. *pekinensis* (Lour.) Olsson 04.146
大葱 welsh onion, *Allium fistulosum* L. var. *giganteum* Makino 04.200
大豆 soybean, *Glycine max* (L.) Merr. 03.001
大豆粉 soybean meal 05.057

大豆食心虫 soybean pod borer, *Leguminivora glycinivorella* (Matsumura) 11.193
大豆蚜 soybean aphid, *Aphis glycines* Matsumura 11.192
大豆油 soybean oil 05.091
大寒 Greater Cold 13.084
[大花]君子兰 kafir lily, *Clivia miniata* Reg. 04.342
大花美人蕉 common garden canna, *Canna*

generalis Bailey 04.368

大花牵牛 imperial japanese morning glory, *Ipomoea nil* (L.) Roth. 04.310

大蕉 plantain banana, *Musa paradisiaca* L. 04.090

*大喇叭花 imperial japanese morning glory, *Ipomoea nil* (L.) Roth. 04.310

大莱豆 big lima bean, *Phaseolus limensis* Macf. 04.177

大丽菊 aztec dahlia, *Dahlia pinnata* Cav. 04.354

大陆[性]气候 continental climate 13.138

大麻 hemp, *Cannabis sativa* L. 03.043

大螟 purplish rice borer, *Sesamia inferens* Walker 11.165

大气 atmosphere 13.092

大气窗 atmospheric window 15.153

大气候 macroclimate 13.042

大气环流 atmospheric circulation 13.093

大气监测 air monitoring 12.076

大气污染 atmosphere pollution 13.094

大气质量 air quality 12.075

*大薯 winged yam, *Dioscorea alata* L. 04.233

大暑 Greater Heat 13.072

大蒜 garlic, *Allium sativum* L. 04.207

大田作物 field crop 01.045

*大头菜 root mustard, *Brassica juncea* (L.) Czern. et Coss. var. *megarrhiza* Tsen et Lee 04.163

*大王椰子 royal palm, *Roystonea regia* (H. B. K.) O. F. Cook 04.445

*大小年 biennial bearing 06.079

大雪 Heavy Snow 13.081

大岩桐 gloxinia, *Sinningia speciosa* (Lodd.) Hiern. 04.350

大叶黄杨 spindle tree, *Euonymus japonicus* Thunb. 04.426

大雨 heavy rain 13.224

带播机 band seeder 14.049

带毒者 carrier 11.292

带化 fasciation 11.310

带条田 stripping field 09.036

代代花 sour orange, *Citrus aurantium* L. var. *amara* Engl. 04.433

代换 substitution 07.109

代换系 substitution line 07.050

担子菌 basidiomycetes 11.348

单倍体育种 haploid breeding 07.268

单季稻 single cropping rice 02.008

单交 single cross 07.159

单交种 single cross hybrid 07.287

单克隆抗体 monoclone antibody 11.374

单粒传法 single seed descent, SSD 07.267

单食性 monophagy 11.139

单株选择 individual plant selection 07.236

单作 sole cropping 10.017

氮-15方法学 ^{15}N methodology 15.064

氮肥 nitrogen fertilizer 09.264

氮固持 nitrogen immobilization 09.187

氮回收 nitrogen recovery 09.192

氮矿化 nitrogen mineralization 09.189

氮释放 nitrogen liberation 09.190

氮损失 nitrogen loss 09.191

氮同化 nitrogen assimilation 09.186

氮循环 nitrogen cycle 09.194

氮周转 nitrogen turnover 09.193

氮状况 nitrogen status 09.188

蛋鸡舍 layer house 14.111

蛋鸡舍补充照明 additional lighting in laying house 14.193

刀豆 sword bean, *Canavalia gladiata* (Jacq.) DC. 04.181

倒春寒 cold in the late spring, late spring coldness 13.192

倒伏 lodging 06.086

*倒捻子 mangosteen, *Garcinia mangostana* L. 04.107

倒位 inversion 07.116

导热率 heat conductivity 13.181

稻白叶枯病 rice bacterial leaf blight 11.388

稻恶苗病 rice bakanae disease 11.389

稻干尖线虫病 rice white tip 11.390

稻壳 rice hull 05.023

稻瘟病 rice blast 11.391

稻瘿蚊 rice gall midge, *Orseolia oryzae* (Wood-Mason) 11.170

稻纵卷叶螟 rice leaf roller, rice leaf folder,

Cnaphalocrocis medinalis Guenée 11.166

灯心草 common rush, *Juncus effusus* L. 03.051

等地温线 geoisotherms 13.174

等剂量曲线 isodose curve 11.090

等解冻线 isotac 13.263

等温线 isotherm 13.152

等物候线 isophane, isophenological line 13.091

等雪[量]线 isochion 13.237

等雨量线 equipluves, isohyet, isopluvial 13.218

等蒸发量线 isothyme 13.276

低酚棉 low gossypol cotton 03.038

低量喷雾机 low-volume sprayer 14.061

*低温保藏 cold preservation 05.159

低温干燥 low temperature drying 05.146

低温冷害 chilling injury, cold damage 13.187

滴灌 trickle irrigation, drip irrigation 14.133

*地丁 prairie milk vetch, *Astragalus adsurgens* Pall. 09.235

地方品种 landrace 07.301

*地方气候 local climate 13.045

地老虎 cutworm 11.160

地理信息系统 geographic information system, GIS 15.217

地面灌溉 surface irrigation 14.126

地面逆温 surface inversion, ground inversion 13.172

地面气温 surface air temperature, ground temperature 13.171

地面蒸发 evaporation from land surface 13.274

地膜覆盖 plastic mulching 10.063

地热能 geothermoenergy 14.176

地温 earth temperature 13.170

地温梯度 geothermal gradient 13.173

地下灌溉 subirrigation 14.135

地下害虫 soil insect 11.156

地下排水 underground drainage 14.138

地形气候 topoclimate 13.046

地形图 contour map 15.201

地形小气候 topo microclimate 13.048

地形雨 orgoraphic[al] rain 13.231

地域分析 terrain analysis 15.200

*地中热流 soil heat flux 13.180

颠换 transversion 07.110

点播 hill seeding 10.059

典范相关 canonical correlation 08.110

电离辐射 ionizing radiation 15.046

电离径迹 ionization track 15.048

电离密度 ionization density 15.047

电离室 ionization chamber 15.045

电围栏 electric fence 14.100

电育雏伞 electric hover 14.102

电晕种子清选机 electrocorona seed cleaner 14.197

电子束辐照 electron beam irradiation 15.013

电子自旋共振 electron spin resonnance, ESR 15.021

电阻加热 ohmic heating 14.166

淀粉 starch 05.044

吊兰 bracket-plant, *Chlorophytum comosum* (Thunb.) Jacques 04.341

*吊竹兰 purple zebrina, *Zebrina pendula* Schnizl. 04.333

吊竹梅 purple zebrina, *Zebrina pendula* Schnizl. 04.333

顶交 top cross 07.161

定苗 establishing 10.076

定位 location 15.192

定向选择 directional selection 07.229

东亚飞蝗 Asiatic migratory locust, *Locusta migratoria manilensis* (Meyen) 11.161

冬干寒冷气候 cold climate with dry winter 13.147

冬瓜 wax gourd, *Benincasa hispida* (Thunb.) Cogn. 04.192

冬寒菜 Chinese mallow, *Malva verticillata* L. 04.220

冬化 winterization 05.084

冬湿寒冷气候 cold climate with moisture winter 13.148

冬[小]麦 winter wheat 02.019

冬性 winterness 06.021

冬油菜 winter rape 03.016

冬至 Winter Solstice 13.082

动力输出轴 power take-off, PTO 14.021

冻拔 frost heaving, soil-lifting frost 13.260

冻藏 freeze preservation 05.161

冻害　freezing injury　06.036

冻结深度　depth of freezing　13.256

冻结温度　freezing temperature　13.161

冻涝害　flood-freezing injury　13.257

冻融交替　alternate freezing and thawing　13.261

冻死　frost-killing　13.258

冻死率　cold mortality　13.259

冻土　frozen soil　09.090

冻雨　freezing rain, frozen rain　13.228

兜兰　paphiopedilum, *Paphiopedilum insigne* Pfitz.　04.337

斗渠　lateral canal　14.147

豆瓣菜　water cress, *Nasturtium officinale* R. Br.　04.247

豆荚螟　lima bean pod borer, *Etiella zinckenella* (Treitschke)　11.194

豆科绿肥　leguminous green manure　09.224

豆科作物　legume　01.069

豆类蔬菜　leguminous vegetables　04.131

豆梨　callery pear, *Pyrus calleryana* Dcne.　04.010

豆薯　yam bean, *Pachyrhizus erosus* (L.) Urban.　04.236

豆芽菜　bean sprouts　04.253

毒饵　poison bait　11.064

毒力　virulence　11.356

毒素　toxin　11.355

毒性　toxity　11.354

毒植物素　phytotoxin　11.353

独立性检验　test of independence　08.029

笃斯越桔　bog blueberry, *Vaccinium uliginosum* L.　04.077

杜鹃　rhododendron, Indian azalea, *Rhododendron simsii* Planch.　04.420

杜梨　birch-leaf pear, *Pyrus betulaefolia* Bge.　04.011

·杜仲　eucommia, *Eucommia ulmoides* Oliv.　03.068

度日　degree-day　13.175

渡槽　flume　14.157

短果枝　fruit spur　06.005

短日[照]作物　short day crop　01.055

短时高温加工　high-temperature short-time processing　14.164

锻炼　hardening　06.031

堆草机　hay stacker　14.094

堆肥　compost　09.218

对比法　pairing method　08.034

对流性雨　convectional rain　13.230

对照　check　08.016

蹲苗　hardening of seedling　10.077

[多变]小冠花　crown vetch, *Coronilla varia* L.　09.234

多光谱扫描仪　multispectral scanner　15.148

*多花菜豆　scarlet runner bean, multiflora bean, *Phaseolus coccineus* L.　04.178

[多花]黑麦草　ryegrass, *Lolium multiflorum* L.　09.237

多棱大麦　multi-rowed barley, *Hordeum vulgare* L. ssp. *vulgare* (L.) Orlov.　02.024

多粒型花生　Valencia type peanut　03.010

多年生海岛棉　perennial sea-island cotton　03.037

多年生蔬菜作物　perennial vegetable crop　04.116

多年生作物　perennial crop　01.048

多时相　multidate　15.162

多食性　polyphagy　11.141

多熟　multiple cropping　10.013

多系品种　multiline variety　07.282

多系杂交　polycross　07.183

多项式回归　polynomial regression　08.093

多元回归　multiple regression　08.092

多元抗性　multiple resistance, multi-resistance　11.025

E

鹅掌楸　Chinese tulip tree, *Liriodendron chinense* (Hemsl.) Sarg.　04.396

*鳄梨　avocado, *Persea americana* Mill.　04.105

二重接　double working　10.106

*二次污染物　secondary pollutant　12.025

*二点红蜘蛛　two-spotted spider mite, *Tetranychus urticae* Koch　11.186

二化螟　striped rice borer, *Chilo suppressalis*

(Walker) 11.163

二棱大麦 two-rowed barley, *Hordeum vulgare* L. ssp. *distichon* (L.) Koern. 02.023

二年生蔬菜作物 biennial vegetable crop 04.115

二年生作物 biennial crop 01.047

二十四节气 twenty-four solar terms 13.060

二熟 double cropping 10.011

二氧化碳饱和点 saturation point of carbon dioxide 13.096

二氧化碳补偿点 compensation point of carbon dioxide 13.097

F

发病指数 disease index 11.260

发菜 fa-tsai, *Nostoc flagelliforme* Born. et Flah. 04.266

发酵 fermentation 05.111

发酵工程 fermentation engineering 07.062

发情探测 oestrus detection 15.108

发生量预测 forecast of emergence size 11.021

发生期预测 forecast of emergence period 11.020

发芽率 germination rate 07.333

发芽势 germination vigor 07.334

发芽试验 germination test 07.332

法规防治 legal control, legislative control 11.003

*法国冬青 sweet viburnum, *Viburnum odoratissimum* Ker.-Gawl. 04.412

番荔枝 sugar-apple, sweet sop, *Anona squamosa* L. 04.101

番木瓜 papaya, *Carica papaya* L. 04.099

番茄 tomato, *Lycopersicon esculentum* Mill. 04.166

番石榴 guava, *Psidium guajava* L. 04.100

番杏 New Zealand spinach, *Tetragonia tetragonioides* (Pall.) O. Kuntze 04.223

翻耕 plowing 10.042

繁殖率 reproduction rate 11.125

繁殖区 multiplication plot 07.309

繁殖系数 propagation coefficient 07.312

反散射 back scatter 15.130

*反射辐射 back radiation 13.121

反射率 reflectivity 15.174

反渗透 reverse osmosis 14.161

反刍动物生产力 ruminant productivity 15.105

饭豆 rice bean, *Phaseolus calcaratus* Roxb. 02.058

*芳香作物 aromatic crop 01.076

方差分析 analysis of variance 08.056

防腐剂 antiseptics 11.101

防腐剂保藏 antiseptic preservation 05.165

防护林 shelter forest 12.066

防护林带 shelter belt 12.067

防治规划 control program 12.049

防治效果 control efficiency 11.069

*防治指标 economic threshold, control index 11.150

放射免疫电泳 radioimmunoelectrophoresis 15.029

放射免疫分析 radioimmunoassay, RIA 15.027

放射生态学 radioecology 15.005

放射生物学 radiobiology 15.004

放射性废物处理 radioactive waste disposal 15.066

放射性示踪物 radioactive tracer 15.061

放射性污染 radioactive contamination 15.065

放射治疗 radiotherapy 15.140

放线菌 actinomycetes 11.350

非持久性病毒 non-persistent virus 11.362

非点源 nonpoint source 12.023

非放射性示踪物 non-radioactive tracer 15.062

非共生固氮作用 asymbiotic nitrogen fixation 09.282

非灌溉稻田 nonirrigable rice field, rainfed rice field 09.044

非监督分类 unsupervised classification 15.187

非轮回亲本 non-recurrent parent 07.164

非密度制约因子 density-independent factor 11.129

非侵染性病害 non-infectious disease 11.256

非生物环境 abiotic environment 12.062

非线性回归 nonlinear regression 08.095

非整倍体 aneuploid 07.048

*非洲棉 levant cotton, African cotton, *Gossypium*

herbaceum L. 03.036

* 榧子 Chinese torreya, *Torreya grandis* Fort. 04.084

飞机喷雾 aerial spraying 11.075

飞机撒播器 aerial broadcaster 14.051

飞燕草 rocket larkspur, *Delphinium ajacis* L. 04.300

肥地 fertile land 09.026

肥料品位 fertilizer grade 09.258

肥料效率 fertilizer efficiency 09.177

肥料效应 fertilizer effect 09.248

肥源 fertilizer source 09.247

废水处理 wastewater treatment 12.099

废物再循环 waste recycling 12.136

分辨力 resolving ability 15.136

分辨率 resolution 15.175

分辨时间 resolving time 15.135

分布型 pattern of spatial distribution 11.131

分布预测 forecast of distribution 11.019

分层 stratification 15.167

分次剂量 split dose 11.085

分次施肥 split application 09.205

分蘖 tiller 06.006

分蘖节 tillering node 06.007

分蘖力 tillering ability 06.084

分蘖期 tillering stage 06.051

分枝繁殖 propagation by division 10.089

[粉]葛 thomson kudzu, *Pueraria thomsonii* Benth. 04.239

* 枫树 Chinese sweetgum, *Liquidambar formosana* Hance 04.395

枫香 Chinese sweetgum, *Liquidambar formosana* Hance 04.395

风倒 blow-down 13.208

风干 air drying 07.338

风害 wind damage 13.199

风力发动机 wind turbine generator, WTG 14.188

风力机 wind mill 14.187

风能 wind energy 14.177

[风]沙暴 sandstorm 13.206

风信子 hyacinth, *Hyacinthus orientalis* L. 04.356

风选 aspiration 05.005

风折 wind fall 13.207

疯长 hypertrophy 11.308

* 凤梨 pineapple, *Ananas comosus* (L.) Merr. 04.097

凤尾蕨 brake fern, *Pteris multifida* Poir. 04.376

凤仙花 garden balsam, *Impatiens balsamina* L. 04.294

佛肚竹 buddha bamboo, *Bambusa ventricosa* McClure 04.446

佛手 finger citron, *Citrus medica* L. var. *sarcodactylis* (Noot.) Swingle 04.057

佛手瓜 chayote, *Sechium edule* Swartz. 04.197

麸皮 bran 05.046

孵卵机 incubator, hatcher 14.101

扶芳藤 wintercreeper euonymus, *Euonymus fortunei* (Turcz.) Hand.-Mazz. 04.441

辐射保藏 radiation preservation 05.164

辐射处理 radiation treatment 05.151

辐射防护 radiation protection 15.057

辐射分解 radiolysis 15.117

辐射计 radiometer 15.149

辐射抗性 radioresistance 15.055

辐射灭菌 radicidation 15.097

辐射敏感性 radiosensitivity 15.054

辐射强度 radiation intensity 15.116

辐射生物学 radiation biology 15.002

辐射损伤 radiation damage 15.056

辐射遗传学 radiation genetics 15.003

辐射诱发突变体 radiation-induced mutant 15.085

辐照度 irradiance 15.172

辐照工厂 irradiation plant 15.007

辐照加工 irradiation processing 14.159

辐照量 exposure dose 15.115

辐照量剂量转换系数 exposure-to-dose conversion coefficient 15.016

辐照率 exposure rate 15.114

辐照室 irradiation chamber 15.006

符号检验 sign test 08.124

浮游生物 plankton 12.057

浮游植物 phytoplankton 12.058

福禄考 drummond phlox, *Phlox drummondii* Hook. 04.313

辅助剂 adjuvant 11.100

辅助授粉　supplementary pollination　07.315

辅助因子　co-factor　07.101

腐烂　rot　11.335

腐生物　saprophyte　11.372

腐殖化　humification　09.094

腐殖质　humus　09.093

*副热带　subtropics, subtropical zone　13.132

*副热带雨林气候　subtropic rain forest climate　13.133

覆盖作物　cover crop　01.066

复耕　second plowing　10.038

复合肥料　complex fertilizer　09.185

复合太阳能加热系统　compound solar heating system　14.186

复合杂交　multiple cross　07.180

复拉丁方设计　multiple Latin square design　08.039

复相关　multiple correlation　08.108

复性　renaturation　07.100

复制　duplication　07.115

复制子　replicon　07.077

复种　multiple cropping　10.014

复种指数　cropping index　10.008

父本　male parent　07.144

负积温　negative accumulated temperature　13.167

负趋性　negative taxis　11.152

负温度　negative temperature　13.160

附加系　addition line　07.049

G

改良品种　improved variety　07.302

改良系谱法　modified pedigree method　07.271

概率　probability　08.083

钙镁磷肥　fused calcium magnesium phosphate　09.273

干菜　dry vegetable　05.139

干沉降　dry precipitation　12.078

干腐　dry rot　11.336

干旱　drought　13.196

干旱气候　arid climate　13.142

干灰化　dry ashing　15.070

干渠　main canal　14.145

干热风　dry-hot wind　13.204

干热期　xerothermal period　13.182

*干燥气候　arid climate　13.142

干砧　body stock　10.098

干[制保]藏　drying preservation　05.162

干重　dry weight　07.337

*甘蕉　plantain banana, Musa paradisiaca L.　04.090

甘蓝　cabbage, Brassica oleracea L.　04.153

甘蓝类蔬菜　cole vegetables　04.128

甘蓝型油菜　cabbage type rape, swede type rape, Brassica napus L.　03.014

甘蓝蚜　cabbage aphid, Brevicoryne brassicae L.　11.201

甘露儿　Chinese artichoke, Stachys sieboldii Miq.　04.238

甘薯　sweet potato, Ipomoea batatas Lam.　02.051

甘薯黑斑病　sweet potato black rot　11.406

甘薯小象虫　sweet potato weevil, Cylas formicarius (Fabricius)　11.183

甘蔗　sugar cane, Saccharum officinarum L.　03.054

甘蔗螟　sugarcane borer　11.197

柑桔大实蝇　citrus fruit fly, Tetradacus citri Chen　11.218

柑桔红蜘蛛　citrus red mite, Panonychus citri (McGregor)　11.219

柑桔锈螨　citrus rust mite, Phyllocoptruta oleivora (Ashmead)　11.220

*柑蛆　citrus fruit fly, Tetradacus citri Chen　11.218

感病体　suscept　11.265

感病性　susceptibility　11.266

橄榄　white Chinese olive, Canarium album Raeusch.　04.086

秆黑粉病　flag smut　11.394

秆行试验　rod-row test　08.024

秆锈病　black stem rust　11.393

*高脚蕉　common banana, Musa sapientum L.　04.088

高接 top-working 10.107

高粱 sorghum, *Sorghum vulgare* Pers. 02.043

高粱芒蝇 sorghum shoot fly, *Atherigona soccata* Rondani 11.181

高粱米 sorghum rice 05.049

高粱蚜 sorghum aphid, sugarcane aphid, *Melanaphis sacchari* (Zehntner) 11.180

高频干燥 high-frequency drying 05.144

高原气候 plateau climate 13.135

高枝压条 air layering 10.093

戈瑞 gray, Gy 15.044

*鸽子树 dove tree, *Davidia involucrata* Baill. 04.401

割草机 mower 14.092

割捆机 binder 14.069

割晒机 swather 14.070

隔年结果 biennial bearing 06.079

根菜类蔬菜 root vegetables 04.121

根冠比 root/shoot ratio 06.001

根接 root grafting 10.105

根芥菜 root mustard, *Brassica juncea* (L.) Czern. et Coss. var. *megarrhiza* Tsen et Lee 04.163

根瘤 root nodule 09.286

根瘤菌剂 nitragin 09.288

根芹菜 celeriac, *Apium graveolens* L. var. *rapaceum* DC. 04.144

根甜菜 table beet, *Beta vulgaris* L. var. *rosea* Moq. 04.142

根线虫病 root nematode disease 11.404

根肿病 club root 11.322

耕地 arable land 09.021

耕地面积 arable area 09.022

耕作层 plow layer 09.097

耕作机具 tillage implement 14.022

耕作制 farming system 10.001

工业原料作物 industrial crop 01.070

功能叶 functional leaf 06.012

供体 donor 07.140

公害 public nuisance 12.019

*公历 solar calendar 13.056

珙桐 dove tree, *Davidia involucrata* Baill. 04.401

共生固氮作用 symbiotic nitrogen fixation 09.283

枸骨 horned holly, *Ilex cornuta* Lindl. ex Paxt. 04.436

*枸桔 trifoliate orange, *Poncirus trifoliata* (L.) Raf. 04.061

沟灌 furrow irrigation 14.129

沟施 furrow application 09.213

构筑梯田 terrace building 14.153

估产 yield estimation 15.210

估计 estimation 08.082

估[计]值 estimate 08.132

孤雌生殖 parthenogenesis 07.225

骨粉 bone meal 09.222

谷糙分离 husked rice separation, paddy separation 05.011

谷蠹 lesser grain borer, *Rhyzopertha dominica* (Fabricius) 11.225

谷壳分离 husk separation 05.010

谷类作物 cereal, grain crop 01.068

谷物干燥机 grain drier 14.091

谷象 granary weevil, *Sitophilus granarius* (L.) 11.224

谷雨 Grain Rain 13.066

谷子白发病 millet downy mildew 11.405

固氮作用 nitrogen fixation 09.281

固定模型 fixed model 08.113

固体废物 solid waste 12.128

固相放射免疫分析 solid phase RIA 15.028

刮粪机 slurry scraper 14.118

瓜类蔬菜 gourd vegetables, cucurbits 04.132

瓜叶菊 cineraria, *Senecio cruentus* DC. 04.334

寡食性 oligophagy 11.140

冠接 crown grafting 10.108

观赏园艺 ornamental horticulture 04.271

观赏植物 ornamental plants 04.280

罐藏 canning 05.163

灌溉农业 irrigation farming 01.034

灌溉水质标准 water quality standard for irrigation 12.091

光饱和点 light saturation point 13.111

光补偿点 light compensation point 13.112

光核桃 smooth pit peach, *Prunus mira* Koehne. 04.023

光合强度 photosynthetic intensity 06.026

光合效率　photosynthetic efficiency　06.027

光合有效辐射　photosynthetic active radiation 13.120

光能利用率　efficiency for solar energy utilization 13.110

光谱测量　spectral measurement　15.157

光谱范围　spectral range　15.156

光谱信息　spectral information　15.155

光温生产潜力　light and temperature potential productivity　13.113

光照处理　light treatment　13.108

光照阶段　photostage　13.107

光照强度　intensity of illumination　13.106

光周期　photoperiod　06.023

光周期现象　photoperiodism　06.024

光资源　light resources　13.109

桄榔　sugar palm, *Arenga pinnata* (Wurmb.) Merr.　03.057

*广东柠檬　canton lemon, *Citrus limonia* Osbeck.　04.051

*广柑　sweet orange, *Citrus sinensis* Osbeck.　04.045

广玉兰　southern magnolia, *Magnolia grandiflora* L.　04.408

桂花　sweet osmanthus, *Osmanthus fragrans*

(Thunb.) Lour.　04.411

*桂香柳　oleaster, *Elaeagnus angustifolia* L.　04.070

*桂圆　longan, *Dimocarpus longan* Lour.　04.093

[国]槐　Chinese scholar tree, *Sophora japonica* L.　04.393

国际检疫　international quarantine　11.006

国内检疫　domestic quarantine　11.005

果菜类蔬菜　fruit vegetables　04.125

果醋　fruit vinegar　05.133

果冻　fruit jelly　05.130

果酱　fruit jam　05.129

果酒　fruit wine　05.132

果泥　fruit paste, fruit pulp　05.131

果肉饮料　fruit squash, fruit nectar　05.128

果实直感　metaxenia　07.139

果树苗木　fruit nursery stock　04.005

果树学　pomology, fruit science　04.001

果树栽培　fruit growing　10.025

果汁　fruit juice, fruice　05.127

*过度生长　hypertrophy　11.308

过磷酸钙　calcium superphosphate, SSP　09.272

过滤　filtration　05.074

过敏性　hypersensitivity　11.267

H

哈密瓜　Hami melon　04.184

海带　kelp, sea tangle, *Laminaria japonica* Aresch.　04.251

海岛棉　sea-island cotton, *Gossypium barbadense* L.　03.034

海陆风　sea-land breeze　13.202

*海棠果　pearleaf crabapple *Malus prunifolia* (Willd.) Borkh.　04.014

海棠花　Chinese flowering apple, *Malus spectabilis* (Ait.) Borkh.　04.417

海桐　mock orange, *Pittosporum tobira* (Thunb.) Ait.　04.435

海洋[性]气候　marine climate, ocean climate 13.139

*海枣　date, *Phoenix dactylifera* L.　04.096

含笑　banana-shrub, *Michelia figo* (Lour.) Spreng.　04.429

寒潮　cold wave　13.190

寒带　frigid zone, frigid belt　13.128

寒流　cold air current, cold air advection　13.191

寒露　Cold Dew　13.077

寒露风　Cold Dew wind, low temperature damage in autumn　13.244

寒温带　cool temperate zone, cool temperate belt 13.127

函数　function　08.086

*旱稻　upland rice　02.004

旱地　dry land, upland　09.018

旱地农业　dryland farming　01.035

旱金莲　garden nasturtium, *Tropaeolum majus* L.

红壤 red soil 09.049

红外扫描 infrared scanning 15.161

红外线干燥 infrared drying 05.143

红外线加热 infrared heating 14.195

[红]小豆 red bean, adsuki bean, *Phaseolus angularis* Wight 02.057

候 pentad 13.103

后代 progeny 07.146

后代测验 progeny test 07.226

后辐照 post-irradiation 15.081

后熟 after ripening 06.063

后效 residual effect 09.250

后作[物] following crop 10.016

呼吸系数 coefficient of respiration 06.028

胡葱 shallot, *Allium ascalonicum* L. 04.202

胡萝卜 carrot, *Daucus carota* L. 04.139

*胡桃 Persian walnut, *Juglans regia* L. 04.078

瓠瓜 white-flowered gourd, *Lagenaria siceraria* (Molina) Standl. 04.191

蝴蝶花 fringed iris, *Iris japonica* Thunb. 04.324

蝴蝶兰 Moth orchid, *Phalaenopsis amabilis* Bl. 04.339

湖田 shoaly land 09.039

互交 intercrossing, intermating 07.172

花菜类蔬菜 flower vegetables 04.124

花蝽 flower bug 11.053

花粉不育性 pollen sterility 07.215

花粉蒙导 pollen mentor 07.269

花粉培养 pollen culture 07.068

*花红 crab-apple, *Malus asiatica* Nakai 04.013

花卉布置 flower arrangement 04.272

花卉栽培 floriculture 10.027

花卉装饰 flower decoration 04.273

花菱草 california poppy, *Eschscholzia californica* Cham. 04.298

[花]魔芋 elephant-foot yam, *Amorphophallus rivieri* Durieu 04.237

花生酱 peanut butter 05.102

花生挖掘机 peanut digger 14.073

花生油 peanut oil 05.092

花图式 floral diagram 04.278

花薰茶 scented tea 05.116

花药培养 anther culture 07.069

花[椰]菜 cauliflower, *Brassica oleracea* L. var. *botrytis* L. 04.157

花叶病 mosaic 11.332

华氏温标 Fahrenheit thermometric scale 13.154

铧式犁 mouldboard plow 14.025

化学防治 chemical control 11.011

化学肥料 chemical fertilizer 09.257

化学需氧量 chemical oxygen demand, COD 12.102

化学诱变剂 chemical mutagen 15.078

化学治疗 chemotherapy 11.074

坏死 necrosis 11.312

环斑 ring spot 11.302

环境标准 environmental standard 12.005

环境参数 environmental parameter 12.013

环境毒性 environmental toxicity 12.011

环境恶化 environmental deterioration 12.010

环境模拟 environmental simulation 12.015

环境评价 environmental appraisal, environmental assessment 12.008

环境容量 environmental capacity 12.006

环境危害 environmental hazard 12.009

环境预测 environmental forecasting 12.014

环境指数 environmental index 12.012

环境准则 environmental guidline 12.007

环境资源 environmental resources 12.004

缓释肥料 slow release fertilizer 09.181

荒漠化 desertification 12.120

黄蝉 oleander allemanda, *Allemanda neriifolia* Hook. 04.427

*黄弹子 wampee, *Clausena lansium* (Lour.) Skeels 04.060

*黄豆 soybean, *Glycine max* (L.) Merr. 03.001

黄瓜 cucumber, *Cucumis sativus* L. 04.182

黄花菜 daylily 04.256

黄花苜蓿 sickle alfalfa, *Medicago falcata* L. 09.243

黄花烟草 Aztec tobacco, rustica tobacco, *Nicotiana rustica* L. 03.053

黄化 yellow 11.305

黄金间碧玉竹 greenstripe common bamboo, *Bambusa vulgaris* Schrad. var. *striata*

Gamble 04.447

黄兰 champac michelia, *Michelia champaca* L. 04.410

黄栌 smoke tree, *Cotinus coggygria* Scop. 04.403

黄麻 roundpod jute, *Corchorus capsularis* L. 03.039

黄皮 wampee, *Clausena lansium* (Lour.) Skeels 04.060

黄秋葵 okra, *Abelmoschus esculentus* (L.) Moench 04.264

黄壤 yellow soil 09.050

黄熟 yellow ripe 06.061

黄萎病 verticillium wilt 11.397

灰度 grey scale, grey level 15.169

灰漠土 grey desert soil 09.059

回归 regression 08.089

回归系数 regression coefficient 08.100

回归线 regression line 08.096

回交 backcross 07.162

茴香 fennel, *Foeniculum vulgare* Mill. 04.215

混合法 bulk method 07.248

混合肥料 mixed fertilizer 09.180

混合模型 mixed model 08.114

混合授粉 mixed pollination 07.260

*混合霜冻 advection radiation frost 13.255

混合选择 mass selection, bulk selection 07.265

混合油处理 miscella treatment 05.068

混系品种 composite variety 07.281

混杂设计 confounding design 08.040

混作 mixed cropping 10.020

活动积温 active accumulated temperature 13.169

活动温度 active temperature 13.162

活化剂 activator 11.115

活力测定 vitality test 07.331

活性污泥 activated sludge 12.130

*火葱 shallot, *Allium ascalonicum* L. 04.202

火鸡场 turkey farm 14.113

获得抗性 acquired resistance 11.381

获得免疫性 acquired immunity 11.384

霍普金生物气候律 Hopkin's bioclimatic law 13.052

藿香蓟 tropic ageratum, *Ageratum conyzoides* L. 04.314

货架期延长 shelf-life extension 15.096

J

基施 basal application 09.208

基塘系统 field-pond system 12.074

*基因工程 genetic engineering 07.060

基因库 gene bank 07.028

基因库材料 gene bank accession 07.016

基因文库 gene library 07.017

基因性不育 genic sterility 07.037

基因源 gene pool 07.029

基因转移 gene transfer 07.036

机械防治 mechanical control 11.010

机械化栽培 mechanized farming 10.022

机械通风干燥 mechanical ventilation drying 05.141

机载侧视雷达 side-looking airborne radar, SLAR 15.146

机助制图 computer aided mapping 15.227

积分剂量计 integrating dosimeter 11.079

积累 accumulation 12.027

积温 accumulated temperature 13.166

积雪 perpetual snow, snow cover 13.236

激光微束辐照 laser micro-irradiation 15.014

激活子 activator 07.081

鸡冠花 cockscomb, *Celosia cristata* L. 04.296

*鸡头 cordon euryale, *Euryale ferox* Salisb. 04.245

姬蜂 ichneumon fly 11.060

极差 range 08.069

极地气候 polar climate 13.141

极性 polarity 07.098

*棘 spine date, *Zizyphus jujuba* Mill. var. *spinosus* (Bge.) Hu 04.069

*集团法 bulk method 07.248

*集团选择 mass selection, bulk selection 07.265

集约农业 intensive agriculture, intensive farming 01.033

瘠地 infertile land 09.027

急性暴露　acute exposure　12.028

急性毒性　acute toxicity　12.029

急性辐照　acute irradiation　15.083

* 急性接触　acute exposure　12.028

急性伤害　acute injury　11.285

急性症状　acute symptom, shock symptom　11.288

疾病诊断　disease diagnosis　15.106

荠菜　shepherd's purse, Ji-tsai, *Capsella bursa-pastoris* (L.) Medic.　04.219

稷米　milled nonglutinous broomcorn millet　05.052

挤奶器　milker　14.098

挤奶台　milking parlor　14.097

挤压加工　extrusion processing　14.158

挤压膨化　extrusion　05.167

几何[平]均数　geometric mean　08.061

几何衰减　geometrical attenuation　15.119

几何校正　geometric correction　15.204

* 几率　probability　08.083

剂量　dose, dosage　11.077

剂量测定　dosimetry　11.082

剂量划分　dose fractionation　11.081

剂量计　dosimeter　11.078

剂量率　dose rate　11.080

剂量效应　dose effect　07.033

剂量效应曲线　dose-effect curve　11.089

寄生蜂　parasitic wasp　11.048

寄生物　parasite　11.367

寄生性　parasitism　11.138

寄生性病害　parasitic disease　11.257

寄生性天敌　parasite　11.041

寄生蝇　parasitic fly　11.049

寄蝇　tachina fly　11.056

寄主　host　11.363

寄主范围　host range　11.366

寄主选择性　host selection　11.062

寄主植物　host plant　11.134

寄主专一性　host specificity　11.061

计划预防维修制　planned-preventive maintenance system　14.008

计数率　counting rate　15.040

α计数器　α-counter　15.038

夹竹桃　sweet-scented oleander, *Nerium indicum* Mill.　04.425

* 家山药　chinese yam, *Dioscorea batatas* Decne　04.232

家系　line, family　07.244

家系选择　line selection　07.245

加肥灌溉　fertigation　09.202

* 加氢作用　hydrogenation　05.085

加温干燥　heat drying　07.339

加性效应　additive effect　07.031

加性遗传方差　additive genetic variance　07.032

钾肥　potasium fertilizer　09.274

假彩色　false color　15.181

假设检验　hypothesis test　08.032

假植　temporary planting　10.071

嫁接　grafting　10.094

嫁接结合部　graft union　10.112

嫁接嵌合体　grafting chimaera　10.113

嫁接亲和力　grafting affinity　10.111

监督分类　supervised classification　15.186

坚黑穗病　covered smut　11.403

间断分布　discontinuous distribution　07.137

间断[性]变量　discrete variable　08.055

间隔　spacer　07.113

间苗　thinning　10.075

间苗机　plant thinner　14.041

间歇辐照　intermitant irradiation　15.082

间作　intercropping　10.018

碱化　solonization　09.088

碱炼　caustic refining　05.079

碱七　solonetz　09.057

碱性土　alkaline soil　09.075

捡拾压捆机　picker-baler　14.095

简并[性]　degeneracy　07.102

F 检验　*F*-test　08.126

t 检验　*t*-test　08.125

χ^2检验　χ^2-test　08.028

箭舌豌豆　common vetch, spring vetch, *Vicia sativa* L.　09.227

* 剑兰　sword lily, *Gladiolus hybridus* Hort.　04.369

剑麻　sisal hemp, *Agave sisalana* Perrine　03.044

渐渗杂交　introgressive hybridization　07.182

僵果病　mummy　11.333

姜　ginger, *Zingiber officinale* Rosc.　04.234

豇豆　cowpea, *Vigna unguiculata* (L.) Walp. ssp. *cylindrica* (L.) Van Eselt ex Verdc. 04.173

降水　precipitation, cloudiness 13.210

降水强度　precipitation intensity 13.214

降水效率　precipitation efficiency 13.215

降水蒸发比　precipitation evaporation ratio 13.278

降雨持续时间　rainfall duration 13.222

胶片　rubber sheet 05.124

胶乳　latex 05.122

交叉犁耕　cross plowing 10.034

交叉侵染　cross infection 11.275

交叉污染物　cross pollutant 12.026

交互作用　interaction 08.080

交换量　exchange capacity 09.197

交换性钾　exchangeable potassium 09.200

交换性盐基　exchangeable base 09.199

*交换子　recon 07.082

DNA 交联　DNA cross-linking 07.135

菰白　water bamboo, *Zizania latifolia* Turcz. 04.242

角斑病　angular leaf spot 11.326

校正　correction 08.081

校正曲线　calibration curve 08.104

藠头　Chiao Tou, *Allium chinense* G. Don 04.206

接穗　scion, budwood 10.101

接芽　scion bud 10.102

阶段发育　phasic development 06.018

节瓜　Chieh-qua, *Benincasa hispida* (Thunb.) Cogn. var. *chieh-qua* How. 04.193

结果期　fruiting period 06.076

结果习性　fruit bearing habit 06.074

结果枝　fruit bearing shoot 06.004

结果周期性　periodicity of fruiting 06.075

结合态农药残留物　bond pesticide residue 15.109

结球甘蓝　common head cabbage, *Brassica oleracea* L. var. *capitata* L. 04.155

结球期　heading stage 06.067

结球莴苣　head lettuce, *Lactuca sativa* L. var. *capitata* L. 04.211

拮抗生物　antibionts 11.379

拮抗体　antagonist 11.378

拮抗效应　antagonistic effect 12.033

拮抗[作用]　antagonism 11.377

解冻　thaw 13.262

芥菜　brown mustard, *Brassica juncea* (L.) Czern. et Coss. 04.162

芥菜类蔬菜　mustard vegetables 04.129

芥菜型油菜　mustard type rape, *Brassica juncea* (L.) Czern. et Coss. 03.013

芥蓝　Chinese kale, Chinese broccoli, *Brassica alboglabra* Bailey 04.159

介电加热　dielectric heating 14.167

金光菊　cutleaf coneflower, *Rudbeckia laciniata* L. 04.318

金琥　golden-ball cactus, *Echinocactus grusonii* Hildm. 04.375

金花菜　burclover, california burclover, *Medicago hispida* Gaertn. 04.224

金桔　oval kumquat, *Fortunella margarita* (Lour.) Swingle 04.059

*金莲花　garden nasturtium, *Tropaeolum majus* L. 04.319

*金钱菊　plain coreopsis, *Coreopsis tinctoria* Nutt. 04.291

金钱松　golden larch, *Pseudolarix kaempferi* (Lindl.) Gord. 04.381

金银花　honeysuckle, *Lonicera japonica* Thunb. 04.439

金银木　Amur honeysuckle, *Lonicera maackii* (Rupe.) Maxim. 04.405

金鱼草　snapdragon, *Antirrhinum majus* L. 04.299

金盏菊　pot marigold, *Calendula officinalis* L. 04.290

*金针菜　daylily 04.256

金针虫　wireworm 11.158

锦熟黄杨　common box, *Buxus sempervirens* L. 04.424

近交　inbreeding, close breeding 07.166

近交退化　inbreeding depression 07.174

近交系数　inbreeding coefficient 07.173

*近亲交配　inbreeding, close breeding 07.166

浸出　solvent extraction 05.067

茎菜类蔬菜　stem vegetables 04.122

茎秆强度　straw stiffness 06.085

茎芥菜　stem mustard 04.164

茎纹病 stem-pitting 11.325

茎叶比 stem/leaf ratio 06.010

惊蛰 Awakening from Hibernation 13.063

精炼油 refined oil 05.087

精米机 rice polisher 14.085

精密播种机 precision planter 14.048

精选 foreign seeds extraction 05.032

*精制油 refined oil 05.087

粳稻 keng rice, japonica rice, *Oryza sativa* L. ssp. *keng* Ting 02.012

粳米 milled medium to short-grain nonglutinous rice 05.019

经济阈值 economic threshold, control index 11.150

经济允许水平 economic irjury level 11.149

经济作物 economic crop 01.071

径流 runoff 14.150

竞争能力 competitive ability 15.100

净光合作用 ne⁺ photosynthesis 06.025

净化剂 clarificant 11.102

韭菜 Chinese chive, *Allium tuberosum* Rottl. ex Spreng. 04.205

韭葱 leek, *Allium porrum* L. 04.204

韭莲 rosepink zephyr-lily, *Zephyranthes grandiflora* Lindl. 04.358

厩肥 stable manure 09.219

救荒作物 emergency crop 01.057

枸橼 citron, *Citrus medica* L. 04.056

菊花 Florist's chrysanthemum, *Dendranthema morifolium*（Ramat.）Tzvel. 04.315

菊芋 Jerusalem artichoke, *Helianthus tuberosus* L. 04.240

局部枯斑 local lesion 11.301

局地气候 local climate 13.045

*蒟蒻 elephant-foot yam, *Amorphophallus rivieri* Durieu 04.237

聚合杂交 convergent cross 07.181

聚类 clustering 15.184

聚类分析 cluster analysis 08.058

拒虫剂 repellent 11.110

卷丹 tiger-lily, *Lilium lancifolium* Thunb. 04.365

*卷心菜 common head cabbage, *Brassica oleracea* L. var. *capitata* L. 04.155

决策支持系统 decission support system, DSS 15.218

决定系数 coefficient of determination 08.101

蕨菜 wild brake, *Pteridium aquilinum*（L.）Kuhn. var. *latiusculum*（Desv.）Underw. 04.265

绝对湿度 absolute humidity 13.264

均方 mean square 08.072

菌根 mycorhiza 09.287

菌物 fungus 11.339

*莙荙菜 leaf beet, swiss chard, *Beta vulgaris* L. var. *cicla* L. 04.217

君迁子 dateplum, *Diospyros lotus* L. 04.067

K

咖啡 coffee, *Coffea arabica* L. 03.064

咖啡豆象 coffee bean weevil, *Araecerus fasciaculatus*（De Geer）11.242

咖啡粉蚧 coffee mealy bug, *Pseudococcus coffeae* Newst. 11.243

咖啡果小蠹 coffee berryborer, *Stephanoderes coffeae* Haged 11.240

咖啡虎天牛 coffee borer, *Xylotrechus quadripes* Chervolat 11.244

咖啡潜叶蛾 coffee leafminer, *Perileucoptera coffeella* Guerin 11.239

咖啡枝小蠹 coffee shot-hole borer, *Dryocoetes coffeae* Egg 11.241

卡特兰 Bowring cattleya, *Cattleya bowringiana* Hort. 04.336

开沟犁 ditching plow 14.033

开沟压条 trench layering 10.091

开花期 flowering stage 06.057

坎儿井 karez 14.136

*康拜因 combine, combine harvester 14.071

*康纳馨 carnation, *Dianthus caryophyllus* L. 04.329

糠栖分离 floury product separation 05.017

抗变剂 anti-mutagen 11.104

抗病性 disease resistance 06.043

抗病育种 breeding for disease resistance 07.276

抗虫性 resistance to insects 11.023

抗虫育种 breeding for pest resistance 07.279

抗倒伏性 lodging resistance 06.044

抗风性 wind resistance 06.042

抗寒性 cold resistance 06.041

抗裂荚[落粒]性 shattering resistance 06.045

抗逆育种 breeding for stress tolerance 07.280

抗生性 antibiosis 11.029

抗体 antibody 11.373

抗性 resistance 11.380

抗性机制 mechanism of resistance 11.026

抗血清 antiserum 11.376

抗氧剂保藏 antioxidant preservation 05.166

抗药性 pesticide resistance 11.068

抗诱变因素 anti-mutagen 15.079

抗原 antigen 11.375

颗粒肥料 granular fertilizer 09.183

颗粒杀虫剂 granular insecticide 11.106

颗粒物料分选 sorting of granular material 14.196

可交配性 crossability 07.208

可可 cocoa, *Theobroma cacao* L. 03.065

可可象虫 cocoa pruner, *Chalcodermus marshalli* Bondar 11.245

*可能蒸散 potential evapotranspiration 13.280

可再生能源 renewable energy source 14.172

可再生资源 renewable resources 12.133

克隆 clone 07.224

空白试验 blank test 08.021

空秆 barreness 06.072

空间隔离 distance isolation 07.310

空间数据 spatial data, spacial data 15.225

空间信息 spatial information 15.154

空气污染 aerial pollution, air pollution 12.077

*空心菜 water spinach, *Ipomoea aquatica* Forsk. 04.213

*空中压条 air layering 10.093

孔雀草 French marigold, *Tagetes patula* L. 04.286

控制发霉 mold control 15.093

控制授粉 controlled pollination 07.262

枯斑 lesion 11.300

枯萎病 fusarium wilt 11.398

枯心 dead heart 11.144

苦瓜 bitter gourd, *Momordica charantia* L. 04.196

苦苣 endive, *Cichorium endivia* L. 04.229

苦荞[麦] tartarian buckwheat, *Fagopyrum tataricum* (L.) Gaertn. 02.029

块根播种机 root planter 14.053

块根作物 root crop 01.081

块茎播种机 tube planter 14.052

块茎嫁接 tuber grafting 10.115

块茎指数 tuber index 06.002

块茎作物 tuber crop 01.082

块状结构 crumb structure 09.102

快中子 fast neutron 15.127

[宽皮]桔 loose-skin orange, *Citrus reticulata* Blanco. 04.043

矿质氮 mineral nitrogen 09.261

*葵菜 curled mallow, *Malva crispa* L. 04.221

溃疡病 canker 11.321

*昆布 kelp, sea tangle, *Laminaria japonica* Aresch. 04.251

扩散系数 diffusion coefficient 09.166

L

垃圾处置 disposal of refuse 12.135

拉丁方设计 Latin square design 08.037

蜡熟 dough stage 06.060

辣根 horse-radish, *Armoracia rusticana* (Lam.) Gaertn. 04.259

辣椒 hot pepper, *Capsicum annuum* L. 04.168

来檬 lime, *Citrus aurantifolia* Swingle 04.052

*赖母 lime, *Citrus aurantifolia* Swingle 04.052

兰花苕子 bird vetch, cow vetch, tufted vetch, *Vicia cracca* L. 09.229

雷暴[雨] thunderstorm 13.229

蕾期 bud stage 06.056

蕾期授粉　bud pollination　07.261

类病毒　viroids　11.359

棱角丝瓜　luffa-angled loofah, singkwa, *Luffa acutangula* (L.) Roxb.　04.195

冷藏　cold preservation　05.159

冷藏库　cold storage　14.105

冷床　cold bed　10.085

*冷冻保藏　freeze preservation　05.161

冷冻干燥　freeze drying　05.147

冷害　cold injury　06.034

冷浸田　cold waterlogged paddy field　09.046

冷夏　cool summer　13.186

梨小食心虫　oriental fruit moth, *Cydia molesta* (Busck)　11.208

梨圆蚧　San Jose scale, *Quadraspidiotus perniciosus* (Comstock)　11.212

犁底层　plow pan　09.098

犁幅宽度　plowing width　10.047

犁沟　furrow　10.046

檬檬　canton lemon, *Citrus limonia* Osbeck.　04.051

*离核木棉　perennial sea-island cotton　03.037

离均差　deviation from mean　08.070

离体保存　*in vitro* conservation　07.014

离体突变发生　*in vitro* mutagenesis　15.076

离子对　ion pair　15.049

离子注入　ion-implantation　15.015

理想株型　ideotype　07.232

荔枝　litchi, *Litchi chinensis* Sonn.　04.094

利己素　allomone　11.037

利它素　kairomone　11.038

立春　Beginning of Spring　13.061

*立刀豆　jack bean, *Canavalia ensiformis* (L.) DC.　04.180

立冬　Beginning of Winter　13.079

立秋　Beginning of Autumn　13.073

立体镜　stereoscope　15.171

立体农业　multi-storied agriculture　01.030

立夏　Beginning of Summer　13.067

*联核木棉　perennial sea-island cotton　03.037

联合收割机　combine, combine harvester　14.071

联体病毒　gemnivirus　11.360

莲藕　hindu lotus, lotus [rhizome], *Nelumbo nucifera* Gaertn.　04.241

莲座期　rosette stage　06.066

连接酶　ligase　07.090

连续分布　continuous distribution　07.136

连续[性]变量　continuous variable　08.054

连续选择　successive selection　07.230

连作　continuous cropping　10.002

链轨式拖拉机　crawler tractor　14.016

粮仓　granary　14.104

凉米　rice cooling　05.015

*凉薯　yam bean, *Pachyrhizus erosus* (L.) Urban.　04.236

量水坝　measuring dam　14.155

量水槽　measuring flume　14.156

量水堰　measuring weir　14.154

亮度　brightness　15.170

撂荒地　abandoned land　09.025

裂区设计　split plot design　08.036

猎蝽　assassin bug　11.054

磷肥　phosphorus fertilizer　09.271

磷矿粉　rock phosphate　09.275

临界生长期　critical period of growth　06.049

临界湿度　critical humidity, critical moisture point　13.267

临界昼长　critical day-length　13.105

淋滤　eluviation　09.173

*淋溶　eluviation　09.173

淋失　leaching loss　09.174

淋洗　leaching　09.175

淋洗定额　leaching requirement　09.176

菱[角]　water caltrop, water chestnut　04.246

*零假设　null hypothesis　08.033

铃行法　boll-row method　07.251

铃行试验　boll-row test　08.025

铃兰　lily-of-the-valley, *Convallaria majalis* L.　04.355

令箭荷花　nopalxochia, *Nopalxochia ackermannii* (Haw.) F. M. Kunth.　04.345

榴莲　durian, *Durio zibethinus* L.　04.102

流化床干燥　fluid-bed drying, fluidized-bed drying　05.142

流胶病　gummosis　11.328

龙船花　Chinese ixora, *Ixora chinensis* Lam.

04.432

龙舌兰 agave, *Agave americana* L. 03.045

*龙须牡丹 sun plant, *Portulaca grandiflora* Hook. 04.292

龙眼 longan, *Dimocarpus longan* Lour. 04.093

*龙爪花 spider lily, *Lycoris radiata* (L'Her.) Herb. 04.359

*龙爪稷 finger millet, *Eleusine coracana* (L.) Gaertn. 02.049

砻谷 husking, shelling 05.009

砻谷机 rice huller 14.083

笼内释放 cage release 15.101

垄耕 ridge plowing 10.036

蝼蛄 mole criket 11.157

搂草机 hay rake 14.093

芦荟 Chinese aloe, *Aloe vera* L. var. *chinensis* (Haw.) Baker 04.349

*芦粟 sweet sorghum, sorgo, *Sorghum bicolor* (L.) Moench 02.046

*芦笋 asparagus, *Asparagus officinalis* L. 04.258

芦苇 reed, *Phragmites communis* (L.) Trin. 03.048

露地栽培 field culture 10.028

陆稻 upland rice 02.004

陆地棉 upland cotton, *Gossypium hirsutum* L. 03.033

陆地生态系统 terrestrial ecosystem 12.052

陆地卫星 Landsat 15.144

滤光片 light filter 13.115

*绿菜花 broccoli, *Brassica oleracea* L. var. *italica* Plenck 04.158

绿茶 green tea 05.107

绿豆 mung bean, *Phaseolus radiatus* L. 02.056

绿豆象 adzuki bean weevil, *Callosobruchus chinensis* (L.) 11.230

绿度值 greenness index 15.212

绿肥 green manure 09.223

绿肥作物 green manure crop 01.085

绿化 afforestation 12.069

绿萍 azolla, water fern, *Azolla imbricata* (Roxb.) Nakai 09.238

绿叶菜和生食叶菜类 potherbs and leafy salad vegetables 04.134

绿洲 oasis 09.038

卵寄生物 egg parasite 11.050

卵菌 oomycetes 11.345

轮回亲本 recurrent parent 07.163

轮回选择 recurrent selection 07.266

轮式拖拉机 wheel tractor 14.015

轮休地 land on fallow rotation 09.031

轮作 rotation 10.003

轮作顺序 rotation sequence 10.005

轮作周期 rotation cycle 10.006

萝卜 radish, *Raphanus sativus* L. 04.138

*螺丝菜 Chinese artichoke, *Stachys sieboldii* Miq. 04.238

罗布麻 dogbane, *Apocynum venetum* L. 03.047

*罗浮 oval kumquat, *Fortunella margarita* (Lour.) Swingle 04.059

罗勒 sweet basil, *Ocimum basilicum* L. 04.226

*罗望子 tamarind, *Tamarindus indica* L. 04.109

裸大麦 naked barley, *Hordeum vulgare* L. var. *nudum* Hook. f. 02.026

裸大麦粉 naked barley flour 05.055

裸燕麦 naked oats, *Avena nuda* L. 02.033

落果 fruit dropping 06.071

落花 blossom dropping 06.069

[落]花生 peanut, *Arachis hypogaea* L. 03.005

落荚 pod dropping 06.070

落葵 malabar spinach 04.222

落蕾 flower bud dropping 06.068

落下灰 fallout 15.068

落叶果树 deciduous fruit tree 04.002

落羽杉 swamp cypress, *Taxodium distichum* (L.) Rich. 04.383

M

*麻豆秧 prairie milk vetch, *Astragalus adsurgens* Pall. 09.235

麻类作物 bast fiber crop 01.073

马齿[型]玉米 dent corn, *Zea mays* L. var. *indentata* Sturt. 02.036

马蜂橙 Mauritius papeda, *Citrus hystrix* DC. 04.054

马蔺 sword iris, *Iris ensata* Thunb. 04.325

马铃薯 potato, *Solanum tuberosum* L. 04.230

马铃薯块茎蛾 potato tuberworm, *Phthorimaea operculella* (Zeller) 11.184

马铃薯挖掘机 potato digger 14.072

马铃薯晚疫病 potato late blight 11.407

*马蹄 Chinese water chestnut, *Eleocharis dulcis* (Burm. f.) Trin. ex Henschel 04.244

马缨杜鹃 delavay rhododendron, *Rhododendron delavayi* Franch. 04.421

麦长管蚜 English grain aphid, *Sitobion avenae* (Fabricius) 11.175

麦蛾 Angoumois grain moth, *Sitotroga cerealella* (Olivier) 11.227

麦二叉蚜 greenbug, *Schizaphis graminum* (Rondani) 11.176

麦秆菊 straw flower, *Helichrysum bracteatum* (Venten.) Andr. 04.285

麦秆蝇 wheat stem maggot, *Meromyza saltatrix* L. 11.174

麦红吸浆虫 red wheat blossom midge, *Sitodiplosis mosellana* (Gehin) 11.171

麦黄吸浆虫 yellow wheat blossom midge, *Contarinia tritici* (Kirby) 11.172

麦芽 malt 05.056

脉冲幅度分析仪 pulse size analyser 15.031

*满江红 azolla, water fern, *Azolla imbricata* (Roxb.) Nakai 09.238

*蔓菁 turnip, *Brassica campestris* L. ssp. *rapifera* Metzg. 04.140

慢化 moderation 15.133

慢速渗滤系统 slow rate system 12.096

慢性辐照 chronic irradiation 15.084

慢性伤害 chronic injury 11.284

漫灌 flooding irrigation 14.128

杧果 mango, *Mangifera indica* L. 04.095

芒种 Grain in Ear 13.069

*毛瓜 Chieh-qua, *Benincasa hispida* (Thunb.) Cogn. var. *chieh-qua* How. 04.193

毛管传导度 capillary conductivity 09.159

毛管孔[隙]度 capillary porosity 09.158

毛管力 capillary force 09.154

毛管容量 capillary capacity 09.156

毛管上限 capillary fringe 09.157

毛管势 capillary potential 09.155

毛管水 capillary moisture 09.153

毛渠 field ditch 14.149

毛叶秋海棠 king begonis, *Begonia rex* Putz. 04.346

毛叶苕子 hairy vetch, *Vicia villosa* Roth. 09.228

毛樱桃 Nanking cherry, *Prunus tomentosa* Thunb. 04.035

毛油 crude oil 05.071

玫瑰 rugosa rose, *Rosa rugosa* Thunb. 04.415

梅 mei, *Prunus mume* Sieb. et Zucc. 04.029

梅雨 Meiyu, plum rain 13.227

酶工程 enzyme engineering 07.061

酶联免疫吸收分析 enzyme-linked immunosorbent assay, ELISA 15.030

霉 mold 11.303

霉菌 mold 11.343

每分钟计数 count per minute, CPM 15.041

每分钟衰变 disintigration per minute, DPM 15.042

*美国石竹 beared pink, *Dianthus barbatus* L. 04.282

美人蕉 India canna, *Canna indica* L. 04.367

美洲李 American plum, *Prunus americana* Marsh. 04.028

*美洲南瓜 pepo, *Cucurbita pepo* L. 04.190

美洲葡萄　fox grape, *Vitis labrusca* L.　04.064

弥雾机　mist sprayer　14.064

米糠　rice bran, rice husk　05.022

米糠油　rice bran oil　05.096

米象　rice weevil, *Sitophilus oryzae* (L.)　11.223

密度分割　density slicing　15.189

密度制约因子　density-dependent factor　11.128

密花石斛　dendrobium, *Dendrobium densiflorum*
Wallich　04.338

棉大卷叶螟　cotton leafroller, *Sylepte derogata*
(Fabricius)　11.191

棉红铃虫　pink bollworm, *Pectinophora gossypiella*
(Saunders)　11.190

棉红蜘蛛　two-spotted spider mite, *Tetranychus
urticae* Koch　11.186

棉[花]　cotton　03.032

棉铃　cotton boll　06.016

棉铃虫　cotton bollworm, *Helicoverpa armigera*
(Hübner)　11.189

棉盲蝽　cotton leaf bug　11.187

棉绒　linters　05.105

棉蚜　cotton aphid, melon aphid, *Aphis gossypii*
Glover　11.185

棉叶蝉　cotton leafhopper, *Empoasca biguttula*
Shiraki　11.188

＊棉叶螨　two-spotted spider mite, *Tetranychus
urticae* Koch　11.186

棉籽油　cottonseed oil　05.095

免耕　zero tillage　10.045

免耕法　no-tillage system　14.023

免疫　immune　11.382

免疫性　immunity　11.383

＊面粉　wheat flour　05.043

面粉处理　flour treatment　05.040

面粉搭配　flour blending　05.041

面筋　gluten　05.045

苗床　seed bed　10.084

苗立枯病　seedling blight　11.399

苗期　seedling stage　06.050

灭茬　stubbling　10.033

灭茬犁　topsoil plow, stubble breaker　14.031

灭菌　sterilization　11.093

敏感作物　sensitive crop　12.081

敏化　sensitization　15.132

明沟　open ditch　14.139

耱地　smoothing　10.052

膜技术　membrane technology　14.160

磨粉机　flour mill　14.086

茉莉　Arabian jasmine, *Jasminum sambac* (L.) Ait.
04.430

牡丹　tree peony, Mudan, *Paeonia suffruticosa*
Andr.　04.422

母本　female parent　07.145

＊木菠萝　jack fruit, *Artocarpus heterophyllus* Lam.
04.098

＊木耳菜　malabar spinach　04.222

木瓜　Chinese quince, *Chaenomeles sinensis*
(Thouin) Koehne.　04.019

木兰　lily magnolia, *Magnolia liliflora* Desr.
04.413

木麻黄　horsetail beefwood, *Casuarina equisetifolia*
L.　04.406

＊木莓　raspberry　04.038

木薯　cassava, *Manihot esculenta* Crantz　02.052

＊木樨　sweet osmanthus, *Osmanthus fragrans*
(Thunb.) Lour.　04.411

木香　banksian rose, *Rosa banksiae* Ait.　04.437

＊苜蓿　alfalfa, lucerne, purple medick, *Medicago
sativa* L.　09.242

＊目视解译　visual interpretation　15.165

目视判读　visual interpretation　15.165

N

奶牛场　dairy farm　14.112

奶油分离器　cream separator　14.099

耐病性　disease tolerance　11.271

耐虫[害]性　tolerance to insects　11.030

耐寒蔬菜　hardy vegetable　04.120

耐旱作物　drought tolerant crop　01.061

耐碱性　alkali tolerance　06.040

耐涝作物　waterlogging tolerant crop　01.062

耐热蔬菜　heat tolerant vegetable　04.117
耐热性　heat tolerance　06.037
耐性作物　tolerable crop　12.082
耐盐性　saline tolerance　06.039
耐盐作物　salt tolerant crop　01.063
耐渍性　waterlogging tolerance　06.038
南天竹　heavenly bamboo, *Nandina domestica*
　　Thunb.　04.434
内含子　intron　07.080
内寄生物　endoparasite　11.369
内融合　endomixis　07.124
内吸杀虫剂　systemic insecticide　11.108
能流物流分析　analysis on substances and energy
　　flow　12.073
泥炭　peat　09.252
泥炭土　peat soil　09.060
拟猎蝽　nabid　11.055
逆辐射　back radiation　13.121
逆温　temperature inversion　13.155
逆温层　temperature inversion layer　13.156
逆[转]录酶　reverse transcriptase　07.087
年变化　annual variation　13.013
年降水量　annual precipitation　13.211
年较差　amplitude of annual variation, annual range
　　13.014
年景预报　the year's harvest forecast　13.012
粘虫　armyworm, *Mythimna separata*（Walker）
　　11.162
粘菌　slime mold　11.344
粘土　clay soil　09.085
粘重土壤　heavy soil　09.082
碾米　rice whitening, rice milling　05.013
碾米机　rice mill　14.084
碾磨　grinding　05.034
鸟巢蕨　new pteris fern, *Neottopteris nidus*（L.）J.
　　Sm.　04.377
尿素　urea　09.270
柠檬　lemon, *Citrus limon*（L.）Burm. f.　04.050
牛蒡　edible burdock, *Arctium lappa* L.　04.143
*牛奶金桔　oval kumquat, *Fortunella margarita*
　　（Lour.）Swingle　04.059
农产品加工　agro-product processing　05.001
农村电气化　rural electrification　14.191

农村环境　rural environment　12.003
农村能源　rural energy source　14.171
农机更新　renewal of farm machinery　14.010
农机具　farm implement　14.011
农机配备　disposition of farm machineries　14.005
农家肥　farmyard manure　09.217
*农历　lunar calendar　13.057
农渠　sublateral canal　14.148
农田防护林　field safeguarding forest　12.068
农田基本建设　farmland capital construction
　　14.151
农田生态系统　field ecosystem　09.033
农田小气候　field microclimate　13.049
农学　agronomy　01.002
农药残留　pesticide residue　12.122
农药污染　pesticide pollution　12.121
农业半机械化　agricultural semi-mechanization
　　14.002
农业产量预测系统　agricultural yield forecast system
　　15.216
农业地理学　agricultural geography, agrogeography
　　01.012
农业地形气候学　agrotopoclimatology　13.047
农业电气化　agricultural electrification　14.192
农业废弃物处理　agricultural waste treatment
　　12.134
农业工程　agricultural engineering　01.021
农业规划　agricultural planning　01.018
农业化学　agricultural chemistry, agrochemistry
　　01.009
农业环境保护　agriculture environmental protection
　　12.001
农业环境监测　agriculture environmental monitoring
　　12.002
农业机器人　agricultural robot　14.199
农业机器系统　system of farm machineries　14.006
农业机械化　agricultural mechanization　14.001
农业机械化规划　planning of agricultural
　　mechanization　14.004
农业技术措施　agrotechnical measures, agricultural
　　practice　01.022
农业技术革新　agricultural [technology] innovation
　　01.024

农业技术推广 agricultural [technology] extension 01.023

农业建筑 agricultural structure, rural building 14.103

农业建筑环境控制 environmental control for agricultural building 14.119

农业经济学 agricultural economics 01.014

农业科学 agricultural science 01.001

农业昆虫学 agricultural entomology 01.006

农业气候 agroclimate 13.016

农业气候调查 agroclimatic investigation, agroclimatic survey 13.018

农业气候分析 agroclimatic analysis 13.019

* 农业气候考察 agroclimatic investigation, agroclimatic survey 13.018

农业气候评价 agroclimatic evaluation 13.020

农业气候区 agroclimatic region, agroclimatic zone 13.023

农业气候区划 agroclimatic regionalization, agroclimatic demarcation, agroclimatic division 13.024

农业气候图集 agroclimatic atlas 13.025

农业气候相似原理 principle of agroclimatic analogy 13.022

农业气候学 agricultural climatology, agroclimatology 13.015

农业气候指标 agroclimatic index 13.021

农业气候志 agroclimatography 13.026

农业气候资源 agroclimatic resources 13.017

农业气象产量预报 agrometeorological yield forecast 13.011

农业气象观测 agrometeorological observation 13.001

农业气象模拟 agrometeorological simulation 13.006

农业气象模式 agrometeorological model 13.007

农业气象年报 agrometeorological yearbook 13.008

农业气象情报 agrometeorological information 13.004

农业气象学 agricultural meteorology, agrometeorology 01.011

农业气象旬报 ten-day agrometeorological bulletin 13.010

农业气象预报 agrometeorological forecast 13.003

农业气象月报 monthly agrometeorological bulletin 13.009

农业气象站 agrometeorological station 13.002

农业气象指标 agrometeorological index 13.005

农业区 agricultural region 01.017

农业区划 agricultural regionalization 01.019

农业生态工程 agroecological engineering 12.070

农业生态技术 agricultural ecotechnique 12.071

农业生态系统 agricultural ecosystem 12.051

农业生态学 agricultural ecology, agroecology 01.010

农业生物环境工程 agrobiological environmental engineering 14.108

农业生物环境热力学 agrobiological environmental thermodynamics 14.109

农业生物学 agricultural biology, agrobiology 01.004

农业试验 agricultural test, agricultural experiment 08.001

农业统计学 agricultural statistics 01.015

农业土壤 agriculture soil 09.047

农业土壤水分特性 agricultural soil moisture characteristics 09.147

农业土壤学 edaphology 01.013

农业物理学 agricultural physics 01.008

农业系统工程 agricultural system engineering 14.202

农业系统模型 agricultural system model 15.221

农业现代化 agricultural modernization 01.020

农业小气候 agromicroclimate 13.044

农业信息系统 agricultural information system, AIS 15.215

农业信息中心 agricultural information center 15.220

农业遥感 agricultural remote sensing 15.143

农业用地 agricultural land 09.020

农业植物学 agricultural botany, agrobotany 01.005

农业资源 agricultural resources 01.016

农艺类型 agrotype 09.032

* 农艺学 agronomy 01.002

农用智能仪表 agricultural intelligent instrument 14.198

*农作制 farming system 10.001

暖冬害 injury by warm winter 13.193

暖棚栽培 plastic house culture 10.126

糯稻 glutinous rice, *Oryza glutinosa* Lour. 02.013

糯高粱 glutinous sorghum 02.044

糯米 glutinous rice 05.020

糯玉米 waxy corn, *Zea mays* L. var. *ceratina* Kulesh. 02.038

O

欧洲防风 parsnip, *Pastinaca sativa* L. 04.145

欧洲李 European plum, *Prunus domestica* L. 04.027

欧洲葡萄 European grape, *Vitis vinifera* L. 04.063

[欧洲]酸樱桃 sour cherry, *Prunus cerasus* L. 04.034

[欧洲]甜樱桃 sweet cherry, *Prunus avium* L. 04.033

欧洲玉米螟 European corn borer, *Ostrinia nubilalis* (Hubner) 11.178

欧[洲]榛 filbert, *Corylus avellana* L. 04.083

P

排趋性 antixenosis 11.028

排水 drainage 14.137

派生系统法 derived-line method 07.270

蟠桃 flat peach, *Prunus persica* L. var. *compressa* Bean 04.022

判别函数 discriminant function 08.087

*抛 pummelo, *Citrus grandis* (L.) Osbeck. 04.048

疱痂 scab 11.313

胚嫁接 embryo grafting 07.093

胚培养 embryo culture 07.070

胚乳直感 xenia 07.138

培土 hilling 10.080

*配粉 flour blending 05.041

配水系统 distribution system 14.142

配准 registration 15.166

配子体自交不亲和系统 gametophytic self-incompatibility system 07.206

配子选择 gametic selection 07.238

喷粉 dusting 11.071

喷粉机 duster 14.063

喷灌 sprinkling irrigation 14.132

喷施 spraying 09.203

喷雾 spraying 11.070

喷雾干燥 atomized drying 05.148

喷雾机 sprayer 14.060

喷烟机 fogger 14.065

盆景 Penjing 04.276

盆栽试验 pot culture experiment 08.020

膨化 puffing 05.168

枇杷 loquat, *Eriobotrya japonica* Lindl. 04.018

啤酒大麦 malting barley 02.027

[皮]大麦 barley, *Hordeum vulgare* L. 02.022

皮棉 ginned cotton 05.104

偏回归 partial regression 08.090

偏相关 partial correlation 08.107

瓢虫 ladybird beetle 11.046

频数分布 frequency distribution 08.084

品系 strain, line 07.291

品质育种 breeding for quality 07.273

品种 variety 07.295

品种比较试验 varietal yield test 08.026

品种纯度 varietal purity 07.322

品种登记 variety registration 07.300

品种更换 variety replacement 07.297

品种间杂交 intervarietal cross 07.177

品种间杂种 intervarietal hybrid 07.285

品种鉴定 variety identification 07.298

品种区域化 variety regionalization 07.296

品种审定 variety certification 07.299

苹果　apple, *Malus domestica* Borkh. 04.012

苹果顶芽卷叶蛾　apple fruit licker, apple bud moth, *Spilonota lechriaspis* Meyrick 11.210

苹果蠹蛾　codling moth, *Cydia pomonella*（L.）11.206

苹果红蜘蛛　European red mite, *Panonychus ulmi*（Koch）11.213

苹果绵蚜　woolly apple aphid, *Eriosoma lanigerum*（Hausmann）11.211

苹果[树]腐烂病　apple valsa canker 11.408

＊苹果[树]腐皮病　apple valsa canker 11.408

苹小食心虫　apple fruit borer, *Cydia inopinata* Heinrich 11.207

平地　leveling 10.051

平方反比定率　inverse-square law 15.142

平方和　sum of square, SS 08.071

平衡不完全区组　balanced incomplete block 08.009

平均差　average deviation 08.122

[平]均数　mean 08.059

平流辐射霜冻　advection radiation frost 13.255

平流霜冻　advection frost 13.254

坡田　sloping field 09.034

破碎　crushing, cracking 05.061

粕处理　meal treatment 05.069

铺地柏　procumbent juniper, *Sabina procumbens*（Endl.）Iwata et Kusaka 04.392

葡萄　grape 04.062

葡萄根瘤蚜　grape phylloxera, *Viteus vitifoliae*（Fitch）11.216

葡萄柚　grapefruit, *Citrus paradisi* Macf. 04.049

蒲包花　slipperwort, *Calceolaria hybrida* Hort. 04.353

蒲菜　common cattail, *Typha latifolia* L. 04.250

蒲桃　roseapple, *Eugenia jambos* L. 04.103

γ圃　γ-field 15.010

匍匐型花生　spreading type peanut 03.008

普通白菜　common Chinese cabbage-pak-choi, *Brassica campestris* L. ssp. *chinensis*（L.）Makino 04.148

普通山药　Chinese yam, *Dioscorea batatas* Decne 04.232

[普通]丝瓜　luffa-smooth loofah, suakwa, *Luffa cylindrica*（L.）Roem. 04.194

普通型花生　Virginia type peanut 03.009

[普通]紫菜　Tzu Tsai, laver, *Porphyra vulgaris* L. 04.252

曝气池　aeration basin 12.107

Q

期望均方　expected mean square 08.073

期望值　expected value 08.128

七叶树　Chinese horsechestnut, *Aesculus chinensis* Bge. 04.394

蛴螬　white grub 11.159

歧化选择　disruptive selection 07.231

畦　bed 10.053

畦灌　border irrigation 14.130

旗叶　flag leaf 06.011

启动子　promotor 07.075

器官培养　organ culture 07.072

气传病害　aeroborne disease 11.386

气候变化　climatic variation, climate change 13.032

气候变率　climatic variability 13.033

气候带　climatic belt, climatic zone 13.027

气候肥力　climatic fertility 13.039

气候生产力　climatic productivity 13.040

气候生产潜力　climatic potential productivity 13.041

气候适应　climatic adaptation, acclimatization 13.031

气候图　climatic chart, climatic map, climatograph 13.028

气候型　climatic type 13.035

＊气候驯化　climatic adaptation, acclimatization 13.031

气候要素　climatic element 13.029

气候异常　climatic anomaly 13.034

＊气候因素　climatic factor 13.030

气候因子　climatic factor 13.030

气候栽培界限　climatic cultivation limit 13.037

气候灾害 climatic damage 13.038

气候资源 climatic resources 13.036

气化 gasification 14.178

气溶胶 aerosol 13.095

气调贮藏 controlled atmosphere storage 05.149

牵牛花 morning glory, *Ipomoea hederacea* Jacq. 04.309

牵引式农具 trailed implement 14.012

千日红 globe amaranth, *Gomphrena globosa* L. 04.312

前辐照 pre-irradiation 15.080

前作[物] previous crop 10.015

潜伏期 latent period 11.293

潜伏侵染 latent infection 11.277

潜热通量 latent heat flux 13.179

潜育层 gley horizon 09.096

潜育期 incubation period 11.294

潜在肥力 potential fertility 09.246

潜在蒸发 potential evaporation 13.275

潜在蒸散 potential evapotranspiration 13.280

浅耕 shallow plowing 10.040

芡 cordon euryale, *Euryale ferox* Salisb. 04.245

强化 enrichment 05.086

桥接 bridge grafting 10.109

桥式耕作系统 gantry cultivating system 14.020

荞麦 buckwheat, *Fagopyrum esculentum* Moench 02.028

切花 cut flower 04.279

切连科夫辐射 Cerenkov radiation 15.053

茄果类蔬菜 solanaceous vegetables 04.130

茄子 eggplant, *Solanum melongena* L. 04.167

侵染 infection 11.272

侵染性 infectivity 11.273

侵染性病害 infectious disease 11.255

侵染源 source of infection 11.278

侵蚀土壤 eroded soil 09.081

亲代 parental generation 07.143

亲和 compatible 07.117

亲和性 compatibility 07.197

芹菜 celery, *Apium graveolens* L. 04.209

禽肥 fowl dung, poultry dung 09.221

*青果 white Chinese olive, *Canarium album* Raeusch. 04.086

青花菜 broccoli, *Brassica oleracea* L. var. *italica* Plenck 04.158

*青稞 naked barley, *Hordeum vulgare* L. var. *nudum* Hook. f. 02.026

*青稞面 naked barley flour 05.055

青饲联合收割机 silage combine, silage harvester 14.096

苘麻 Chinese jute, *Abutilon theophrasti* Medic. 03.046

轻质土壤 light soil 09.080

氢化 hydrogenation 05.085

清粉 purification 05.037

清花机 cotton cleaner 14.088

清理 cleaning 05.002

清明 Fresh Green 13.065

清选机 separator 14.081

氰氨态氮肥 cyanamide nitrogen fertilizer 09.268

秋播作物 autumn sown crop 01.051

秋分 Autumnal Equinox 13.076

秋海棠 begonia, *Begonia evansiana* Andr. 04.321

秋收作物 autumn harvesting crop 01.053

秋子梨 Ussurian pear, *Pyrus ussuriensis* Maxim. 04.009

球茎甘蓝 kohlrabi, *Brassica oleracea* L. var. *caulorapa* DC. 04.160

楸子 pearleaf crabapple *Malus prunifolia* (Willd.) Borkh. 04.014

趋触性 thigmotaxis 11.155

趋光性 phototaxis 11.154

趋化性 chemotaxis 11.153

趋性 taxis 11.151

区域试验 regional test 08.027

区组 block 08.004

取食刺激剂 feeding stimulant 11.034

取食习性 feeding habit 11.135

取食抑制剂 feeding deterrent 11.035

*取样 sampling 08.046

去污 decontamination 15.067

去雄 emasculation 07.253

全酶 holoenzyme 07.085

全苗 full stand 10.074

全能性 totipotency 07.097

全同胞交配 full-sib mating 07.170

全喂入水稻联合收割机 whole-feed rice combine 14.077

*拳头瓜 chayote, *Sechium edule* Swartz. 04.197

缺口圆盘耙 cutaway disk harrow 14.038

缺绿症 chlorosis 11.327

缺失 deletion 07.114

缺氧保藏 oxygen deficit preservation 05.160

群体 population 07.263

群体改良 population improvement 07.264

群体密度 population density 15.099

R

染料作物 dye crop 01.078

染色体工程 chromosome engineering 07.064

蘘荷 mioga ginger, *Zingiber mioga* (Thunb.) Rosc. 04.261

壤土 loam soil 09.086

热带 tropics 13.129

热带风暴 tropical storm 13.201

热带季风气候 tropical monsoon climate 13.130

热带稀树草原气候 savanna climate 13.137

热带雨林气候 tropical rain forest climate 13.131

热带作物 tropical crop 01.059

热辐射 thermal radiation 13.122

热害 hot damage 13.195

热红外 thermal infrared 15.160

热解 pyrolysis 14.179

热浪 heat wave 13.183

热量平衡 heat balance, thermal balance 13.185

热量资源 heat resources 13.184

热释光剂量测定 thermoluminescent dosimetry 11.084

*热致发光剂量测定 thermoluminescent dosimetry 11.084

热柱 thermal column 15.012

人粪尿 night soil 09.220

人工降雨 artificial rain, rainmaking 13.232

人工气候室 phytotron, artificial climatic chamber 13.050

人工气候箱 climatic cabinate 13.051

人工授粉 artificial pollination 07.259

人工饲料 artificial diet 15.103

人心果 sapodilla, *Achras sapota* L. 04.108

人造奶油 magarine 05.090

韧致辐射 Bremsstrahlung 15.052

日本五针松 Japanese white pine, *Pinus parviflora* Sieb. et Zucc. 04.390

日变化 diurnal variation, daily variation 13.099

日较差 amplitude of diurnal variation, daily range 13.100

日平均温度 daily mean temperature 13.149

*日射 solar radiation 13.116

*日照时间 sunshine duration, sunshine hours 13.098

日照时数 sunshine duration, sunshine hours 13.098

*日振幅 amplitude of diurnal variation, daily range 13.100

日灼病 sunscald, sunscorch 11.324

溶剂回收 solvent recovery 05.070

溶解氧 dissolved oxygen, DO 12.101

容积比热 volumetric specific heat 13.165

容许极限 allowable limit 12.042

揉捻 rolling 05.112

揉切 rolling and cutting 05.117

肉鸡舍 broiler house 14.110

乳化剂 emulsifier 11.117

乳熟 milky ripe 06.059

乳糖操纵子 lac operon 07.079

入渗 infiltration 09.171

入渗率 infiltration rate 09.172

软腐 soft rot 11.338

软化 softening 05.062

*软枣 dateplum, *Diospyros lotus* L. 04.067

软枣猕猴桃 bower actinidia, tara vine, *Actinidia arguta* (Sieb. et Zucc.) Planch. 04.074

软质小麦 soft wheat 02.020

润麦 tempering 05.031

S

撒播 broadcasting 10.058

撒播机 seed broadcaster 14.046

撒粪机 manure spreader 14.056

撒施 broadcast 09.210

*萨瓦纳气候 savanna climate 13.137

三化螟 paddy stem borer, yellow rice borer, *Scirpophaga incertulas* (Walker) 11.164

*三角花 bougainvillea, *Bougainvillea spectabilis* Willd. 04.440

三色堇 pansy, *Viola tricolor* L. var. *hortensis* DC. 04.307

三色苋 tampala, *Amaranthus tricolor* L. 04.303

三熟 triple cropping 10.012

三系杂种 three-way cross hybrid 07.289

三叶草 clover 09.233

*三叶橡胶树 Para rubber tree, *Hevea brasiliensis* (H. B. K.) Muell.-Arg 03.067

桑 mulberry, *Morus alba* L. 03.066

桑白盾蚧 white mulberry scale, *Pseudaulacaspis pentagona* (Targioni-Tozzetti) 11.249

桑蟥 mulberry white caterpillar, *Rondotia menciana* Moore 11.251

桑毛虫 mulberry tussock moth, *Porthesia similis* (Fuessly) 11.248

桑木虱 mulberry psylla, *Anomoneura mori* Schwarz 11.252

桑天牛 mulberry longicorn, *Apriona germari* Hope 11.246

桑透翅蛾 mulberry clearwing moth, *Paradoxecia pieli* Lieu 11.247

桑象虫 mulberry small weevil, *Baris deplanata* Roelofs 11.250

扫描线 scane line 15.158

森林保护 forest conservation 12.065

砂姜 Shajiang, irregular lime concretions 09.095

砂田 stone mulch field 09.040

砂土 sand soil 09.084

杀虫 insect disinfestation 15.091

杀虫剂 insecticide 11.095

杀菌剂 fungicide 11.094

杀螨剂 acaricide, miticide 11.092

杀青 Shaqing, deactivation of enzymes 05.109

杀鼠剂 rodenticide 11.112

杀线虫剂 nematocide 11.091

沙打旺 prairie milk vetch, *Astragalus adsurgens* Pall. 09.235

沙果 crab-apple, *Malus asiatica* Nakai 04.013

沙梨 sand pear, *Pyrus pyrifolia* (Burm. f.) Nakai 04.007

沙漠化 desertization 12.119

沙枣 oleaster, *Elaeagnus angustifolia* L. 04.070

筛理 bolting, sifting 05.036

筛选 screening 05.004

珊瑚树 sweet viburnum, *Viburnum odoratissimum* Ker.-Gawl. 04.412

山茶 common camellia, *Camellia japonica* L. 04.428

山地气候 mountain climate 13.134

*山定子 Siberian crabapple, *Malus baccata* (L.) Borkh. 04.015

*山豆子 Nanking cherry, *Prunus tomentosa* Thunb. 04.035

山谷风 mountain-valley breeze 13.203

山核桃 cathay hickory, *Carya cathayensis* Sarg. 04.079

山荆子 Siberian crabapple, *Malus baccata* (L.) Borkh. 04.015

*山梨 callery pear, *Pyrus calleryana* Dcne. 04.010

山里红 hawthorn, *Crataegus pinnatifida* Bge. var. *major* N. E. Brown. 04.017

山葡萄 Ussurian grape, *Vitis amurensis* Rupr. 04.065

山区农业 mountain region farming 01.037

山桃 David peach, *Prunus davidiana* (Carr.) Franch. 04.024

山田 hillside land, hill upland 09.041

*山药 yam 04.231

山竹子　mangosteen, *Garcinia mangostana* L. 04.107

山楂　hawthorn, *Crataegus pinnatifida* Bge. 04.016

山楂红蜘蛛　hawthron spider mite, *Tetranychus viennensis* Zacher　11.214

＊墒情　soil moisture　13.273

伤害　injury　11.283

上限　upper limit　08.065

＊梢瓜　oriental pickling melon, *Cucumis melo* L. var. *conomon* Makino　04.186

梢枯　dieback　11.315

芍药　Chinese peony, *Paeonia lactiflora* Pall. 04.332

＊韶子　durian, *Durio zibethinus* L.　04.102

少耕　minimum tillage　10.044

少耕法　less-tillage system, reduced-tillage system 14.024

蛇目菊　plain coreopsis, *Coreopsis tinctoria* Nutt. 04.291

蛇[丝]瓜　edible snake gourd, *Trichosanthes anguina* L.　04.198

摄氏温标　Celsius thermometric scale　13.153

射干　blackberry lily, *Belamcanda chinensis*（L.）DC.　04.366

γ射线巴氏灭菌消毒法　γ-ray pasteurization 15.094

γ射线密度测量仪　γ-ray densitometer　15.129

γ射线灭菌　γ-ray sterilization　15.095

[麝]香百合　easter lily, *Lilium longiflorum* Thunb.　04.363

[麝]香豌豆　sweet pea, *Lathyrus odoratus* L. 04.301

深耕　deep plowing　10.039

深施　deep placement　09.211

深水稻　deep water rice　02.003

深松耕　subsoiling　10.041

渗出　seepage　09.162

渗灌　filtration irrigation　14.134

渗漏　percolation, leakage　09.167

渗漏率　percolation rate　09.168

渗漏水　percolation water　09.169

渗水采集器　lysimeter　09.170

渗透深度　penetration depth　09.165

渗透吸力　osmotic suction　09.164

渗透压　osmotic pressure　09.163

＊生菜　lettuce, *Lactuca sativa* L.　04.210

生化突变　biochemical mutation　07.042

生荒地　virgin land　09.024

生活污水　sanitary sewage, domestic sewage 12.088

生胶　crude rubber, raw rubber　05.123

生境　habitat　12.063

生理病害　physiological disease　06.046

生理成熟　physiological maturity　06.089

生理干旱　physiological drought　06.047

生命表　life table　11.130

生态模拟　ecological simulation　15.222

生态农业　ecological agriculture　01.027

生态农业模式　ecological agricultural model　12.072

生态平衡　ecological balance, ecological equilibrium 12.059

生态圈　ecosphere　12.050

生态失调　ecological disturbance　12.060

生态危机　ecological crisis　12.061

生物反应器　bio-reactor　14.168

生物防治　biological control　11.008

生物肥料　bio-fertilizer　09.279

生物固氮　biological nitrogen fixation　09.280

生物技术　biotechnology　07.059

生物监测　biological monitoring　12.016

生物降解　biological degradation　12.125

生物利用率　bioavailability　15.110

生物浓缩　biological concentration　12.123

生物群落　biocoenosis, biocommunity　12.055

生物摄取　biological uptake　12.040

生物型　biotype　11.031

生物需氧量　biological oxygen demand, BOD 12.106

生物质能　biomass energy　14.174

生物转化　biological transformation　12.124

生育期预测　development stage estimation　15.208

生长率　growth rate　06.083

生长期　growing period　06.048

生长习性　growth habit　06.080

生殖隔离　reproductive isolation　07.223

生殖力　fecundity　11.124

省柴灶　fuel-saving stove　14.189

盛果期　full bearing period　06.077

施肥　fertilizer application　09.201

施肥播种机　combined seed and fertilizer drill　14.050

施肥机　fertilizer distributor　14.057

施肥位置　fertilizer placement　09.207

施肥制度　system of fertilization　09.206

施颗粒肥机　granular-fertilizer distributor　14.058

湿沉降　wet precipitation　12.079

湿害　wet damage　13.194

湿润剂　wetting agent　11.119

湿润气候　humid climate, wet climate　13.144

湿润温和气候　humid temperate climate　13.146

湿润系数　coefficient of humidity　13.269

湿润指数　moist index, moisture index　13.268

石刁柏　asparagus, *Asparagus officinalis* L.　04.258

石灰性土　calcareous soil　09.076

石榴　pomegranate, *Punica granatum* L.　04.071

石蒜　spider lily, *Lycoris radiata* (L'Her.) Herb.　04.359

石竹　Chinese pink, *Dianthus chinensis* L.　04.281

时间隔离　time isolation　07.311

莳萝　dill, *Anethum graveolens* L.　04.228

食虫虻　robber fly　11.058

食荚豌豆　sugar pod garden pea, *Pisum sativum* L. var. *macrocarpon* Ser.　04.174

食品保藏　food preservation　15.088

食品辐照技术　food irradiation technique　15.089

食物链　food chain　11.142

*食性　feeding habit　11.135

食蚜蝇　syrphus fly　11.057

食用大黄　garden rhubarb, *Rheum rhaponticum* L.　04.262

食用菌类　edible fungi　04.137

食用植物油　edible vegetable oil　05.088

食用作物　food crop　01.067

实生砧　seedling rootstock　10.096

识别　identification　15.176

识别能力　recognizability　15.178

矢车菊　cornflower, *Centaurea cyanus* L.　04.288

矢量数据　vector data　15.198

柿　persimmon, *Diospyros kaki* L. f.　04.066

适合性检验　test of goodness of fit　08.031

适应性　adaptability　06.032

释放因子　releasing factor　07.084

试验点　test site　08.002

试验区　test region　08.003

试验设计　experimental design　08.006

试验误差　experimental error　08.077

试验小区　experimental plot　08.007

试验种植计划书　experimental planting plan　08.005

收割　harvesting　10.081

手扶式拖拉机　hand tractor　14.017

授粉　pollination　07.254

受体　recipient　07.141

蔬菜罐头　canned vegetable　05.135

蔬菜泥　vegetable puree　05.137

蔬菜园艺　vegetable gardening　04.113

蔬菜栽培　vegetable growing　10.026

蔬菜汁　vegetable juice　05.136

蔬菜作物　vegetable crop　01.084

疏果　fruit thinning　10.122

疏花　flower thinning　10.123

疏剪　thinning out　10.120

薯芋类蔬菜　tuber and tuberous rooted vegetables　04.135

薯蓣　yam　04.231

黍　broomcorn millet, proso millet, *Panicum miliaceum* L.　02.048

黍米　milled glutinous broomcorn millet　05.051

属间杂交　intergeneric cross　07.175

属性数据　attribute data　15.226

树冠反射　canopy reflectance　15.173

树莓　raspberry　04.038

数据　data　08.049

数据编码　data code　15.223

数据格式　data format　15.197

数据结构　data construction　15.224

数据压缩　data compression　15.196

数量遗传　quantitative inheritance　07.026

数学模拟　mathematical simulation　08.117

数学模型　mathematical model　08.115

四季桔 calamondin, *Citrus microcarpa* Bge. 04.053

四棱豆 winged bean, *Psophocarpus tetragonolobus* (L.) DC. 04.179

饲料作物 forage crop 01.086

*饲用甘蓝 kale, *Brassica oleracea* L. var. *acephala* DC. 04.161

饲用甜菜 fodder beet, *Beta vulgaris* L. var. *lutea* DC. 03.061

松粉 detaching 05.035

苏铁 sago cycas, *Cycas revoluta* Thunb. 04.386

苏云金杆菌 Bt, *Bacillus thurigiensis* Berliner 11.044

速冻干燥 accelerated freeze-drying 14.170

速效 radily available 09.249

粟 foxtail millet, *Setaria italica* (L.) Beauv. 02.047

粟灰螟 millet borer, *Chilo infuscatellus* Snellen 11.179

粟芒蝇 millet shoot fly, *Atherigona biseta* Karl 11.182

塑料大棚 plastic tunnel 14.107

宿根蔗 stubble cane 03.056

酸橙 sour orange, *Citrus aurantium* L. 04.046

酸豆 tamarind, *Tamarindus indica* L. 04.109

酸浆 alkekengi, francket groundcherry, *Physalis alkekengi* L. var. *franchetii* (Mast.) Makino

04.170

酸炼 acid-refining 05.082

酸模 garden sorrel, *Rumex acetosa* L. 04.263

酸性土 acid soil 09.073

酸雨 acid rain, acid precipitation 12.083

酸枣 spine date, *Zizyphus jujuba* Mill. var. *spinosus* (Bge.) Hu 04.069

酸渍 pickling 05.155

算术[平]均数 arithmetic mean, average 08.060

随机变量 ramdom variable 08.053

随机抽样 random sampling 08.047

随机定律 law of chance 08.133

随机交配 random mating 07.142

随机模型 random model 08.112

随机排列 randomized arrangement 08.012

随机区组 randomized block 08.008

随机误差 random error 08.079

随机样本 random sample 08.045

穗醋栗 currant 04.041

穗行法 ear-to-row method 07.249

穗行试验 ear-to-row test 08.022

穗密度 spike density 06.017

损失估计 loss assessment 11.148

损失率 percent of loss 11.147

笋瓜 squash, *Cucurbita maxima* Duch. ex Lam. 04.189

T

它感素 allelochemics 11.036

台地栽培 table-land culture 10.023

台风 typhoon 13.200

薹菜 tai-tsai, *Brassica campestris* L. ssp. *chinensis* (L.) Makino var. *tai-tsai* Hort. 04.152

太阳辐射 solar radiation 13.116

太阳红外辐射 solar infrared radiation 13.117

太阳能 solar energy 14.175

太阳能电池 solar cell 14.190

太阳能热水系统 solar water heating system 14.183

太阳紫外辐射 solar ultraviolet radiation 13.118

昙花 epiphyllum, *Epiphyllum oxypetalum* (DC.)

Haw. 04.347

碳氮比 C/N ratio 09.196

碳循环 carbon cycle 09.195

炭疽病 anthracnose 11.320

*棠梨 birch-leaf pear, *Pyrus betulaefolia* Bge. 04.011

唐菖蒲 sword lily, *Gladiolus hybridus* Hort. 04.369

*糖高粱 sweet sorghum, sorgo, *Sorghum bicolor* (L.) Moench 02.046

糖料作物 sugar [yielding] crop 01.074

糖用甜菜 sugar beet, *Beta vulgaris* L. var. *saccharifera* Aelf. 03.059

糖渍　sugaring　05.154

*糖棕　sugar palm, *Arenga pinnata* (Wurmb.) Merr.　03.057

桃　peach, *Prunus persica* (L.) Batsch　04.021

桃蛀螟　peach pyralid moth, *Dichocrocis punctiferalis* Guenée　11.215

桃小食心虫　peach fruit borer, *Carposina niponensis* Walshingham　11.209

桃蚜　green peach aphid, *Myzus persicae* (Sulzer)　11.195

陶管排水　tile drainage　14.141

套耕　tandem plowing　10.035

套作　relay cropping　10.019

特殊配合力　specific combining ability　07.234

特征矢量　characteristic vector　08.123

特征提取　feature extraction　15.190

*特征向量　characteristic vector　08.123

特征值　characteristic value, eigenvalue　08.121

梯田　terrace field　09.035

梯田农业　terrace farming, contour farming　01.031

提莫菲维小麦　timopheevi wheat, *Triticum timopheevi* [i] Zhuk.　02.017

体细胞接合　somatogamy　07.122

体细胞杂交　somatic hybridization　07.065

替代性能源　alternative energy source　14.173

天敌　natural enemy　11.039

天门冬　asparagus, *Asparagus sprengeri* Regel.　04.372

天然[橡]胶　natural rubber, NR　05.121

天人菊　blanket flower, *Gaillardia pulchella* Foug.　04.316

*天竹　asparagus, *Asparagus sprengeri* Regel.　04.372

田间管理　field management　10.072

田间技术　field technique　08.014

田间去杂　rogueing　07.314

田间释放　field release　15.102

田间试验　field experiment　08.013

田间需水量　field water requirement　09.152

田菁　sesbania, *Sesbania cannabina* (Retz.) Pers.　09.232

田薯　winged yam, *Dioscorea alata* L.　04.233

甜菜　[common] beet, *Beta vulgaris* L.　03.058

甜菜潜叶蝇　sugarbeet leafminer, spinach leafminer, *Pegomya hyoscyami* (Panzer)　11.199

甜菜收获机　sugarbeet harvester　14.074

甜菜象虫　sugarbeet weevil　11.198

甜橙　sweet orange, *Citrus sinensis* Osbeck.　04.045

甜高粱　sweet sorghum, sorgo, *Sorghum bicolor* (L.) Moench　02.046

甜瓜　melon, *Cucumis melo* L.　04.183

甜椒　sweet pepper, *Capsicum annuum* L. var. *grossum* (L.) Sendt.　04.169

甜[叶]菊　stevia, *Stevia rebaudiana* Bertoni　03.062

甜玉米　sweet corn, *Zea mays* L. var. *saccharata* (Sturt.) Bailey　02.039

条播　drilling　10.060

条播机　drill　14.045

条施　drilling, band placement　09.212

条纹病　stripe　11.402

条锈病　stripe rust　11.392

调和[平]均数　harmonic mean　08.062

调料作物　spice crop　01.077

贴梗海棠　common flowering quince, *Chaenomeles lagenaria* (Loisel.) Koidz.　04.416

*铁树　sago cycas, *Cycas revoluta* Thunb.　04.386

铁线蕨　venus-hair fern, *Adiantum capillus-veneris* L.　04.378

*庭园布置　landscape gardening　04.275

通径系数　path coefficient　08.102

通透性土壤　permiable soil　09.079

通用机架　tool-carrier　14.018

茼蒿　garland chrysanthemum, *Chrysanthemum coronarium* L.　04.218

同类群　homogeneous set　15.185

同位素　isotope　15.032

同位素分离　isotope separation　15.035

同位素丰度　isotope abundance　15.073

同位素富集度　isotope enrichment　15.074

同位素交换　isotope exchange　15.034

同位素稀释分析　isotope dilution analysis, IDA　15.033

同位素药盒　isotope kit　15.036

同源多倍体　autopolyploid　07.057

同源四倍体　autotetraploid　07.054

同质性　homogeneity　07.120

同质性检验　homogeneity test　08.030

统计量　statistic　08.048

透雨　soaking rain　13.226

突变　mutation　07.038

突变第二代　M₂ [in mutation]　07.191

突变第一代　M₁ [in mutation]　07.190

突变点　mutational site　07.040

突变发生　mutagenesis　15.075

突变频率　mutation frequency　07.045

突变谱　mutation spectrum　07.189

*突变热点　hot spot [in mutation]　07.041

突变体　mutant　07.188

突变体间杂交种　inter-mutant hybrid　15.087

突变体种质库　mutant bank　15.086

突变易发点　hot spot [in mutation]　07.041

突变子　muton　07.039

图象处理　image processing　15.163

图象合成　image composition　15.195

*图象解译　image interpretation　15.164

图象判读　image interpretation　15.164

土传病害　soil-borne disease　11.385

土地　land　09.001

土地处理系统　land treatment system　12.114

土地分级　land grading, land classification　09.011

土地覆盖分类　land cover classification　15.188

土地改良　land improvement　09.015

土地管理　land management　09.014

土地规划　land plan, plan of land utilization
09.003

土地耗竭　land exhaustion　09.028

土地开发　land development　09.012

土地开垦　land reclamation　09.013

土地类型　land type　09.004

土地利用　land use, land utilization　09.002

土地利用率　land utilization rate　09.016

土地面积　land area　09.009

土地平整　land leveling　14.152

土地评价　land evaluation　09.017

土地区划　regionlization of land　09.008

土地生产力　productivity of land　09.007

土地生产能力　land capability　09.006

土地适宜性　land suitability　15.205

土地制图单元　land mapping unit　15.202

土地质量　land quality　09.005

土地资源　land resources　09.010

*土豆　potato, *Solanum tuberosum* L.　04.230

土壤比热　soil specific heat　09.132

土壤比重　specific gravity of soil　09.119

土壤不匀性　soil heterogeneity　09.106

土壤处理　soil treatment　11.063

土壤处置　soil disposal　12.115

土壤处置系统　soil disposal system　12.116

土壤地带性　soil zonality　09.048

土壤调查　soil survey　15.207

土壤冻结　soil freezing　09.129

土壤肥力　soil fertility　09.068

土壤风蚀　soil wind erosion　13.205

土壤腐殖质　soil humus　09.067

土壤改良　soil amelioration, soil improvement
09.070

土壤改良剂　soil conditioner　09.071

土壤耕性　soil tilth　09.109

土壤含水量　soil moisture content, soil water content
09.123

土壤呼吸　soil respiration　09.064

土壤环境　soil environment　12.109

土壤碱度　soil alkalinity　09.116

土壤胶体　soil colloid　09.117

土壤结持度　soil consistancy　09.113

土壤结持性　soil resistance　09.120

土壤结构　soil structure　09.099

土壤结皮　soil crust　09.103

土壤紧实度　soil density　09.114

土壤净化　soil decontamination　12.112

土壤空气　soil air　09.130

土壤孔隙度　soil porosity　09.112

土壤毛[细]管作用　soil capillarity　09.107

土壤排水　soil drainage　09.127

土壤培肥　improvement of soil fertility　09.072

土壤侵蚀　soil erosion　12.118

土壤热通量　soil heat flux　13.180

土壤溶液　soil solution　09.128

W

微波干燥 microwave drying 05.145

微波遥感 microwave remote sensing 15.145

微放射性自显影[术] micro-autoradiography 15.025

微机数据采集加工系统 microcomputer data acquisition and processing system 14.201

微机信息系统 microcomputer information system 14.200

微剂量测定 micro-dosimetry 11.083

微量元素 microelement 09.277

微量元素肥料 micronutrient fertilizer 09.276

微生物杀虫剂 microbial insecticide 11.121

微体繁殖 micropropagation 07.092

微效基因抗[病]性 minor gene resistance 07.278

危害程度预测 forecast of damage 11.022

危害分析 hazard analysis 15.069

围垦地 polder reclamation 09.029

围坑灌 basin irrigation 14.131

围田 diked field 09.037

圩田 polder land 09.042

萎蔫 wilt 11.311

胃毒杀虫剂 stomach insecticide 11.109

卫生性 wholesomeness 15.090

瘟病 blast 11.319

榅桲 quince, *Cydonia oblonga* Mill. 04.020

温床 hot bed 10.086

温床育苗 raise seedling in hot bed 10.087

温床栽培 hot bed culture 10.088

温带 temperate zone, temperate belt 13.124

温带多雨气候 temperate rainy climate 13.126

温带气候 temperate climate 13.125

温度雨量图 hythergraph 13.176

*温湿图 hythergraph 13.176

温室 greenhouse 14.106

γ温室 γ-greenhouse 15.009

温室二氧化碳加浓 greenhouse carbon dioxide enrichment 14.120

温室管理 greenhouse management 10.124

温室加热 greenhouse heating 14.121

温室通风 greenhouse ventilation 14.122

温室效应 greenhouse effect 13.177

温室栽培 greenhouse culture 10.125

温周期 thermoperiod 13.151

温州蜜柑 satsuma mandarin, *Citrus unshiu* Marc. 04.044

文冠果 yellow horn, *Xanthoceras sorbifolia* Bge. 03.028

文殊兰 poison bulb, *Crinum asiaticum* L. 04.343

文竹 asparagus fern, *Asparagus plumosus* Baker 04.348

纹理 texture 15.193

稳定剂 stabilizing agent 11.116

稳定[性]核素 stable nuclide 15.111

*稳定遗传 breeding true 07.242

蕹菜 water spinach, *Ipomoea aquatica* Forsk. 04.213

莴苣 lettuce, *Lactuca sativa* L. 04.210

莴笋 asparagus lettuce, *Lactuca sativa* L. var. *asparagina* Bailey 04.212

渥堆 pile fermentation 05.114

*倭瓜 China squash, Chinese pumpkin, *Cucurbita moschata* Duch. 04.188

乌桕 tallow tree, *Sapium sebiferum* (L.) Roxb. 03.030

乌拉草 ura sedge, *Carex meyeriana* Kunth. 03.049

乌榄 black Chinese olive, *Canarium pimela* Koenig 04.087

乌龙茶 Oolong tea, Oolong 05.115

*乌丝越桔 bog blueberry, *Vaccinium uliginosum* L. 04.077

乌塌菜 Wuta-tsai, *Brassica campestris* L. ssp. *chinensis* (L.) Makino var. *rosularis* Tsen et Lee 04.149

污泥 sludge 12.129

污染 pollution, contamination 12.020

污染监测 pollution monitoring 12.035

污染水平 pollution level 12.034

污染物 pollutant, contaminant 12.021

污染预测 pollution prediction 12.036

污染源 pollution source 12.022

污水改良与再用 sewage reclamation and reuse 12.089

污水灌溉 sewage irrigation, wastwater irrigation 12.090

污水灌溉系统　irrigation system of sewage　12.097

无壁犁　boardless plow　14.028

无病毒果树　virus-free fruit tree　04.004

无花果　fig, *Ficus carica* L.　04.072

* 无花果叶瓜　fig-leaf gourd, *Cucurbita ficifolia* Bouché　04.199

无机肥料　inorganic fertilizer　09.256

无机废水　inorganic waste water　12.087

无结构土壤　non-structural soil　09.078

无融合生殖　apomixis　07.290

无霜带　frostless zone, verdant zone　13.251

无霜期　frost-free season, duration of frost-free period　13.250

无霜日　day without frost, frost-free day　13.249

无土栽培　soilless culture　10.031

无限生长　indeterminate growth　06.082

无效分蘖　ineffective tiller　06.009

无效假设　null hypothesis　08.033

无效降水量　uneffective precipitation　13.213

无性第二代　V_2　[in vegetative hybridization]　07.193

无性第一代　V_1　[in vegetative hybridization]　07.192

无性繁殖　vegetative propagation　07.316

* 无性繁殖系　clone　07.224

无性系砧木　clonal rootstock　10.097

无性杂交　vegetative hybridization　07.184

芜菁　turnip, *Brassica campestris* L. ssp. *rapifera* Metzg.　04.140

芜菁甘蓝　rutabaga, *Brassica napobrassica* (L.) Mill.　04.141

梧桐　phoenix tree, *Firmiana simplex* (L.) W. F. Wight　04.397

* 五敛子　carambola, *Averrhoa carambola* L.　04.091

雾凇　rime　13.240

物候观测　phenological observation　13.090

物候历　phenological calendar　13.055

物候谱　phenospectrum　13.088

物候期　phenophase, phenological phase　13.089

物候图　phenogram　13.087

物候学　phenology　13.085

物候学定律　phenology law　13.086

物理防治　physical control　11.009

物理诱变因素　physical mutagen　15.077

X

西瓜　watermelon, *Citrullus lanatus* (Thunb.) Mansf.　04.187

* 西红柿　tomato, *Lycopersicon esculentum* Mill.　04.166

西葫芦　pepo, *Cucurbita pepo* L.　04.190

* 西洋菜　water cress, *Nasturtium officinale* R. Br.　04.247

[西]洋梨　European pear, common pear, *Pyrus communis* L.　04.008

吸附脱色　adsorption bleaching　05.081

吸湿系数　hygroscopic coefficient　13.271

吸收剂量　absorbed dose　11.086

吸水势　suction potential　09.161

稀释系数　dilution coefficient　12.030

希腊拉丁方设计　Greek-Latin square design　08.038

席草　mat grass　03.050

喜温蔬菜　warm season vegetable　04.118

洗麦　wheat washing　05.026

系谱　pedigree, parentage　07.243

系谱法　pedigree method　07.247

细胞工程　cell engineering　07.063

细胞培养　cell culture　07.073

细胞器移植　organelle transplantation　07.106

细胞亲和力　cellular affinity　07.125

细胞融合　cytomixis　07.123

细胞系　cell-line　07.292

细胞质不亲和性　cytoplasmic incompatibility　07.205

[细]胞质突变　cytoplasmic mutation　07.043

细胞质雄性不育　cytoplasmic male sterile　07.214

细菌　bacterium　11.352

细菌性青枯病　bacterial wilt　11.410

细香葱　chive, *Allium schoenoprasum* L.　04.203

下限　lower limit　08.066

夏播作物　summer sown crop　01.050

夏大豆　summer soybean　03.004

夏收作物　summer harvesting crop　01.052

夏玉米　summer corn　02.041

夏至　Summer Solstice　13.070

酰胺态氮肥　amide nitrogen fertilizer　09.267

先锋作物　pioneer crop　01.064

籼稻　hsien rice, indica rice, *Oryza sativa* L. ssp. *hsien* Ting　02.011

籼米　milled long-grain nonglutinous rice　05.018

仙客来　ivyleaf cyclamen, *Cyclamen persicum* Mill.　04.371

仙人掌　Indian fig, *Opuntia ficus-indica* (L.) Mill.　04.374

鲜重　fresh weight　07.336

纤维作物　fiber crop, textile crop　01.072

显热通量　sensible heat flux　13.178

显性效应　dominance effect　07.034

显著性检验　test of significance　08.120

限制[性内切核酸]酶　restriction endonuclease　07.089

线虫　nematode　11.351

线粒体互补　mitochondrial complementation　07.156

线性回归　linear regression　08.094

线性可加模型　linear additive model　08.116

*线性能量转换　linear energy transfer, LET　15.050

线性相关　linear correlation　08.109

苋菜　edible amaranth, *Amaranthus mangostanus* L.　04.214

相对生物效应　relative biological effectiveness, RBE　15.051

相对湿度　relative humidity　13.265

相关系数　correlation coefficient　08.099

相关指数　correlation index　08.106

镶嵌图　mosaic　15.203

香椿　Chinese mahogang, Chinese toon, *Toona sinensis* (A. Juss.) Roem.　04.255

香榧　Chinese torreya, *Torreya grandis* Fort.　04.084

香菇　shiitake fungus, *Lentinus edodes* (Berk.) Sing.　04.269

香蕉　dwarf banana, *Musa nana* Lour.　04.089

[香]精油　essential oil　05.089

香料作物　aromatic crop　01.076

香茅　citronella grass, *Cymbopogon citratus* (DC.) Stapf.　03.020

*香蒲　common cattail, *Typha latifolia* L.　04.250

香芹菜　parsley, *Petroselinum crispum* (Mill.) Nym. ex A. W. Hill　04.225

香石竹　carnation, *Dianthus caryophyllus* L.　04.329

香辛类蔬菜　condiment vegetables　04.126

*香雪兰　freesia, *Freesia hybrida* L. H. Bailey　04.360

*香橼　citron, *Citrus medica* L.　04.056

橡胶白蚁　rubber termite, *Coptotermes curvignathus* Holmgren　11.253

橡胶作物　rubber crop　01.079

橡皮树　India-rubber fig, *Ficus elastica* Roxb.　04.407

向日葵　sunflower, *Helianthus annuus* L.　03.018

象元　pixel　15.168

硝化抑制剂　nitrification inhibitor　09.285

硝化作用　nitrification　09.284

硝态氮　nitrate nitrogen　09.262

硝态氮肥　nitrate fertilizer　09.266

消毒剂　disinfectant　11.096

消光系数　extinction coefficient　13.114

小扁豆　lentil, *Lens culinaris* Medic.　02.059

小檗　barberry, *Berberis thunbergii* DC.　04.423

小菜蛾　diamond-back moth, *Plutella xylostella* (L.)　11.203

小苍兰　freesia, *Freesia hybrida* L. H. Bailey　04.360

小寒　Lesser Cold　13.083

小黑麦　triticale, wheat-rye hybrid　02.031

小茧蜂　braconid　11.059

小莱豆　small lima bean, *Phaseolus lunatus* L.　04.176

小麦　wheat, *Triticum aestivum* L.　02.015

小麦赤霉病　wheat scab　11.396

小麦搭配　wheat blending　05.029

小麦粉　wheat flour　05.043

小麦叶锈病　wheat leaf rust　11.395

小满　Lesser Fullness　13.068

小米　milled foxtail millet　05.050

小气候　microclimate　13.043

小区排列　plot arrangement　08.010

小暑　Lesser Heat　13.071

小雪　Light Snow　13.080

协方差　covariance　08.105

协方差分析　analysis of covariance　08.057

协同效应　synergistic effect　12.031

蟹爪仙人掌　crab cactus, *Zygocactus truncatus*
(Haw.) K. Schum.　04.344

*薤　Chiao Tou, *Allium chinense* G. Don　04.206

心土　subsoil　09.091

心土犁　subsoil plow　14.030

信使 RNA　messenger RNA, mRNA　07.129

[兴安]落叶松　Dahurian larch, *Larix gmelinii*
(Rupr.) Rupr. ex Kuzen.　04.380

杏　apricot, *Prunus armeniaca* L.　04.030

性比　sex ratio　11.127

性外激素　sex pheromone　11.133

雄性不育　male sterile　07.213

雄性不育基因　male sterile gene　07.035

雄性不育技术　malesterile technique, MST　15.098

雄性不育系　male sterile line　07.218

休耕地　fallow land　09.023

休眠　dormancy　11.122

休闲　fallow　10.004

修复错误　mis-repair　15.138

修复过程　repair process　15.137

修剪　pruning　10.119

修理成本　repair cost　14.009

锈斑　russet　11.299

锈菌　rust　11.342

需肥量　fertilizer requirement, fertilizer demand
09.178

需水量　water requirement　09.151

需氧生物处理　aerobic biological treatment　12.103

须苞石竹　beared pink, *Dianthus barbatus* L.
04.282

萱草　orange daylily, *Hemerocallis fulva* L.
04.326

悬浮固体　suspended solid　12.127

悬挂式农具　mounted implement　14.013

旋耕　rotary tillage　10.043

旋耕机　rotary plow, rotary tiller　14.034

旋转耙　rotary harrow　14.037

旋转锄　rotary hoe　14.043

旋转设计　rotatable design　08.041

选择　selection　07.228

选择差　selection differential　07.235

选择强度　selection intensity　07.240

选择响应　selection response　07.241

选择性农业机械化　selective farm mechanization
14.003

选择性杀虫剂　selective insecticide　11.105

选择指数　selection index　07.239

穴播机　hill-drop planter　14.047

穴距　hill spacing　10.070

穴施　hole application　09.214

雪暴　snowstorm, blizzard　13.233

雪害　snow damage　13.238

雪日　snow day　13.234

雪松　Himalayan cedar, *Cedrus deodara* (D. Don)
G. Don　04.379

雪障　snow barrier　13.239

血清监测　sero-monitoring, sero-surveillance
15.107

熏干　smoke-drying　14.169

熏蒸剂　fumigant　11.098

驯化　acclimatization　07.007

训练区　training set　15.152

训练样本　training sample　15.151

Y

压条繁殖　propagation by layering　10.090

压榨　pressing　05.065

鸭跖草　dayflower, *Commelina communica* L.
04.352

芽变 bud mutation, bud sport 07.044

芽蕉 common banana, *Musa sapientum* L. 04.088

芽接 budding 10.103

芽选择 bud selection 07.237

* 牙疙瘩 blueberry 04.075

* 蚜狮 lacewing fly 11.047

亚麻 flax, *Linum usitatissimum* L. 03.042

亚热带 subtropics, subtropical zone 13.132

亚热带雨林气候 subtropic rain forest climate 13.133

亚热带作物 subtropical crop 01.060

亚洲棉 Asian cotton, Asiatic cotton, *Gossypium arboreum* L. 03.035

亚洲玉米螟 Asiatic corn borer, *Ostrinia furnacalis* Guenée 11.177

烟草 tobacco, *Nicotiana tobacum* L. 03.052

烟青虫 oriental tobacco budworm, *Helicoverpa assulta* Guenée 11.196

烟熏保藏 smoke-dried preservation 05.158

* 烟蚜 green peach aphid, *Myzus persicae* (Sulzer) 11.195

盐化 salinization 09.087

盐土 solonchak 09.056

盐渍 salting 05.153

腌制 curing 05.157

腌渍保藏 curing preservation 05.152

延迟型冷害 cool-summer damage due to delayed growth 13.188

燕麦 oats, *Avena sativa* L. 02.032

燕麦片 oats flakes 05.053

厌氧发酵 anaerobic fermentation 14.182

* 雁来红 tampala, *Amaranthus tricolor* L. 04.303

秧田 nursery 09.043

杨梅 bayberry, *Myrica rubra* Sieb. et Zucc. 04.092

* 洋白菜 common head cabbage, *Brassica oleracea* L. var. *capitata* L. 04.155

洋葱 onion, *Allium cepa* L. 04.201

* 洋翠雀 rocket larkspur, *Delphinium ajacis* L. 04.300

* 洋姜 Jerusalem artichoke, *Helianthus tuberosus* L. 04.240

* 洋李 European plum, *Prunus domestica* L. 04.027

* 洋蔓菁 rutabaga, *Brassica napobrassica* (L.) Mill. 04.141

* 阳藿 mioga ginger, *Zingiber mioga* (Thunb.) Rosc. 04.261

阳离子交换量 cation exchange capacity, CEC 09.198

阳历 solar calendar 13.056

阳桃 carambola, *Averrhoa carambola* L. 04.091

氧化塘 lagoon 12.100

氧效应 oxygen effect 15.139

养虫工厂 insect mass-rearing plant 15.104

养地作物 soil improving crop 01.065

养猪场 pig farm 14.115

样本 sample 08.044

腰果 cashew, *Anacardium occidentale* L. 04.104

摇臂收割机 sail reaper 14.068

ELISA 药盒 ELISA kit 15.037

药用作物 medicinal crop 01.080

椰子 coconut, *Cocos nucifera* L. 03.029

* 野葵菜 Chinese mallow, *Malva verticillata* L. 04.220

* 野苜蓿 sickle alfalfa, *Medicago falcata* L. 09.243

野蔷薇 multiflora rose, *Rosa multiflora* Thunb. 04.419

野生大豆 wild soybean, *Glycine soja* Sieb. et Zucc. 03.002

野生稻 wild rice 02.002

野生近缘种 wild relatives 07.008

叶斑 leaf spot 11.297

叶菜类蔬菜 leaf vegetables 04.123

叶芥菜 leaf mustard 04.165

叶龄 leaf age 06.013

叶面积 leaf area 06.014

叶面积指数 leaf area index, LAI 06.015

叶面施肥 foliar application 09.204

叶甜菜 leaf beet, swiss chard, *Beta vulgaris* L. var. *cicla* L. 04.217

叶子花 bougainvillea, *Bougainvillea spectabilis* Willd. 04.440

夜间逆温 nocturnal inversion 13.157

* 夜来香 evening primrose, *Oenothera biennis* L. 04.328

液氨施肥机 liquid ammonia applicator 14.059

液体肥料 liquid fertilizer 09.184

液体闪烁计数器 liquid scintillation counter 15.039

一般配合力 general combining ability 07.233

一串红 scarlet sage, *Salvia splendens* Ker.-Gawl. 04.306

* 一次污染物 primary pollutant 12.024

一年生蔬菜作物 annual vegetable crop 04.114

一年生作物 annual crop 01.046

一熟 single cropping 10.010

依变量 dependent variable 08.052

* 遗传冲刷 genetic erosion 07.019

遗传工程 genetic engineering 07.060

遗传获得量 genetic gain 07.246

遗传力 heritability 07.023

* 遗传率 heritability 07.023

遗传漂变 genetic drift 07.024

遗传侵蚀 genetic erosion 07.019

遗传完整性 genetic integrity 07.018

遗传资源 genetic resources 07.010

移动辐照器 mobile irradiator 15.008

移码 frameshift 07.112

移栽 transplantation 10.066

移植 transplantation 07.104

宜昌橙 Ichang papeda, *Citrus ichangensis* Swingle 04.047

抑制发芽 sprout inhibition 15.092

[易]感虫性 susceptibility 11.024

易位 translocation 07.111

易位系 translocation line 07.051

疫病 blight 11.318

异常型种子 recalcitrant seed 07.021

异地保存 *ex situ* conservation 07.012

异核现象 heterokaryosis 07.103

异花授粉 cross pollination 07.256

异交 outcross 07.169

异源多倍体 allopolyploid 07.058

异源六倍体 allohexaploid 07.056

异源四倍体 allotetraploid 07.055

异质性 heterogeneity 07.121

* 翼豆 winged bean, *Psophocarpus tetragonolobus* (L.) DC. 04.179

阴历 lunar calendar 13.057

银胶菊 guayule, *Parthenium argentatum* Gray 03.069

银杏 ginkgo, maidenhair tree, *Ginkgo biloba* L. 04.085

引发酶 primase 07.088

引进品种 introduced variety 07.304

隐症 masked symptom 11.291

印度谷螟 Indian meal moth, *Plodia interpunctella* (Hübner) 11.226

* 印度南瓜 squash, *Cucurbita maxima* Duch. ex Lam. 04.189

樱花 oriental cherry, *Prunus serrulata* Lindl. 04.399

鹰嘴豆 chickpea, *Cicer arietinum* L. 02.060

罂粟 opium poppy, *Papaver somniferum* L. 03.023

营养枝 vegetative shoot 06.003

荧光 fluorescence 15.131

瘿瘤 gall 11.330

硬粒小麦 durum wheat, *Triticum durum* Desf. 02.016

硬粒玉米 flint corn, *Zea mays* L. var. *indurata* Sturt. 02.035

硬质小麦 hard wheat 02.021

优化 optimization 08.118

油菜 rape, *Brassica campestris* L. 03.011

[油菜]单低育种 breeding for single low [erucic acid or glucosinolate] content in rapeseed 07.274

[油菜]双低育种 breeding for double low [erucic acid and glucosinolate] content in rapeseed 07.275

油茶 oil tea, *Camellia oleifera* Abel. 03.025

* 油柑 emblic, *Phyllanthus emblica* L. 04.110

油橄榄 [common] olive, *Olea europaea* L. 03.027

油梨 avocado, *Persea americana* Mill. 04.105

油料剥壳 oilseed hulling 05.059

油料脱皮 oilseed decortication 05.060

油料预处理 pretreatment of oil bearing materials 05.058

油料作物　oil-bearing crop　01.075

油松　Chinese pine, *Pinus tabulaeformis* Carr. 04.388

油桃　nectarine, *Prunus persica* L. var. *nucipersica* Schneider　04.025

油桐　tung oil tree, *Vernicia fordii* (Hemsl.) Airy-Shaw　03.031

油渣果　largefruit hodgsonia, *Hodgsonia macrocarpa* (Bl.) Cogn.　03.024

油脂精炼　oil and fat refining　05.072

油棕　oil palm, *Elaeis guineensis* Jacq.　03.026

柚　pummelo, *Citrus grandis* (L.) Osbeck.　04.048

有害副作用　harmful side effect　15.118

有害生物　pest　11.002

有害生物综合治理　integrated pest management, IPM　11.013

有机氮　organic nitrogen　09.260

有机肥料　organic fertilizer　09.216

有机废水　organic waste water　12.086

有机农业　organic agriculture　01.029

有结构土壤　structural soil　09.077

有限生长　determinate growth　06.081

有效成分　active ingredient　11.076

有效分蘖　effective tiller　06.008

有效辐射　effective radiation　13.119

有效积温　effective accumulated temperature　13.168

有效降水量　effective precipitation, available precipitation　13.212

*有效生理辐射　photosynthetic active radiation　13.120

有效温度　effective temperature　13.158

有效雨量　effective rainfall　13.217

*莜麦　naked oats, *Avena nuda* L.　02.033

莜麦粉　naked oats flour　05.054

诱变剂　mutagen　07.195

诱变效应　mutagenic effect　07.196

诱变育种　mutation breeding　07.194

诱虫灯　light trap　14.067

诱虫剂　attractant　11.111

诱发放射性　induced radioactivity　15.134

幼穗分化期　panicle [spike] primordium differentiation stage　06.055

淤灌　warping irrigation, sedimentary irrigation　14.127

榆叶梅　flowering almond, *Prunus triloba* Lindl.　04.414

虞美人　corn poppy, *Papaver rhoeas* L.　04.293

余甘子　emblic, *Phyllanthus emblica* L.　04.110

雨季　rainy season　13.220

雨量　rainfall [amount]　13.216

雨量分布　rainfall distribution　13.221

雨日　rainy day　13.219

雨蚀[作用]　rainfall erosion　13.223

雨水　Rain Water　13.062

雨淞　glaze　13.241

雨养农业　rainfed farming　01.036

羽叶茑萝　cypressvine starglory, *Quamoclit pennata* (Lam.) Bojer.　04.311

羽衣甘蓝　kale, *Brassica oleracea* L. var. *acephala* DC.　04.161

玉米　corn, maize, *Zea mays* L.　02.034

*玉米楂　corn grits, grists　05.048

[玉米]抽丝　[corn] silking　06.065

玉米大斑病　corn northern leaf blight　11.400

玉米粉　corn flour　05.047

玉米联合收割机　corn combine　14.076

玉米糁　corn grits, grists　05.048

玉米脱粒机　corn thresher　14.082

玉米象　corn weevil, maize weevil, *Sitophilus zeamais* Motschulsky　11.222

玉米小斑病　corn southern leaf blight　11.401

玉米油　corn oil, maize oil　05.097

玉米摘穗机　corn picker　14.075

玉簪　fragrant plantain lily, *Hosta plantaginea* (Lam.) Asch.　04.322

芋[头]　taro, *Colocasia esculenta* (L.) Schott　04.235

*芋艿　taro, *Colocasia esculenta* (L.) Schott　04.235

郁金香　tulip, *Tulipa gesneriana* L.　04.361

阈[值]　threshold　12.044

育肥猪舍　fattening house　14.117

育苗　raise seedling　10.083

[育性]恢复基因　[fertility] restoring gene　07.030

[育性]恢复系　restoring line　07.220

育种圃　breeding nursery　07.252

预报　forecast　11.017

预测　forecast, prognosis　11.016

*元麦　naked barley, *Hordeum vulgare* L. var. *nudum* Hook.f.　02.026

芫荽　coriander, *Coriandrum sativum* L.　04.216

鸢尾　iris, *Iris tectorum* Maxim.　04.323

原地保存　in situ conservation　07.013

原球茎　protocorm　07.091

原生污染物　primary pollutant　12.024

原生质体培养　protoplast culture　07.074

原始农业　primitive farming　01.025

原位分子杂交　molecular hybridization *in situ*　07.067

原原种　breeder's seed　07.305

原种　foundation seed　07.306

原种圃　foundation seed nursery　07.307

园林设计　landscape design　04.274

园艺学　horticulture　01.003

园艺作物　horticultural crop　01.083

圆金柑　round kumquat, *Fortunella japonica* (Thunb.) Swingle　04.058

圆盘耙　disk harrow　14.035

圆盘犁　disk plow　14.026

远交　outbreeding　07.167

远缘嫁接　distant grafting　10.114

远缘杂种　distant hybrid　07.284

越冬防治　overwintering control　11.014

越冬性　winter hardiness　06.033

越冬作物　overwintering crop　01.054

越瓜　oriental pickling melon, *Cucumis melo* L. var. *conomon* Makino　04.186

越桔　blueberry　04.075

月季　China rose, *Rosa chinensis* Jacq.　04.418

月见草　evening primrose, *Oenothera biennis* L.　04.328

月平均温度　monthly mean temperature　13.150

云量　cloud amount　13.209

云杉　dragon spruce, *Picea asperata* Mast.　04.387

*芸薹　rape, *Brassica campestris* L.　03.011

允许浓度　admissible concentration　12.043

允许日摄入量　acceptable daily intake, ADI　12.041

孕穗期　booting stage　06.053

Z

杂交　cross　07.148

杂交不亲和性　cross incompatibility　07.202

杂交高粱　hybrid sorghum　02.045

杂交可育　cross fertile　07.209

杂交亲和性　cross compatibility　07.201

杂交[水]稻　hybrid rice　02.014

杂交玉米　hybrid corn　02.042

杂交育种　cross breeding, hybridization　07.149

杂交组合　hybrid combination　07.154

杂种　hybrid　07.151

杂种不育性　hybrid sterility　07.210

杂种第二代　F_2　07.153

杂种第一代　F_1　07.152

杂种优势　heterosis, hybrid vigor　07.155

栽培　culture　10.021

栽培防治　cultural control　11.007

栽培品种　cultivar, variety　07.294

载体　carrier　11.120

再侵染　secondary infection　11.276

再侵染源　secondary source of infection　11.280

再生稻　ratoon rice　02.010

錾式犁　chisel plow　14.027

糟渍　pickled with grains　05.156

藻状菌　phycomycetes　11.347

枣　Chinese date, *Zizyphus jujuba* Mill.　04.068

枣粘虫　jujube fruit borer, jujube leaf roller, *Ancylis satira* Liu　11.217

早代测验　early generation test　07.227

早稻　early rice　02.005

早熟性　earliness　06.087

早衰　presenility　06.029

早霜　early frost　13.245

造园　landscape gardening　04.275

*造园设计　landscape design　04.274

增生　hyperplasia　11.307

增湿作用　humidification　13.270

增效剂　synergist　11.114

轧花机　cotton gin　14.087

轧胚　flaking　05.063

栅格数据　raster data　15.199

榨油机　oil press　14.089

摘棉机　cotton picker　14.079

摘心　pinching　10.117

展着剂　spreader　11.118

障碍型冷害　cool-summer damage due to impotency 13.189

沼气　biogas　14.180

沼气池　biogas generating pit　14.181

折线图　polygram　08.068

*蛰伏　dormancy　11.122

珍珠粟　pearl millet, Pennisetum typhoideum Rich. 02.050

真菌　true fungus　11.340

榛[子]　Siberian hazelnut, Corylus heterophylla Fisch.　04.082

砧木　rootstock　10.095

砧穗相互作用　stock-scion interaction　10.110

砧穗组合　stion　10.121

镇压　pressing　10.062

镇压器　packer, roller　14.044

阵雨　shower　13.225

蒸炒　cooking　05.064

*蒸发潜力　potential evaporation　13.275

蒸发抑制剂　evaporation suppressor　13.281

蒸发指数　evaporation index　13.277

蒸谷米　parboiled rice　05.021

蒸汽蒸馏　steaming　05.075

蒸青　steam tea　05.119

蒸散　evapotranspiration　13.279

*蒸散势　potential evapotranspiration　13.280

蒸腾　transpiration　13.283

蒸腾速率　transpiration rate　13.284

蒸腾系数　transpiration coefficient　13.286

蒸腾效率　transpiration efficiency　13.285

整倍体　euploid　07.047

整地　land preparation　10.050

整形　training　10.118

*整枝　pruning　10.119

正常型种子　orthodox seed　07.020

正反交　reciprocal cross　07.165

正交多项式　orthogonal polynomial　08.088

正交试验　orthogonal experiment　08.042

正交系数　orthogonal coefficient　08.098

正态分布　normal distribution　08.085

正态曲线　normal curve　08.103

症状　symptom　11.287

芝麻　sesame, Sesamum indicum L.　03.017

芝麻酱　sesame paste　05.101

芝麻油　sesame oil　05.093

枝接　stem grafting　10.104

支渠　submain canal　14.146

*蜘蛛花　spiny spiderflower, Cleome spinosa L. 04.297

直播　direct seeding　10.057

直立型花生　erect type peanut　03.006

直立压条　mound layering　10.092

*直线回归　linear regression　08.094

*直线相关　linear correlation　08.109

植被　vegetation　12.054

植被指数　vegetation index　15.211

植食性　phytophagy　11.136

植物保护　plant protection　11.001

植物病害　plant disease　11.254

植物病害流行预测　forecast of epiphytotic　11.264

植物病理学　plant pathology　01.007

植物检疫　plant quarantine　11.004

植物流行病学　epiphytology　11.317

植物群落　phytocoenosium　12.056

植物引种　plant introduction　07.009

植物种类识别　discrimination of plant species 15.177

F 值　F-value　08.130

t 值　t-value　08.129

指示生物　indicator organism　12.080

枳　trifoliate orange, Poncirus trifoliata (L.) Raf. 04.061

栀子　cape jasmine, Gardenia jasminoides Ellis 04.431

致癌效应　carcinogenic effect　12.032

致癌源　carcinogen　12.038

*致病力 virulence 11.356

致病性 pathogenicity 11.268

致畸性 teratogenesis 12.039

致死剂量 lethal dose 11.087

致死温度 killing temperature, thermal death point
  13.164

制粉 flour milling 05.024

智利草莓 Chilean strawberry, *Fragaria chiloensis*
  Duch. 04.037

质量标准 quality standard 12.017

质量评价 quality evaluation 12.018

质量遗传 qualitative inheritance 07.027

质谱法 mass spectrography 15.024

滞育 diapause 11.123

中稻 mid-season rice 02.006

中耕机 cultivator 14.039

中耕培土机 cultivator-hiller 14.042

中耕作物 intertillage crop 01.058

[中国]李 Chinese plum, *Prunus salicina* Lindl.
  04.026

[中国]南瓜 China squash, Chinese pumpkin,
  Cucurbita moschata Duch. 04.188

[中国]樱桃 cherry, *Prunus pseudocerasus* Lindl.
  04.032

*中和 neutralization 05.079

[中华]猕猴桃 Chinese gooseberry, kiwi fruit,
  Actinidia chinensis Planch. 04.073

中间型大麦 intermedium barley, *Hordeum vulgare*
  L. ssp. *intermedium* (L.) Koern. 02.025

中间砧 interstock 10.099

中[位]数 median 08.064

中性土 neutral soil 09.074

中子发生器 neutron generator 15.011

中子活化分析 neutron activation analysis 15.026

中子湿度测量仪 neutron moisture gauge 15.128

终霜 last frost 13.248

终雪 last snow 13.235

终止子 terminator 07.076

种传病害 seed-borne disease 11.387

种肥 seed fertilizer 09.215

种间杂交 interspecific cross 07.176

种质 germplasm 07.001

种质长期保存材料 base collections 07.095

种质储存 germplasm storage 07.094

种质短期保存材料 working collections 07.096

种质基本资料 passport data 07.022

*种质基础材料 base collections 07.095

种质圃 field gene bank 07.015

*种质应用材料 working collections 07.096

*种质资源 germplasm resources 07.010

种子饱满度 seed plumpness 07.326

种子比重 seed specific weight 07.329

种子仓库 seed granary 07.342

种子测定 seed testing 07.321

种子储备 seed reservation 07.335

种子含水量 seed moisture content 07.327

种子混杂物 seed admixture 07.324

种子活力 seed vitality 07.330

种子检验 seed inspection 07.318

种子检疫 seed quarantine 07.319

种子鉴定 seed identification 07.320

种子清选 seed cleaning 07.343

种子容重 seed volume-weight, seed test weight
  07.328

种子寿命 seed longevity 07.317

种子提纯 seed purification 07.313

种子消毒 seed disinfection 07.344

种子休眠 seed dormancy 07.346

种子整齐度 seed uniformity 07.325

种子贮藏 seed storage 07.341

肿瘤 tumor 11.331

种植密度 planting density 10.067

种植制度 cropping system 10.009

重力分级 gravity selection 05.027

众数 mode 08.063

周期性症状 chronic symptom 11.290

皱叶冬寒菜 curled mallow, *Malva crispa* L.
  04.221

皱叶甘蓝 savoy cabbage, *Brassica oleracea* L. var.
  bullata DC. 04.154

绉片 crepe 05.125

昼长 day length 13.101

昼夜节律 day-night rhythm 13.102

株行法 plant-to-row method 07.250

株行试验 plant-to-row test 08.023

株距 plant spacing 10.069

猪产房　farrowing house　14.116

逐步回归　stepwise regression　08.091

竹笋　bamboo shoot, bamboo sprout　04.254

竹蔗　Chinese sugar cane, *Saccharum sinensis* Roxb.
03.055

主动式太阳能加热　active solar heating　14.185

主效基因抗[病]性　major gene resistance　07.277

主效应　main effect　08.131

柱形图　histogram　08.067

苎麻　ramie, *Boehmeria nivea* (L.) Gaud.
03.041

* CA 贮藏　controlled atmosphere storage　05.149

* MA 贮藏　modified atmosphere storage　05.150

贮藏期　storage period　07.340

贮水量　water-storage capacity　09.148

专性寄生物　obligate parasite　11.371

砖茶　brick tea　05.110

转导　transduction　07.108

转化　transformation　07.107

转主寄生　heteroecism　11.364

转主寄主　alternate host　11.365

撞击杀虫　entoleting　05.042

追施　dressing　09.209

准性杂交　parasexual hybridization　07.066

着水　dampening　05.030

灼伤　scorch, burn　11.314

咨询服务系统　consultative service system　15.219

紫菜薹　purple tsai-tai, *Brassica campestris* L. var.
purpurea Bailey　04.151

* 紫菜头　table beet, *Beta vulgaris* L. var. *rosea*
Moq.　04.142

紫[花]苜蓿　alfalfa, lucerne, purple medick,
Medicago sativa L.　09.242

紫花豌豆　field pea, *Pisum sativum* L. var. *arvense*
Poir.　02.055

紫罗兰　common stock, *Matthiola incana* R. Br.
04.302

紫茉莉　[common] four-o'clock, *Mirabilis jalapa*
L.　04.304

紫色土　purple soil　09.051

紫苏　purple common perilla, *Perilla frutescens* (L.)
Britt.　04.227

紫穗槐　shrubby flase indigo, *Amorpha fruticosa* L.

09.236

紫藤　Chinese wisteria, *Wisteria sinensis* (Sims)
Sweet.　04.438

紫外线辐照　ultraviolet irradiation　14.194

紫菀　tartarian aster, *Aster tataricus* L. f.　04.330

* 紫玉兰　lily magnolia, *Magnolia liliflora* Desr.
04.413

紫云英　Chinese milk vetch, *Astragalus sinicus* L.
09.226

紫竹　black bamboo, *Phyllostachys nigra* (Lodd. ex
Lindl.) Munro　04.448

籽棉　seed cotton　05.103

子代　filial generation　07.147

子囊菌　ascomycetes　11.349

自变量　independent variable　08.051

自发气调贮藏　modified atmosphere storage
05.150

自花授粉　self-pollination　07.257

自花受精　self-fertilization　07.258

自交　selfing　07.168

自交不亲和系　self incompatible line　07.204

自交不亲和性　self-incompatibillity　07.200

自交不育性　self- sterility　07.212

自交可育性　self-fertility　07.211

自交亲和系　self compatible line　07.203

自交亲和性　self-compatibility　07.199

自交系　inbred line　07.222

自交种子　selfed seed　07.286

自净作用　self-purification　12.126

自然保护区　natural reserve　12.064

自然肥力　natural fertility　09.245

自然季节　natural season　13.059

* 自然历　phenological calendar　13.055

自然通风干燥　natural-draft drying　05.140

自然选择　natural selection　07.002

自由度　degree of freedom, DF　08.074

自由授粉　open pollination　07.255

自走底盘　self-propelled chassis　14.019

棕榈　windmill palm, *Trachycarpus fortunei*
(Hook. f.) H. Wendl.　04.443

棕榈油　palm oil　05.100

棕壤　brown soil　09.052

棕枣　date, *Phoenix dactylifera* L.　04.096

棕竹 low ground-rattan, *Rhapis humilis* Bl. 04.444

综合防治 integrated control 11.012

综合利用 comprehensive utilization 12.137

综合种 synthetic variety 07.283

总体 population 08.043

总需氧量 total oxygen demend, TOD 12.105

总有机碳 total organic carbon, TOC 12.104

组织培养 tissue culture 07.071

醉蝶花 spiny spiderflower, *Cleome spinosa* L. 04.297

*最大吸湿度 maximum hygroscopicity 13.272

最大吸湿水 maximum hygroscopicity 13.272·

最低致死量 minimum lethal dose, MLD 12.048

最高耐受剂量 maximum tolerated dose, MTD 12.046

最高生长温度 maximum growth temperature 13.163

最高允许浓度 maximum permissible concentration, MPC 12.045

最适温度 optimal temperature 13.159

最小显著差数 least significant difference 08.127

做青 fine manipulation of green tea leaves 05.113

作物 crop 01.044

作物[科]学 crop science 01.039

作物起源 origin of crop 07.003

作物起源中心 center of origin of crop 07.004

作物气候生态型 crop climatic ecotype 13.053

作物气候适应性 crop climatic adaptation 13.054

作物气象 crop meteorology 13.058

作物清查 crop inventory 15.206

作物生理[学] plant physiology 01.043

作物形态[学] plant morphology 01.042

作物遗传[学] plant genetics 01.040

作物育种[学] plant breeding 01.041

作物栽培 crop growing 10.024

座果 fruit setting 06.073